江沢 洋 選集 I

物理の見方・考え方

Hiroshi Ezawa　Takashi Kamijo
江沢 洋・上條隆志 編

日本評論社

凡 例

[1]　本選集は，江沢 洋の日本語による論説・解説・エッセイ等のなかから，編者の江沢 洋と上條隆志の協議により精選し，テーマによって全6巻にまとめたものである．

[2]　全巻の構成は次のとおりである．各巻には著者とゆかりの人による書き下ろしエッセイを収録し，各巻ごとの解説を上條隆志が担当した．

第Ⅰ巻　物理の見方・考え方　[エッセイ：田崎晴明]
第Ⅱ巻　相対論と電磁場　[エッセイ：小島昌夫]
第Ⅲ巻　量子力学的世界像　[エッセイ：山本義隆]
第Ⅳ巻　物理学と数学　[エッセイ：中村 徹]
第Ⅴ巻　歴史から見る物理学　[エッセイ：岡本拓司]
第Ⅵ巻　教育の場における物理　[エッセイ：内村直之]

[3]　本文のテキストは，初出をもとに，のちに収録された単行本・雑誌別冊等を参照したが，本選集収録にあたり，さらに加筆がなされた．初出および収録単行本・雑誌別冊等の情報は，巻末解説の末尾に記載した．

なお，江沢 洋のエッセイや解説記事などを集成した単行本には，次のものがある．

『量子と場――物理学ノート』ダイヤモンド社，1976年．
『物理学の視点――力学・確率・量子』培風館，1983年．
『続・物理学の視点――時空・量子飛躍・ゲージ場』培風館，1991年．
『理科を歩む――歴史に学ぶ』『理科が危ない――明日のために』新曜社，2001年．

[4]　本文は原文を尊重して組むことを原則としたが，読みやすさを重視する観点から，次のように多少の改変の手を加えた．

a. 明白な誤記・誤植の類を訂正した．
b. 漢字および送り仮名は可能なかぎり統一した．
c. 西洋人名は，本文中はカタカナ表記を原則とし，巻末に人名一覧を付して，欧文表記と生没年を記した．
d. 和文文献に関しては，書籍名は『 』，雑誌名・新聞名は「 」を用いた．欧文文献に関しては，慣用に従って，書籍名も雑誌名もイタリック体を用いた．
e. 図版は，可能なかぎり，新たに描き直した．

目次

第1部　次元と対称性

1.　パリティの問題　2
1.1　対称の理 …… 2
1.2　ハプニング …… 4
1.3　右ネジの法則 …… 5
1.4　片輪なニュートリノ …… 6
1.5　パリティの問題 …… 7

2.　対称でないものは基本法則でない——ベクトルの変換を例として　9
2.1　座標軸は前後の見境なく選ばれ…… …… 9
2.2　ベクトル …… 11
2.3　力の場と対称性 …… 13
2.4　自転平板宇宙 …… 18
2.5　おわりに …… 20

3.　なぜローレンツの力は速度に垂直なのか？　22
3.1　点状の鏡 P …… 22
3.2　電場と磁場 …… 25
3.3　時間の鏡 T …… 28
3.4　ローレンツの力 …… 30

4.　物理量ノート　34
4.1　単位 …… 34
4.1.1　MKS 単位系 …… 36

4.1.2 重力と電気力 …… 38
4.1.3 MS 単位系 …… 42
4.1.4 自然単位 …… 43
4.2 次元解析 …… 44
4.2.1 ひとつの例 …… 44
4.2.2 構造定数 …… 44
4.2.3 原子の大きさ？ …… 46
4.2.4 missing constant …… 47
4.2.5 作用量子からの推理 …… 48
4.3 あるパラドックス …… 50
4.3.1 レイリー卿の所論 …… 51
4.3.2 リャブチンスキー氏の疑義 …… 52
4.3.3 J.L. 氏の意見 …… 53
4.3.4 レイリー卿の答 …… 53

5. 1, 2, 3.99 $\cdots$, ∞ 次元の物理 57
5.1 3 次元と 2 次元 …… 57
5.2 1 次元 …… 60
5.3 奇数次元・偶数次元 …… 63
5.4 3.99 次元 …… 65
5.5 無限次元 …… 69
5.6 異常次元 …… 74

6. 光速 c——光の速さは定義になった 77
6.1 光速の値 …… 77
6.2 単位と標準 …… 77
6.3 光の速さは定義になった …… 79
6.4 老師の歎き …… 80
6.5 歴史にかえる …… 83
6.6 光速の測定 …… 87

7. いまや時間はミクロである 88
7.1 時間の一様性とは？ …… 88

7.2　原子時計 …… 90
7.3　セシウム 133 …… 94
7.4　光吸収の量子力学 …… 96
7.5　相対論的効果 …… 100

第2部　古典力学の世界像

8.　ニュートンは何を見たか　104
8.1　ニュートンという人 …… 104
8.2　光学 …… 106
8.3　微分積分法の創始 …… 106
8.4　『プリンキピア』 …… 111
8.4.1　定義と公理 …… 111
8.4.2　惑星の運動 …… 112

9.　高校物理に微積分の思想を　121
9.1　速度と加速度 …… 121
9.1.1　平均の速さ …… 122
9.1.2　時刻—位置の関係，数式表示 …… 123
9.1.3　短い時間の間なら等速度運動 …… 125
9.1.4　瞬間の速度—微分法 …… 128
9.1.5　極限の動的な性格 …… 129
9.1.6　曲線の一部は直線である …… 131
9.1.7　加速度 …… 133
9.1.8　微分する …… 134
9.1.9　積分する …… 136
9.2　拡がる世界 …… 140
9.2.1　sin 関数の微分 …… 140
9.2.2　単振動 …… 142
9.2.3　弦の振動 …… 143

10.　力とは何か —— その歴史と原理　148
10.1　運動を持続させる力 …… 148

10.2　重さで測る力 …… 150
10.3　力には方向がある …… 152
10.4　運動の量をめぐる論争 …… 155
10.5　運動を変化させる力 …… 157
10.6　遠隔作用 …… 159
10.7　近接作用 ― 場 …… 160
10.8　渦なしの場，渦のある場 …… 161
10.9　量子力学における力 …… 163

11. 自動車を走らせる力は何か **166**
11.1　マサツ力が自動車を走らせる？ …… 166
11.2　駆動力とは？ …… 167
11.3　ころがり抵抗 …… 167
11.4　地面がタイヤにおよぼす力 …… 168
11.5　自動車の運動方程式 …… 169
11.6　エンジンは何をする？ …… 170
11.7　結論 …… 171

12. 世界像を組み上げてゆくために ―― 物理学のすすめ **173**
12.1　はじめに …… 173
12.2　光の反射と干渉 …… 174
12.3　惑星運動の解析へ …… 179

13. 海王星大接近の力学 **190**

14. 小谷 – 朝永のマグネトロン研究 **196**
14.1　経緯 …… 196
14.2　電子の運動 …… 199
14.3　共鳴振動数の計算 …… 203
14.4　立体回路と双対定理 …… 205
14.5　結び …… 206

15. 最小作用の原理 **209**
15.1　法則は，さまざまに言い表わせる …… 209

15.2　自然は倹約している …… 212
15.3　モーペルチュイの最小作用原理 …… 215
15.4　ハミルトンの最小作用原理 …… 218

第3部　ブラウン運動と統計力学

16. 統計力学へのアインシュタインの寄与　224

16.1　熱力学の背後に原子をみる …… 225
16.2　一般統計熱力学をめざして …… 226
16.3　揺らぎの公式 …… 231
16.4　ブラウン運動の理論 …… 232
16.5　光を量子化するなら力学的振動も …… 234
16.6　ボース–アインシュタイン統計と粒子・波動の二重性 …… 238
16.7　むすび …… 243

17. ブラウン運動と統計力学　249

17.1　原子の実在 …… 249
17.2　ブラウン運動の理論 …… 254
17.3　ペランの実験 …… 257
17.4　統計力学の構築 …… 261

18. ブラウン運動とアインシュタイン　267

18.1　アインシュタインのブラウン運動論 …… 267
18.2　ランジュバンの理論 …… 270
18.3　ペランの実験 …… 274
18.4　揺動散逸定理 …… 274
18.5　ウィーナーの理論，確率微分方程式 …… 275

19. ランジュバン方程式のパラドックス　280

19.1　ランジュバンの工夫 …… 280
19.2　パラドックス …… 283
19.3　なかやすみ …… 284
19.4　$(dW)^2 = dt$ …… 285

19.5　パラドックスを解く ………………………………………………… 288
19.6　どこでまちがえたのか ……………………………………………… 290

エッセイ「時間をかけて！」　田崎晴明　**295**

第 **I** 巻解説　上條隆志　**304**

初出一覧　**315**

人名一覧　**317**

索引　**321**

第 1 部
次元と対称性

1. パリティの問題

それは，彼自身にとっても，まことに意外なできごとであった．

南北をさしている磁針．それに平行に，ボルタの電堆につないだ針金をかざしたとき，そのハプニングはおこったのだった．

1820 年の春のことだ．

針金には電流がながれている．それが磁針のすぐ上にあるのだから，磁針になにかの作用をおよぼしても不思議はないじゃないか——そう思う人もあるかもしれない．

それは，そのとおりである．このときすでに，雷が落ちて鉄片が磁石になったとか，磁針の南北が変わってしまったとかの事例は知られていた．ライデン瓶からの電気を時計のゼンマイに流すと，ゼンマイの端に磁極ができること，それも電気をゼンマイにそって流すより，ゼンマイの渦巻を貫くように流すほうが強い磁極ができるということまで知られていた．

1.1 対称の理

だからこそ，彼エールステッドも電気は磁気に作用するはずだと予想して，ボルタの電堆につないだ針金を磁針に‘垂直’にかざす実験をくりかえしていたのである．仮に，電流がその流れの方向に磁針の北極をおすように作用するとしよう (図 1)．磁針の南極にはそれと反対むきの作用がおよぶと期待するのが自然である．そうだとすれば，電流に垂直においた磁針は，その作用によって，ななめむきの位置までふれるはずだ．そう予想して実験をくりかえしたのだったが，しかし，なんの効果もあらわれなかった．

電流がその流れの方向に磁針の北極をおすという推測には，十分な根拠がある

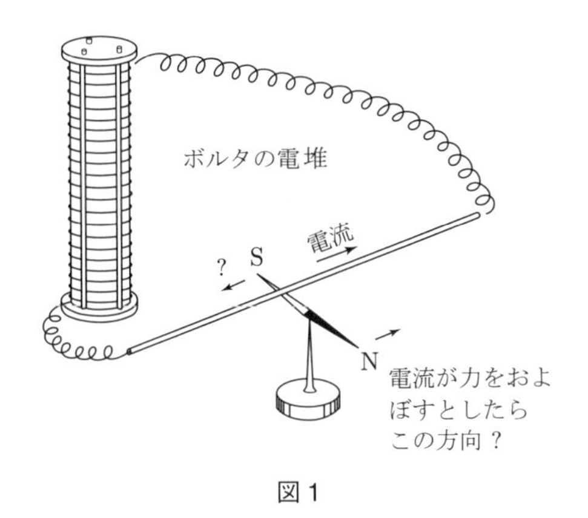

図1

ように見える．実際，電流がもっている方向性といえば，その流れの方向しかないのだから，もし電流が磁極を押し引きするとしたら，押しまたは引きの方向は，その流れの方向に一致するほかない．力の方向が電流の方向より右にそれる理由もなければ左にそれる理由もないではないか！　これが「対称の理」というものであるだろう．

こういうと，読者から異議がでるかもしれない．電流そのものが磁石のたとえば北極を反発し南極を吸引するということがあってもいいではないか．こういう力は電流にむしろ垂直な方向にはたらく，と (図2).

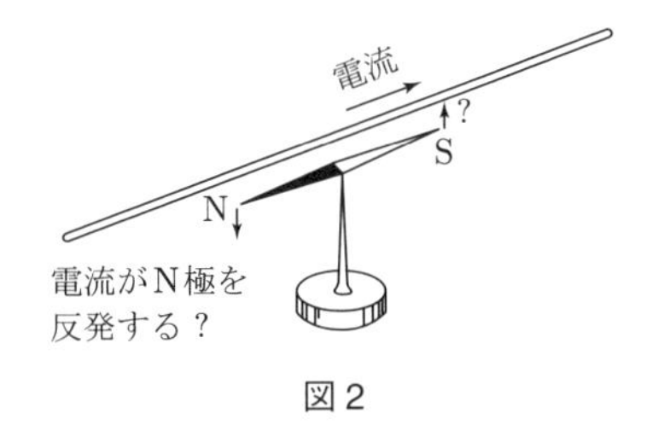

図2

エールステッドがどう考えたものか，私は知らない．それは知らないけれども，そのような力の可能性は次のように弁じて排除することができると思う．まず，電流の向きを逆にしてみていただきたい．向きが逆になっても，その電流が磁石の北極を反発し南極を吸収することは変わらないはずだろう．そこで正逆ふたつの向きの電流を重ね合わせていただく．そうすると磁極におよぼす力も重ね合わさって，つまり2倍になる勘定だ．よろしい．しかし，このとき電流は正逆が重ね合わさってゼロになっている．とすると，このとき磁極に力をおよぼしているのは電流ではなかったということになりはしないか.

この考察から，次のような教訓がひきだせる．すなわち，いやしくも電流が磁極に力をおよぼすとしたら，その力は電流の向きを逆転したとき同時に逆転するようなものでなければならない.

1.2 ハプニング

話が横道にそれた.

こんな前おきなど聞かなくても，だれでもエールステッドの発見にはびっくり仰天するはずなのだ．エールステッド自身もおどろいたのだろう．発見は春だったのに，それからボルタの電堆を大型化したりして慎重な検証をくりかえして，ようやく7月21日になってから公表をした.

なにがおどろきかといって，エールステッドが，優等生の特別クラスで講義中に，電流をふとしたはずみで磁針の上に‘平行’にかざしたときに，磁針がその配置をきらうかのようにピクッと首をふったのだから，おどろいた (図3)．ボルタの電堆を大型化してからの実験では，磁針は45° もねじまげられるようになった.

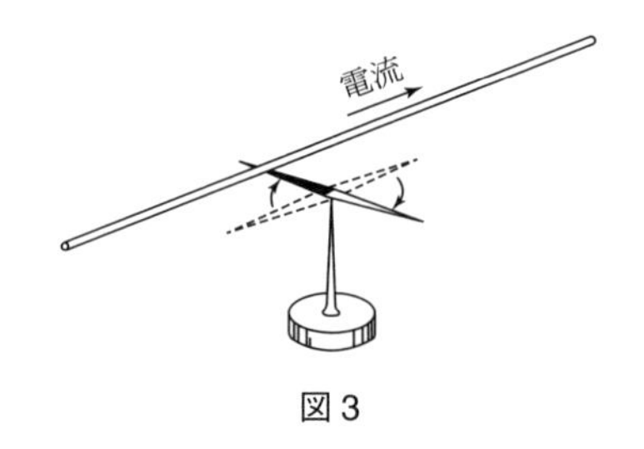

図3

なぜ，それが，そんなにおどろきだったのか？

上からみると，最初の瞬間には針金つまり電流と磁針とはピタリ重なって見える．そして，その右側と左側とにちがいはないのだ．磁針の北極がその位置から右にふれるなんの理由があろうか？　左にふれるなんの理由があろうか？　南極にしても同じことだ．だから，磁針はふれるわけがなかったのである．磁針はふれないというのが「対称の理」であるはずだったのだ.

いや，それがたしかにふれたのだといって，エールステッドの論文には実験に立ち会ったという証人の名前が書き連ねてある．一人の叙勲騎士 (a Knight of Order)，自然科学に腕の立つ男，自然史の教授，医学の教授，そして腕達者な化学者なる哲学博士.

1.3 右ネジの法則

電流の磁針に対するこの作用を，エールステッドは，電流による針金の発熱や発光と結びつけて考えていた．熱や光として針金から出てゆくものが磁極にぶちあたって力をおよぼすというのだ．だいたい，彼は論文のなかで‘電流’という言葉はつかっていない．その代わりに‘正負の電気の相剋 (conflict)’という，ボルタの電堆の正の極からでてきた正の電気と負の極からきた負の電気とが針金のなかでぶつかりあって火花を散らすといったイメージらしい．だから，彼の論文の結びはこうなる：

> 私は 5 年前に出した本のなかで熱と光とが正負の電気の相剋からなることを示した．上に述べてきた今回の観察によれば，これらに円運動が伴うことを結論できそうである．このことは光の偏りという名でよばれている現象を説明するのに大きな力になることと思う.

電気の相剋に‘円運動がともなう’というのは，こういうことだ．針金をとりまくいろんな位置に磁針を移動しながら，場所場所で磁極にはたらく力の向きを調べてゆくと，それらの向きが一つながりにつながって円輪をなす (図 4) —— この発見を，エールステッドは，電気のぶつかりあいで飛び散るものが針金を軸として渦状に運動するというイメージで理解していたわけである.

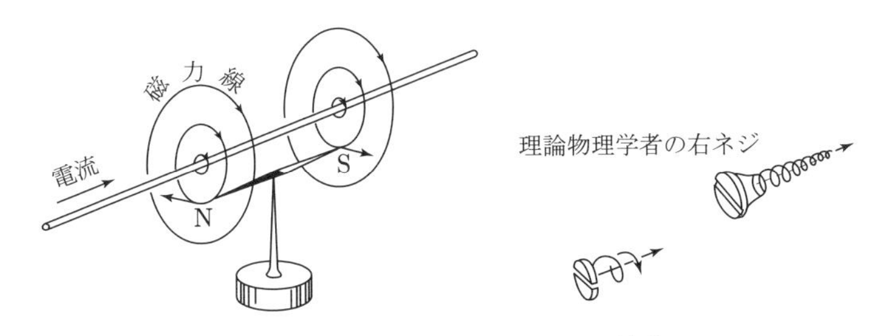

図 4　アンペールの bon homme は？

なにかが飛び散るかどうかは知らず，磁極にはたらく力の向きをつらねた円輪のイメージは今に残って‘磁力線’とよばれている.

アンペールは，その力の向きと電流の方向との関係を次のように言い表わした.

小さなマネキンが磁針のほうに腹をむけ電流にそって電流の向きに泳いでいるとせよ．そうすると，磁針の北極はマネキンの左手のほうにふれ南極は右手のほうにふれるであろう．このマネキンを仲間たちはアンペールの bon homme とよんだということだ．

同じことを，今日では‘右ネジの法則’として言い表わす．電流の方向にネジを進めようとしてこれを**まわす向き**がすなわち磁力線の向きである．いわずもがなの注意をひとつ加えるなら，このときネジは何かに‘ネジこむ向き’にまわさなくてもよいのである．ネジを‘はずす向き’にまわしても，そのときネジの進む向きとネジをまわす向きとは電流の向きと磁力線の向きに正しくあっている．ネジの妙というべきか．

それはとにかく，このネジは右ネジであって，左ネジではないことが重要なのである．もっとも，左ネジなどというものは当節ほとんど存在しないから，これも，ほとんどいわずもがなの注意であった．

アンペールの bon homme にせよ右ネジにせよ，あるいは電流にせよ，向きをもった直線に定まった向きの回転がまつわりついてくるというのが面白い．

1.4 片輪なニュートリノ

似たような話を，いつか聞いたことがある，とお思いの方があれば，おそらくニュートリノのことを，そして素粒子の弱い相互作用がパリティの対称性を破っているというリーとヤンの大発見のことを思いだしておられるにちがいない．

それは，こんな話だった．ニュートリノというのは思いもかけず片輪な粒子だったというのだ．なぜといって，ニュートリノは自転 (スピン) の向きが運動方向にたいして常に左ネジときまっていて，右ネジ・ニュートリノというものはないことが発見されたのだったから (図 5)．

ひとつの現象がパリティの対称性をもつというのは，鏡にうつった像，つまり虚像が実は一人前に自然法則にかなう現象になっているときにいう．虚すなわち実！

この定義に照らして，ニュートリノの存在はそれ自体が素粒子世界のパリティの対称性を破っているといえるだろう．左ネジ式に自転をしながら走っているニュートリノを鏡にうつすと，どういう角度からうつしてみても，どうしても右ネジ式にかわってしまう (図 5, 6)．ところが，右ネジ・ニュートリノ存在せずというのが自然法則であったのだから，鏡にうつったニュートリノは文字どおりの虚像で

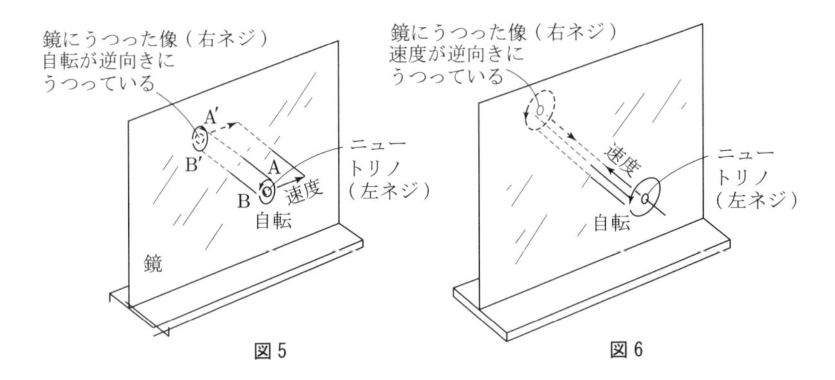

図 5　　図 6

あるほかないのである．

この種のパリティ対称性の破れは素粒子間のいわゆる弱い相互作用が普遍的にもつ性質であることがわかって，眼からうろこがおちたように弱い相互作用の理解は急速に進むことになった．というのも，それまで人々は素粒子ほどの基本的な階層においては自然は美しく対称につくられていると信じこんでおり，その虚像の信仰にしばられて研究を進めていたからである．

パリティ対称性の破れへの研究の端緒をひらいたリーとヤンにノーベル賞があたえられたのも，むべなるかな．

1.5 パリティの問題

ここで私は読者に問題をだしたい．パリティ対称性の破れということは，なにもリーとヤンに始まったことではないのではないか？

自然は，直線電流の下でエールステッドの磁針がふれたとき，すでにパリティ対称性を破っていたのではなかったか？

電流に向きがあり，それを磁力線は右ネジ式にとりまくのであって左ネジ磁力線というものは存在しない．事柄をこう表現すれば，片輪なるが故にパリティ対称性を破らざるを得なかったニュートリノとのアナロジーは完全に見える．

しかし，これまで，電磁現象がパリティ対称性を破っているなどと言った人はいない．

なぜか？

［追記（1980 年）］

この稿を書いた 1976 年には，ニュートリノは左ネジのみとしたが，最近ニュートリノにも小さいながら静止質量があることを示唆する実験が現われ，また強い相互作用も含める素粒子の統一理論の試みとの関連で，右ネジ・ニュートリノ共存の可能性が再び検討されるようになってきた．

それでも，ベータ崩壊などの弱い相互作用に関与するのがニュートリノの左ネジ成分のみであることは，実験事実でもあり，もちろん変わらない．

参考文献

B. Dibner : *Oersted and the Discovery of Electromagnetism*, Blaisdell (1962).

2. 対称でないものは基本法則でない
――ベクトルの変換を例として

2.1 座標軸は前後の見境なく選ばれ……

一平面上を運動する質量 m の質点の運動方程式は，その平面上に適当に直交軸 x, y をとれば

$$\left.\begin{array}{l} ma_x = f_x \\ ma_y = f_y \end{array}\right\} \tag{1}$$

と書かれる．ただし，a_x, a_y は m の加速度の x, y 成分，f_x, f_y は m にはたらく力の x, y 成分である (図 1).

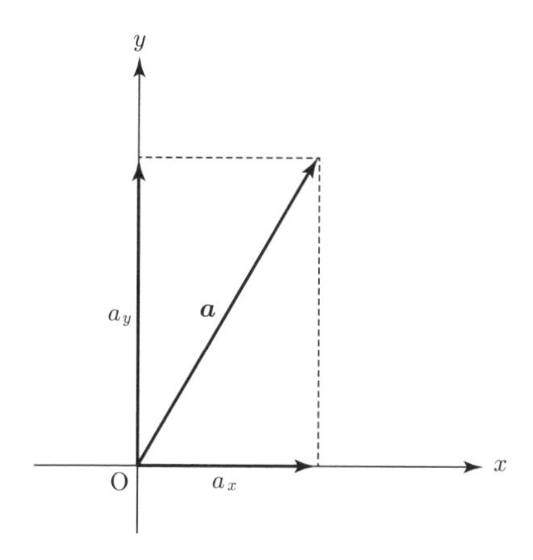

図 1　(x, y) の座標系に関する加速度 $\boldsymbol{a}$ の成分．加速度の矢印は，平行移動してから，その矢尻が原点 O にくるようにしてから描いた．

学校では，座標軸を上手にとりなさい，あたえられた力 (f_x, f_y) の性状に応じてその向きや原点の位置を上手に選べば問題が解きやすくなりますよ，と教わる．

確かにそのとおりである．たとえば，ほうり投げたボールの運動を算出する問題では，重力の方向に，すなわち鉛直方向に上向き，または下向きに y 軸をとり，それに垂直に (水平方向に) x 軸をとるのが得策である．ボールを斜め上に投げるからといって，その方向に x 軸をとる人はいないだろう．

ところで，数学史の本に，こんな記事がある [1]：

> 18 世紀における……直角座標の用い方は，実にしばしば，ごたごたして厄介である．座標軸は前後の見境なしに選ばれ，計算は対称性を無視して行なわれる．

18 世紀といわず，20 世紀の高校生または大学生である君たちも，試験の後などに先生から同じ嘆きをきかされているのではないか？

君たちは，しかし，先生に反問することができる．「座標軸って，自分の都合で勝手に選んでよいものなんですか」と——．

投げ上げたボールの運動は，人が座標軸をどうとろうが，あるいは，とるまいが厳としてそこに現象する．

座標軸をとって運動方程式を書き下すという不器用なことをするのは人間である．座標軸の選び方には人の恣意がはいる．“恣” の字は当用漢字にないが，恣意は英語でいえば arbitrariness. これを英和辞典でひくと “勝手さ，気まま” とある．座標軸は，気ままには選ばないにせよ，人が自分の都合で勝手に選ぶのである．投げられたボールは座標軸の向きなど知らずに飛んでゆく．

人が座標軸を勝手に選んで運動方程式を書く．それを解けば，いつでも正しくボールの運動が得られるのか？　一歩さがって “正しい” か否かを問わないとしても，いろいろと異なる座標軸を用いて書いた見かけの異なる運動方程式たち——そのどれからも常に同一の運動が得られるものだろうか？　たとえば，図 1 の座標軸とは異なる方向の x', y' 軸 (図 2) をとって書き下した運動方程式

$$\left.\begin{aligned} ma_{x'} &= f_{x'} \\ ma_{y'} &= f_{y'} \end{aligned}\right\} \tag{2}$$

では，$f_{x'}, f_{y'}$ はおそらく f_x, f_y と違うことになろう．それでも，この運動方程式を解けば (1) を解いたのと実質において同じ運動が得られるのだろうか？

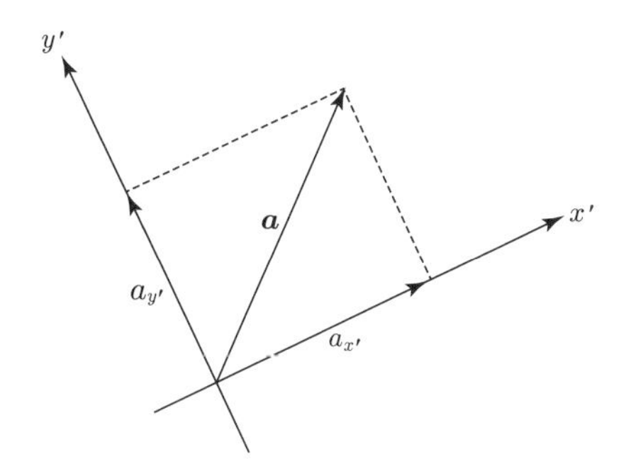

図2　(x', y') 座標系に関する加速度 $\boldsymbol{a}$ の成分.

2.2 ベクトル

運動方程式 (1) は，また，ベクトル記号で

$$m\boldsymbol{a} = \boldsymbol{f} \tag{3}$$

とも書かれる [2]．ここに，$\boldsymbol{a}$ は m の加速度ベクトル，$\boldsymbol{f}$ は m にはたらく力のベクトルで，いずれも矢印で表わされる (図 3)．矢印で表わされるのは，ベクトルが (大きさ，方向，向き) の三つ組によって定まるからで，運動方程式 (3) は

> m にはたらく力のベクトルは，方向と向きにおいて m の加速度ベクトルに等しく，大きさは加速度ベクトルの m 倍である

ことをいっている．運動の法則のこの言い表わしには人の恣意が入る余地はない．

図 1 のように座標軸をとった人の運動方程式 (1) に現われる a_x, a_y は実は加速度ベクトル $\boldsymbol{a}$ の成分なのであって，$\boldsymbol{a}$ の矢印と図 1 の関係にある．力のベクトル

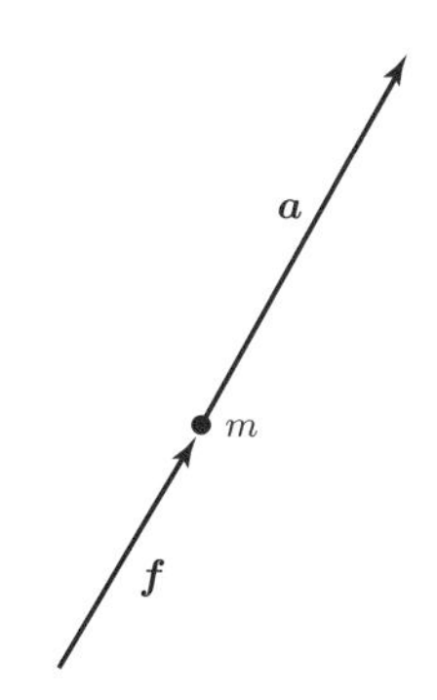

図3　矢印によるベクトルの表現は，座標系に無関係である.

$\boldsymbol{f}$ と f_x, f_y の関係も同様であるから，ベクトル $\boldsymbol{a}$ と $\boldsymbol{f}$ の間にベクトル方程式 (3) がなりたっていれば，それらの成分の間に (1) がなりたつ．逆もまた真である．

図 2 の座標軸をとった人に対しても事は同様であるから，(3) は，また (2) とも同値であって，結局，矢印の関係 (3) を媒介にして

$$(1) \leftrightarrows (3) \leftrightarrows (2)$$

が知れ，

$$(1) \leftrightarrows (2)$$

が結論される．図 1 の座標系で書いた運動方程式 (1) を解いても，図 2 の座標系による (2) を解いても解として得られる運動は同一になる．

ベクトル成分の変換

こうした (1) と (2) の関係を直接に見るには，次の準備をしておくとよい．図 4 は，加速度ベクトルの矢印と成分との関係を 2 つの座標系に対して描いた図 1, 2 を重ね合わせたものである．この図から，2 つの座標系でみた加速度成分の間に

$$\left.\begin{aligned} a_{x'} &= a_x \cos\chi + a_y \sin\chi \\ a_{y'} &= -a_x \sin\chi + a_y \cos\chi \end{aligned}\right\} \tag{4}$$

という関係のあることが知れる．ここに，χ は x' 軸と x 軸，y' 軸と y 軸のなす角である．いいかえれば，座標系 (x, y) を xy 面に垂直な軸 (つまり z 軸) のまわり

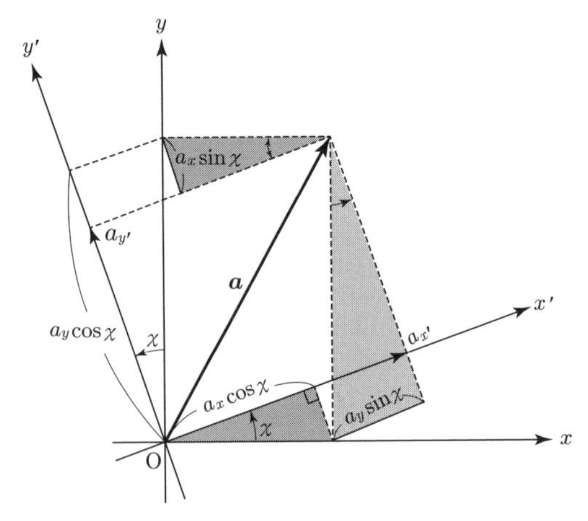

図 4　2 つの座標系のそれぞれに関する成分の間の関係.

に角 χ だけ回転すると座標系 (x', y') になる.

そして，角 χ だけの回転という関係にある 2 つの座標系のそれぞれにおける成分が (4) の関係にあるとき，それらは同一の矢印を表わすのである.

力のベクトルについても同様であって，座標系を角 χ だけ回転すると，成分が

$$\left.\begin{aligned} f_{x'} &= f_x \cos\chi + f_y \sin\chi \\ f_{y'} &= -f_x \sin\chi + f_y \cos\chi \end{aligned}\right\} \tag{5}$$

に変わる．このとき 2 組の成分 (f_x, f_y), $(f_{x'}, f_{y'})$ は同一のベクトルを表わすのである.

(4) も (5) も，まずベクトルの矢印ありきとして，それに図 4 のような図形による考察を加えて得たものである.

ここで矢印を忘れ，話の天地をひっくり返して

　座標系を回転したとき (4) のように変換する量の組 (a_x, a_y) を**ベクトル**とよぶ

ことにしょう．(4) を座標系の回転に伴うベクトル成分の**変換則**とよぶ.

矢印をはなれていえば，成分で書いた方程式 (1) と (2) の同等性は，座標系を変えたとき**左辺と右辺が** (4), (5) という**同じ形の変換をする**ことで保証されることがわかる．つまりは，左辺と右辺が，上に定めた意味で，ともにベクトルだということである．当たり前のことを，ことさらにいうようだが，話は当り前のことから始まるのである.

2.3　力の場と対称性

前節では，力がベクトルであることを当然の前提としていた.

それは確かに当然のことだけれど，そのことが自然法則を探求してゆくとき手掛かりになるのである．このことを説明しよう.

いまは 2 次元のベクトルしか考えていないから話を 2 次元世界に限る．2 次元の宇宙に質点 M が静止しているとして，それが，その近くに飛来した別の質点 m にどんな力をおよぼすか，知りたいとする．もちろん，最終的には実験にうったえるほかないが，その前に力の性質を予想しておきたい．どう推理したらよいか？

質点 M の位置を座標原点とする直角座標軸 x, y をとる．質点 m の位置はベクトル $\boldsymbol{r} = (x, y)$ で表わされる.

M が m におよぼす力 $\boldsymbol{f}$ は m の位置 $\boldsymbol{r} = (x, y)$ の関数になるはずだ．力 $\boldsymbol{f}$ は

ベクトルでなければならないから，ベクトル $\boldsymbol{r}$ の関数として作られるベクトルには，どんなものがあるだろうか，という問題がたてられる．力 $\boldsymbol{f}$ は，そのような関数のどれかでなければならないのである．

急いで付け加えるが，いま宇宙は M を中心として回転対称で，力 $\boldsymbol{f}$ を定める変数で方向をもつものは $\boldsymbol{r}$ しかないとしておく．これは 1 つの仮説である．

回転対称性

さて，$\boldsymbol{r}$ から作られるベクトルは？　まず，$\boldsymbol{r}$ 自身が矢印であって，これはベクトルである．実際，(x, y) 座標系における $\boldsymbol{r}$ の成分 x, y は，座標系を角 χ だけ回転して (x', y') 系にすると，(4) と同じく

$$\left.\begin{aligned} x' &= x\cos\chi + y\sin\chi \\ y' &= -x\sin\chi + y\cos\chi \end{aligned}\right\} \tag{6}$$

に変わる．

この式を，上下いれかえて

$$\left.\begin{aligned} (-y') &= (-y)\cos\chi + x\sin\chi \\ x' &= -(-y)\sin\chi + x\cos\chi \end{aligned}\right\} \tag{7}$$

と書いて (6) と比べてみると，ベクトル $\boldsymbol{r}$ から作られる

$$\boldsymbol{r}^* = (-y, x) \tag{8}$$

がまたベクトルの変換をしていることがわかる．

したがって

$$\boldsymbol{f} = \alpha\boldsymbol{r} + \beta\boldsymbol{r}^*$$

はベクトルである．ここに α と β は定数，といいいたいところだが，たとえ $\boldsymbol{r}$ の関数でも "座標系を回転したとき不変でいるもの" であるなら，それでもよい．

実際，そのような関数は存在して，普通 $\boldsymbol{r}^2$ と書くところの $x^2 + y^2$ がそうである．あるいは，平方根をとって

$$r = \sqrt{x^2 + y^2}. \tag{9}$$

これが座標系の回転で不変なことは見やすい．回転で x, y は (6) の x', y' にそれぞれ変わるが

$$x'^2 = x^2 \cos^2 \chi + 2xy \cos \chi \sin \chi + y^2 \sin^2 \chi$$
$$y'^2 = x^2 \sin^2 \chi - 2xy \cos \chi \sin \chi + y^2 \cos^2 \chi$$

を辺々加えれば

$$x'^2 + y'^2 = x^2 + y^2 \tag{10}$$

がわかる．

こうして (9) の r が回転不変なので，r の任意関数も回転不変であり，したがって

$$\boldsymbol{f}(\boldsymbol{r}) = \alpha(r)\boldsymbol{r} + \beta(r)\boldsymbol{r}^* \tag{11}$$

はベクトルである．そして，2 次元等方宇宙では，これが "1 つのベクトル $\boldsymbol{r}$ から作られるベクトル値関数" の最も一般の形であることが証明される．力の法則は，力がベクトルであることから，いまの仮説の下ではここまで定まってしまうのである．

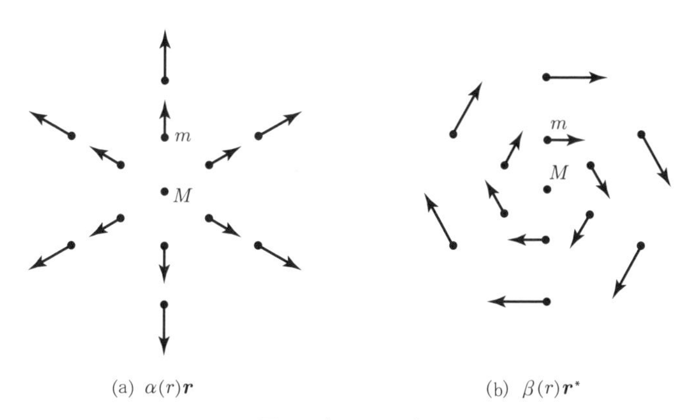

図 5　式 (11) の力．

(11) は 2 次元宇宙の各点 $\boldsymbol{r}$ で m にはたらく力をあたえている．m に対する**力の場**である．

それがどんなものであるかを見るために，力の分布を図にしてみよう．(11) の 2 つの項を同時に描くとわかりにくくなるから，項別に描く．その第 1 項の力は放射状であり (図 5(a))，第 2 項の力は渦巻状である (図 5(b))，どちらも明瞭に回転対称性をもつ —— M を中心に任意の角だけ場を回転しても場の様子は変わらないのであって，一般に，対象 $\mathcal{Q}$ がある操作 $\mathcal{T}$(いまは回転) を施しても不変のとき $\mathcal{Q}$ は $\mathcal{T}$ に関して**対称**であるというのである．これは幾何学的図形の対称をい

う場合にも通用する定義であって，円はその中心のまわりに任意の角度だけ回転しても自身に重なったままでいる (不変である) から回転対称であるといわれる．

運動方程式の鏡映

質点 m にはたらく力として (11) を採用して m の運動方程式を書くと

$$\left.\begin{aligned} m\frac{d^2x}{dt^2} &= \alpha(r)x - \beta(r)y \\ m\frac{d^2y}{dt^2} &= \alpha(r)y + \beta(r)x \end{aligned}\right\} \tag{12}$$

となる．

しかし，これは 2 次元宇宙の自然法則ではあり得ない．なぜかといえば，もし x 軸の向きを逆にとる (鏡映する) 人がいたとすると，これまで座標が (x, y) とされていた位置が，その人にとっては座標 $(-x, y)$ をもつことになる．その人は，(12) の x を $-x$ に変えた式

$$\left.\begin{aligned} m\frac{d^2(-x)}{dt^2} &= \alpha(r)(-x) - \beta(r)y \\ m\frac{d^2y}{dt^2} &= \alpha(r)y + \beta(r)(-x) \end{aligned}\right\} \tag{13}$$

を使うべきことになって，これは (12) と違う．鏡映という座標軸のとり直しをすると運動方程式 (12) の形が変わってしまうのである．この変化は，煎じつめれば——(13) の第 1 式には両辺に -1 をかけて左辺を (12) の左辺に合わせてみれば——β の前の符号の変化だ．(13) は $\beta \to -\beta$ とすれば (12) に戻るが，その自由は，いま，ない．だから，その人が (12) を自然法則と信じていたら実験との不一致に悩むことになるはずだ．

平面の上では，1 対の x, y 座標軸と x 軸を逆向きにした $-x, y$ 座標軸とはどう動かしても重ね合わせることができないから，互いに区別して“自然法則はその一方のみ用いて書く”という憲法を設ければ (12) が救えそうに思われる．しかし，これも，この平面宇宙に裏と表の区別がなければ不可能である．

裏と表の区別がない平面宇宙の力の法則は，

$$\boldsymbol{f}(\boldsymbol{r}) = a(r)\boldsymbol{r} \tag{14}$$

の形でなければならない．右辺の力は，いわゆる中心力の形をしている．

話が 3 次元に飛躍するが，万有引力やクーロン力が中心力であるのも理由のな

いことではないことが，これで想像されるだろう．しかし，たとえば電子が自転していることまで考慮に入れれば，力を定める変数として $\boldsymbol{r}$ のほかに自転軸という "方向をもつもの" が加わることになり，力が中心力でなくなる可能性もでてくる．

擬ベクトル

(13) が (12) とくい違ったのは，x 軸の向きを逆にするとき $x \to -x$ となって

$$\boldsymbol{r} = (x, y) \longrightarrow (-x, y) \tag{15}$$

となるのに対して

$$\boldsymbol{r}^* = (-y, x) \longrightarrow (-y, -x) \tag{16}$$

となるという違いが原因である．x 成分の符号を変える操作を $\mathcal{P}$ と書けば，(15) は単純に

$$\boldsymbol{r} = (x, y) \longrightarrow \mathcal{P}\boldsymbol{r}$$

となるのに対して，(16) は

$$\boldsymbol{r}^* = (-y, x) \longrightarrow \mathcal{P}(y, -x) = -\mathcal{P}\boldsymbol{r}^*$$

となり，マイナス符号が余分につく．

y 軸の向きを逆にする変換に対しても，y 成分の符号を変える操作を $\mathcal{P}$ とすれば

$$\boldsymbol{r} = (x, y) \longrightarrow \mathcal{P}\boldsymbol{r},$$
$$\boldsymbol{r}^* = (-y, x) \longrightarrow (y, x) = -\mathcal{P}\boldsymbol{r}^*$$

となり，再び $\boldsymbol{r}^*$ の方にマイナス符号が余分につく．

座標系の回転に関して $\boldsymbol{r}$ も $\boldsymbol{r}^*$ も同じ変換をするのに，座標系の鏡映をすると変換にマイナス符号の差がでる．この差を強調するときには，$\boldsymbol{r}$ の方をベクトルとよび，$\boldsymbol{r}^*$ を擬ベクトルとよぶ．簡便にギ・ベクトルと書くこともある．

この区別の本質は 3 次元空間に出て**ベクトル積**を定義すると明らかになるのだが，いまその余裕がないのは残念である．

2.4 自転平板宇宙

前節の平面宇宙が，M を通って当の平面に垂直な軸のまわりに自転している，という仮設 (図 6) を追加すると，話がちがってくる．x, y 座標軸を，その自転により x 軸が y 軸の方に回るような向きにとるという取り決めができるようになるからである．そうすれば前節に述べた鏡映に関わる問題は消えるので，(12) をこの宇宙の自然法則とすることもできるだろう．

いや，それはできない．なぜなら：——

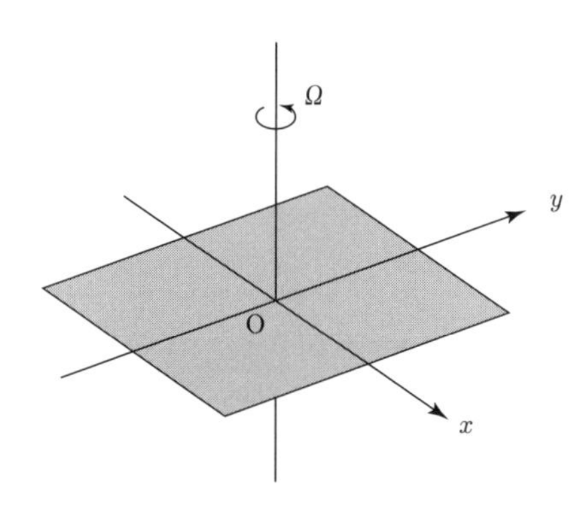

図 6　自転平板宇宙．Ω は自転の角速度で，図の向きの自転のとき正，反対向きのとき負とする．

時間反転

ここで，時間軸の向きを逆にする人を登場させる．現象を現在から過去に向けて見てゆく人である．その人には宇宙の自転は逆向きに見えるから，上の取り決めに忠実にするには x 軸の向きを逆にしなければならない．これをすると，$\beta(r)\boldsymbol{r}^*$ の項があるかぎり，やはり方程式の形が変わってしまうという問題がおこるのである．

もちろん，時間反転をしたときに——現在から過去に向けてたどってゆくときに——見える現象が，通常の未来向きの自然法則に従わねばならぬという理由は，アプリオリにはない．現実にも，熱い湯の入ったヤカンを氷の上におけば，氷がとけて湯は冷えるのであって，その時間経過を逆にした現象は誰も見たことがない．

しかし，そうした時間の不可逆性は 2 次的効果だと考え，基本の自然法則は時間反転に関して対称であると考えるのが，いまの物理学の姿勢なのである．

われわれも，それに従おう．そうきめると，上に見たとおり法則 (12) の中に $\beta(r)\boldsymbol{r}^*$ の項があってはいけないことになる．

速度に依存する力

いや，時間反転すると同時に $\beta \to -\beta$ とすれば問題は解消するのだ．そう思って考えると時間反転で速度ベクトル $\boldsymbol{v} = d\boldsymbol{r}/dt$ も符号を変えることに気づく．$\beta(r)\boldsymbol{r}^*$ の $\boldsymbol{r}^*$ の代わりに

$$\boldsymbol{v}^* = (-v_y, v_x) \tag{17}$$

をおいて $\beta(r)\boldsymbol{v}^*$ とすれば，時間反転で $\boldsymbol{v} \to -\boldsymbol{v}$ となることが $\beta \to -\beta$ と同じ効果をもつではないか！

念のためにいえば，$\boldsymbol{v}$ もベクトルだから——$\boldsymbol{r}(t)$ はベクトルだから $\boldsymbol{r}(t+\Delta t) - \boldsymbol{r}(t)$ もベクトルであり，それをスカラー Δt で割って $\Delta t \to 0$ としてもベクトルのままでいる——$\boldsymbol{v}^*$ はギ・ベクトルとなり，座標軸の回転と鏡映に関しては $\boldsymbol{r}^*$ と同様に振舞うのである．

こうして，回転平板上で質点 m にはたらく力の法則は，(11) でなくても

$$\boldsymbol{f}(\boldsymbol{r}) = \alpha(r)\boldsymbol{r} + \Omega\beta(r)\boldsymbol{v}^* \tag{18}$$

の形ならとれることがわかる．

因果律

もっと一般に，というなら，$\boldsymbol{r}(t)$ の 1 階導関数である $\boldsymbol{v} = d\boldsymbol{r}/dt$ のほかに 3 階，5 階，……の，つまり 3 階以上の奇数階の導関数の項を $\boldsymbol{f}$ に入れることも考えられる．しかし，それを入れると，m の運動は“運動方程式と $\boldsymbol{r}$ と $\boldsymbol{v}$ の初期値から定まる”という力学的因果律がこわれてしまう．伝統的な力学の枠内に留って因果律も保持するなら，(18) は自転平板宇宙に静止した質点 M が質点 m におよぼす力の最も一般の形ということになる．

また急いで付け加えなければならないのだが，(18) の Ω は，時間反転で宇宙の自転の向きが反転したとき $\Omega \to -\Omega$ とする．鏡映 $(x, y) \to (-x, y)$ をしたときにも自転の向きが逆に見えることになるから $\Omega \to -\Omega$ とする．

こうして，自転平板宇宙における m の運動方程式は，(12) にならって成分で書けば

$$\left.\begin{aligned} m\frac{d^2x}{dt^2} &= \alpha(r)x + \Omega\beta(r)\frac{dy}{dt} \\ m\frac{d^2y}{dt^2} &= \alpha(r)y + \Omega\beta(r)\frac{dx}{dt} \end{aligned}\right\} \tag{19}$$

となる.

これが**座標軸をどうとり直しても**(回転しても鏡映しても)時間軸の向きを反転してさえも，**運動方程式の形が変わらない**ことを要請したときの，そして前記の2つの仮設においたときの，m の運動方程式の一般形である．α と β の関数形は，これだけの要請と仮設からは定まらない．Ω は時間反転に伴って $\Omega \to -\Omega$ とすべき定数である．これがついた項は，$\beta(r)=1$ とすれば，いわゆる**コリオリ力**にあたる.

2.5 おわりに

人は座標系を勝手にとって自然法則を方程式に書き下す．その方程式の形が座標系のとりかたによっていちいち違うようでは，これは法則といえないではないか．その方程式を表現するものはどの座標系で書いても同じ形でなければならない.

いいかえれば，自然法則を表わす方程式は座標系のとりかたを変えても形が変わらないようなものでなければならない.

この宇宙には特別方向はない，等方的であるとしてのことである.

幾何学とは，選びとった対象の，選びとった変換群のもとで不変な性質を研究する学問だ，と宣言したのはクラインであった(エルランゲン・プログラム，1872)[3]．自然法則の探究も，この意味で幾何学的である．どんな変換群を選ぶかは，あるいは選ぶことができるかは，自然そのものに強制され規定されるところが大きいにしても——.

ここでは，

座標系の変換に関して方程式は不変

という要請がどのようにして方程式の形を規制するかを簡単な例で説明してみた.

対称でないものは基本法則でない，という原理がはたらく例には，このほかにも物理量の単位の変換に関するもの(次元解析)など，いろいろある.

参考文献

[1] デュドネ編『数学史』, I, 上野健爾ほか訳, 岩波書店 (1985), p.90.
引用の……のところには "2 次元および 3 次元の幾何学での" が入るので，これは実は物理の話ではない.

[2] デュドネ，前掲書，p.91 によれば，平面ベクトルの演算とその幾何学的応用を始めたのはベラヴィティスで，1832 年のことである．"前後の見境なしに"(前註) は 18 世紀のことであった.

[3]『ヒルベルト：幾何学の基礎，クライン：エルランゲン・プログラム』，寺阪英孝・大西正男訳，共立出版 (1970).

3. なぜローレンツの力は速度に垂直なのか？

磁束密度 $\boldsymbol{B}$ の場を走る電荷 q には，その速度 $\boldsymbol{v}$ にも磁束密度 $\boldsymbol{B}$ にも垂直な力がはたらく．なぜ $\boldsymbol{v}$ に垂直なのだろう？　なぜ，$\boldsymbol{B}$ の方向にはたらかないのだろう？　これに答えるために，鏡にうつした三角形の像が自身と (原像と) 重なるのは，どんな三角形の場合か，を問う類の対称性の考察を自然法則に対して行なう．

なお，表題には「ローレンツの力」という名前を磁束密度からの力の意味に用いた．普通は電場からの力も含めることになっている．

3.1 点状の鏡 P

電荷がうつる鏡はない．でも，それがあったとしたら？　いま，電荷 $+q$ が $+q$ にうつり，$-q$ は $-q$ にうつる鏡があったとしよう．そうしておいて，(任意の) 物理現象 A の鏡にうつった (鏡の中の！) 姿 B がまた実現可能な物理現象であるために物理法則がみたすべき条件は何か，を考えてみたい．鏡にうつすことに関して対称な物理法則は，どんなものか，という問題である．その鏡には，もちろん普通の鏡のように物がうつるとする．こうした鏡を用いた対称性の考察が，表題の疑問に答える鍵になる．

普通の平面鏡では，それに垂直な運動の向きは逆になってうつるが，それに平行な運動の向きは変わらない．これからの話は，どの運動の向きも逆になるほうが簡単になる．そんな鏡はないって？　いや，ある．それは点状の鏡 P である (図1).

いや，待てよ．点状の鏡は像を結ぶだろうか？　点状の鏡に入射した光線はどちら向きに反射するのだろう？

一歩ゆずって，半径 a の球形の鏡を考えてみよう．点状の鏡は，その $a \to 0$ の

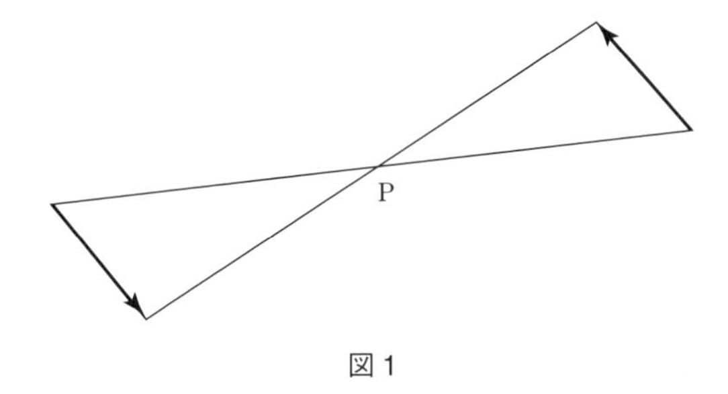

図 1

極限としようというのである．これでも，具合がわるい．簡単な計算で，鏡から有限の距離にある点の像が $a \to 0$ では鏡の位置に重なることがわかる．図 1 とは大ちがいだ．

仕方がない．仮想的な鏡 P を考えて，これに位置ベクトル $\boldsymbol{r}$ をうつすと

$$\boldsymbol{r} \xrightarrow{\mathrm{P}} -\boldsymbol{r} \tag{1}$$

となるものと約束しよう．この種の鏡にうつすことは鏡映または空間反転という．

空間反転した像をもとめるには，適当な固定点 P を見つけて図 1 のようにするとよい．

もし，そんな仮想的な鏡など「嫌だ」という人がいれば，これからお話しする（物理系）のすべてのベクトルの符号を反対にした（物理系）$'$ を一つ一つ実際に作って，その振舞を元の（物理系）の振舞と比べてみることをお勧めする．これが“対称性”の本来の姿であって，鏡など持ち出すのは手抜きである．

いま，鏡 P にうつすことは，すべてのベクトルの符号を反対にすることだといった．実は，あとでお話しするつもりだが，物理でいうベクトルには，（真性）ベクトルと擬ベクトルの 2 種類があって，変換 P をするというとき（真性）ベクトルは符号を変えるが擬ベクトルは符号を変えないのである．位置ベクトルは（真性）ベクトルであり，これと同じ P 変換をするベクトルは（真性）ベクトルである．

空間反転すると，点の変位 $\Delta\boldsymbol{r}$ の向きも逆になる．図 1 の作図から当たり前のことだが，式で書けば，変位 $\Delta\boldsymbol{r}$ の前の位置を $\boldsymbol{r}_1$，後の位置を $\boldsymbol{r}_2$ として

$$\boldsymbol{r}_1 \xrightarrow{\mathrm{P}} -\boldsymbol{r}_1, \qquad \boldsymbol{r}_2 \xrightarrow{\mathrm{P}} -\boldsymbol{r}_2$$

の差を，それぞれの世界でとることになり

$$\boldsymbol{r}_2 - \boldsymbol{r}_1 \xrightarrow{\mathrm{P}} (-\boldsymbol{r}_2) - (-\boldsymbol{r}_1) = -(\boldsymbol{r}_2 - \boldsymbol{r}_1) \tag{2}$$

となる．すなわち

$$\boldsymbol{\Delta r} \xrightarrow{\mathrm{P}} -\boldsymbol{\Delta r}$$

となるのである．

この鏡Pに時間はうつるだろうか？　時計ならうつる．でも，それは，こちら側の時計と同じペースで進むだろうか？　もちろん！　こちら側の時計の針が3を指せば鏡の中の時計の針も3を指す．こちら側の時計の針が4まで進めば鏡の中の時計の針も4まで進む．だから，鏡Pの中の世界の時間は，こちら側の時間と変わらない．

こうして鏡Pの中の世界の長さと時間が定まったので，運動する質点の速度や加速度も定まる．(2) と Δt が変わらないことから $\boldsymbol{\Delta r}/\Delta t$ が鏡にうつすと符号を変えることが知られ，極限 $\Delta t \to 0$ にいって

$$\text{鏡Pにうつすと，速度 } \frac{d\boldsymbol{r}}{dt} \text{ の向きは逆になる．}$$

同様にして

$$\text{鏡Pにうつすと，加速度 } \frac{d^2\boldsymbol{r}}{dt^2} \text{ の向きは逆になる．}$$

すなわち，

$$\frac{d\boldsymbol{r}}{dt} \xrightarrow{\mathrm{P}} -\frac{d\boldsymbol{r}}{dt}, \qquad \frac{d^2\boldsymbol{r}}{dt^2} \xrightarrow{\mathrm{P}} -\frac{d^2\boldsymbol{r}}{dt^2} \tag{3}$$

いや，仰々しく言うことはない．図1の点の運動を想像すれば，すぐ分かることだ．

ニュートンの運動の法則 $m\dfrac{d^2\boldsymbol{r}}{dt^2} = \boldsymbol{f}$ が鏡Pにうつしても変わらない (対称である！) のは，(3) から

$$\text{鏡にうつすと，力 } \boldsymbol{f} \text{ の向きは逆になる} \tag{4}$$

ときである．力そのものは鏡にうつらない．力の引き起こす効果だけがうつるので，それから力の性質を推定する．このように自然法則は対称だときめてかかって，どこまで行けるか？　どこかで矛盾に突き当たることはないか？　それは，歩いてみなければ分からない．だから，自然法則の対称性は，さしあたり仮定である．

もう1つ，(3) から (4) をいうとき，質量も鏡にうつり値を変えないことを仮定している．その根拠は何か？　作用と反作用の法則を鏡Pに関して対称とする仮定である．たとえば，2つの質点の衝突を考えてみるのである．$\boldsymbol{f}_{i\to j}$ で質点 m_i

が m_j におよぼす力を表わせば $(i, j = 1, 2)$，運動方程式は

$$m_1 \frac{d^2 \boldsymbol{r}_1}{dt^2} = \boldsymbol{f}_{2\to1}, \qquad m_2 \frac{d^2 \boldsymbol{r}_2}{dt^2} = \boldsymbol{f}_{1\to2}$$

となる．$\boldsymbol{r}_i$ は質点 m_i の位置ベクトルである．現実の世界では作用と反作用の法則が成り立つので

$$m_1 \frac{d^2 \boldsymbol{r}_1}{dt^2} = -m_2 \frac{d^2 \boldsymbol{r}_2}{dt^2} \tag{5}$$

となっている．(3) により鏡の中の世界にゆくと加速度は符号を変えるのみだから，作用と反作用の法則からの帰結である (5) が鏡の中の世界でも成り立つのは，質量の比 m_1/m_2 が変わらないときである．さらに質量の値まで変わらないというのは，単位のきめかたで，便宜上のことに属する．

質量の値が変わらないように鏡の中の単位をきめる約束をすれば，たとえば万有引力の法則も —— 同じ万有引力定数を用いて —— 成り立つことになる．

3.2 電場と磁場

電場とは，空間の場所ごとに，そこに点電荷 q をおいたとき q にはたらく力 $\boldsymbol{f}_q$ が定まっているような，そういう空間のことである．$\boldsymbol{f}_q/q$ を電場の強さ $\boldsymbol{E}$ という．これを簡略に電場ということも多い．電場の強さ $\boldsymbol{E}$ は位置 $\boldsymbol{r}$ の関数である．これを

と書こう．矢印の左に添えた $\boldsymbol{E}$ は関数記号のつもり；$\boldsymbol{E} = \boldsymbol{E}(\boldsymbol{r})$ の右辺の $\boldsymbol{E}$ である．さて，この式の $\boldsymbol{r}$ を鏡 P にうつすと $-\boldsymbol{r}$ になる．また，$\boldsymbol{E}$ を鏡 P にうつすと $-\boldsymbol{E}$ になる．すなわち

$$\begin{array}{ccc} \boldsymbol{r} & \xrightarrow{\mathrm{P}} & -\boldsymbol{r} \\ {\scriptstyle \boldsymbol{E}}\big\downarrow & & \\ \boldsymbol{E} & \xrightarrow{\mathrm{P}} & -\boldsymbol{E} \end{array}$$

という図式になる．鏡 P の中の世界では位置 $-\boldsymbol{r}$ に $-\boldsymbol{E}$ の電場ができるのである．このことを関数記号 $\boldsymbol{E}_{\mathrm{P}}$ で表わせば

$$\boldsymbol{E}_{\mathrm{P}}(-\boldsymbol{r}) = -\boldsymbol{E}(\boldsymbol{r}) \tag{6}$$

となる．いや，図式で書いた方が分かりやすかろう：

$$\begin{array}{ccc} \boldsymbol{r} & \xrightarrow{\mathrm{P}} & -\boldsymbol{r} \\ {\scriptstyle \boldsymbol{E}}\downarrow & & \downarrow{\scriptstyle \boldsymbol{E}_{\mathrm{P}}} \\ \boldsymbol{E} & \xrightarrow{\mathrm{P}} & -\boldsymbol{E} \end{array}$$

(6) は次のように言い換えることもできる：

$$\boldsymbol{E}_{\mathrm{P}}(\boldsymbol{r}) = -\boldsymbol{E}(-\boldsymbol{r}) \tag{7}$$

点電荷がつくる電場はクーロンの法則 $\boldsymbol{E}(\boldsymbol{r}) = q\dfrac{\boldsymbol{r}}{r^3}$ によって与えられる．これを鏡 P にうつすと

$$\boldsymbol{E}_{\mathrm{P}}(\boldsymbol{r}) = -\boldsymbol{E}(-\boldsymbol{r}) = -q\frac{-\boldsymbol{r}}{r^3} = q\frac{\boldsymbol{r}}{r^3}$$

となり

$$\boldsymbol{E}_{\mathrm{P}}(\boldsymbol{r}) = q\frac{\boldsymbol{r}}{r^3} \tag{8}$$

が知れる．これが，空間のあらゆる位置に対して成り立つ．これは，クーロンの法則が鏡 P にうつしても変わらないこと，すなわち鏡 P にうつすことに関して対称であることを意味している．

別の言い方をすれば，クーロンの法則にしたがう電場を鏡にうつすと，その像もクーロンの法則にしたがい，物理現象として確かに実現可能だというのである．ここまできて，ようやく，物理現象 A の鏡 P にうつした (鏡の中の！) 姿がまた物理現象であり得るか，という問が成立することになった．そして，電場について肯定的な答えが得られたのである．

点電荷のつくるクーロン場という簡単な例を考えただけで (7) という一般的な結論をだしてよいのか？　それは，よくない．一般的な結論を出すには，電磁場の一般的な法則であるマクスウェルの方程式を用いる．

磁束密度の場を鏡 P にうつしたら，どうか？　円形電流を考えると，その中心の磁束密度 $\boldsymbol{B}$ の向きは右ネジの法則できまり，図 2 のようになる．電流 $\boldsymbol{I}$ は電荷の移動だから，鏡 P にうつすと向きが変わる：

$$\boldsymbol{I} \longrightarrow -\boldsymbol{I} \tag{9}$$

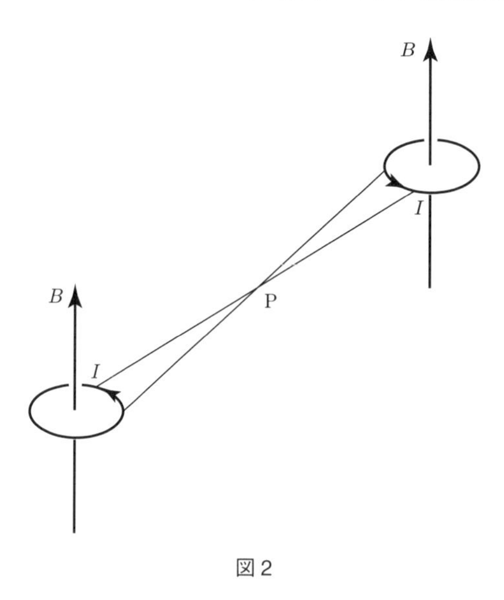

図 2

それでも，図 2 から解るように円形回路を電流がまわる向きは鏡 P にうつしても変わらない．したがって，鏡 P のなかの世界でも右ネジの法則が成り立つことを承認すれば

$$\boldsymbol{B}_{\mathrm{P}}(\boldsymbol{r}) = \boldsymbol{B}(-\boldsymbol{r}) \tag{10}$$

が知られる．

磁束密度ベクトルの P 変換 (10) は，同じベクトルでありながら，電場のベクトルに対する P 変換 (7) と違っている．電場のベクトルは，その P 変換が位置ベクトルの変換と同じだから，（真性）ベクトルであり，磁束密度の場ベクトルは，位置ベクトルとは違う変換をするので擬ベクトルある．

もう 1 つ，直線電流のまわりの磁束密度を考えてみよう．直線電流 $\boldsymbol{I}$ のまわりには

$$\boldsymbol{B}(\boldsymbol{r}) = \frac{\mu_0}{2\pi}\frac{\boldsymbol{I}\times\boldsymbol{r}}{r_\perp^2} \tag{11}$$

という磁束密度ができる (図 3)．この現象を鏡 P にうつしてみよう．電流 $\boldsymbol{I}$ は鏡 P にうつすと，$-\boldsymbol{I}$ になり，位置ベクトルは (1) のように変わるから

$$\boldsymbol{B}_{\mathrm{P}}(-\boldsymbol{r}) = \frac{\mu_0}{2\pi}\frac{(-\boldsymbol{I})\times(-\boldsymbol{r})}{r_\perp^2} = \frac{\mu_0}{2\pi}\frac{\boldsymbol{I}\times\boldsymbol{r}}{r_\perp^2} = \boldsymbol{B}(\boldsymbol{r})$$

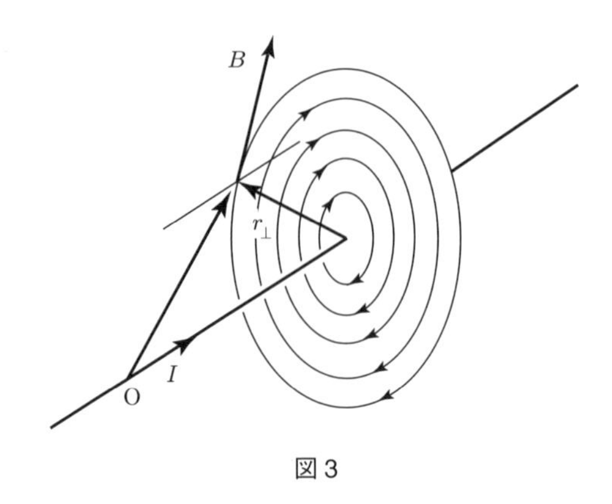

図 3

となり，この考察からも前と同じ結果 (10) が得られる．

磁束密度に対して行なった (10) の導出は，電場に対して行なった (7) の導出とは違っている．すなわち，後者では電場が電荷におよぼす力の法則を用いたのに対して，前者では力の法則は用いなかった．それは，磁束密度が電荷におよぼす力の法則はどんなものであるか，それを探りだしたいと考えているからである．それを探りだすことが，この小論の目的なのである．

上の結果 (10) から，自然法則は対称だとしての話だが，磁束密度 $\boldsymbol{B}$ が点電荷 q におよぼす力は $\boldsymbol{f} \propto q\boldsymbol{B}$ の形ではあり得ないことが知られる．$\boldsymbol{f}$ は $\boldsymbol{B}$ に平行ではあり得ないことが，これで解った．この形では力の変換法則 (4) と合わないからである．では，磁場が荷電粒子におよぼす力の法則はどんな形か？　それを見定めるには，もう 1 つの鏡をもちこむ必要がある．

3.3 時間の鏡 T

これは時計をうつすと針が逆に回るように見える鏡である．映画のフィルムを逆回しにして映写した場合に当たる．この鏡に映すことを時間反転という．

この鏡 T に枝から落ちるリンゴをうつしてみよう．リンゴは下から上にあがってゆくが，その上向きの速度は段々に減ってゆくのだから，加速度はやはり下向きなのである．これは一般にいえることで

鏡 T にうつすと，速度 $\boldsymbol{v}$ は逆向きになるが，加速度 $\boldsymbol{\alpha}$ は変わらない　　(12)

これを数式で確かめるために，運動 $\boldsymbol{r} = \boldsymbol{r}(t)$ を鏡 T にうつしたときの図式を

書けば

$$\begin{array}{ccc} t & \xrightarrow{\mathrm{T}} & -t \\ {\scriptstyle \boldsymbol{r}}\downarrow & & \downarrow{\scriptstyle \boldsymbol{r}_{\mathrm{T}}} \\ \boldsymbol{r} & \xrightarrow{\mathrm{T}} & \boldsymbol{r} \end{array}$$

となり，鏡 T の中の世界の運動は

$$\boldsymbol{r}_{\mathrm{T}}(t) = \boldsymbol{r}(-t) \tag{13}$$

となることがわかる．したがって，鏡の中の運動の速度と加速度は，それぞれ

$$\boldsymbol{v}_{\mathrm{T}}(t) = \frac{d\boldsymbol{r}_{\mathrm{T}}(t)}{dt} = \frac{d\boldsymbol{r}(-t)}{dt} = -\boldsymbol{v}(-t),$$

$$\boldsymbol{\alpha}_{\mathrm{T}}(t) = \frac{d^2\boldsymbol{r}_{\mathrm{T}}(t)}{dt^2} = \frac{d^2\boldsymbol{r}(-t)}{dt^2} = \boldsymbol{\alpha}(-t)$$

となり，(12) が得られる．計算は，こうするのだ．いったん $-t = \tau$ とおいて

$$\frac{d\boldsymbol{r}(-t)}{dt} = \left[\frac{d\boldsymbol{r}(\tau)}{d\tau}\frac{d\tau}{dt}\right]_{\tau=-t}$$

とし，$\tau = -t$ だから $d\tau/dt = -1$ となることに注意する．2 回くりかえして微分すると

$$\frac{d^2\boldsymbol{r}(-t)}{dt^2} = \left[\frac{d}{dt}\frac{d\boldsymbol{r}(\tau)}{d\tau}\frac{d\tau}{dt}\right]_{\tau=-t}$$

$$= \left[\frac{d^2\boldsymbol{r}(\tau)}{d\tau^2}\left(\frac{d\tau}{dt}\right)^2\right]_{\tau=-t}$$

となり，$d\tau/dt = -1$ が 2 回かかることになる．

念のために言えば，鏡 T にうつった像の時刻 t の姿は元の現象の時刻 $-t$ の姿と比べるのである．(12) で加速度が変わらないというのは，鏡 T の中の運動の加速度 $\boldsymbol{\alpha}_{\mathrm{T}}(t)$ が元の運動の加速度 $\boldsymbol{\alpha}(t)$ と $\boldsymbol{\alpha}_{\mathrm{T}}(t) = \boldsymbol{\alpha}(-t)$ の関係にあるという意味である．

鏡 T にうつしたとき加速度は変わらないから，質量は変わらないと約束すれば

$$\text{鏡 T にうつしたとき，力 } \boldsymbol{f} \text{ は変わらない} \tag{14}$$

さらに，電荷も変わらないと約束すれば，クーロンの法則を考えて

$$\text{鏡 T にうつしたとき，電場 } \boldsymbol{E} \text{ は変わらない} \tag{15}$$

電流は，鏡 T にうつすと逆向きに流れるから，直線電流のまわりの磁束密度を考えて

$$\text{鏡 T にうつしたとき，磁束密度}\ \boldsymbol{B}\ \text{は逆向きになる} \tag{16}$$

鏡 T にうつしたときの振舞からいっても，電場 $\boldsymbol{E}$ が電荷 q におよぼす力は $\boldsymbol{f}=q\boldsymbol{E}$ であるとして不都合はない．$\boldsymbol{f}$ も $\boldsymbol{E}$ も鏡 T にうつすと共に符号を変えないからである．ところが，磁束密度 $\boldsymbol{B}$ の方は，電荷 q におよぼす力を $q\boldsymbol{B}$ としたら (16) と (14) が今度も矛盾してしまう．

そこで，磁束密度が電荷におよぼす力は，$\boldsymbol{B}$ と何かもうひとつのベクトルで定まると考えてみよう．そのベクトル $\boldsymbol{X}$ は何だろうか？

3.4 ローレンツの力

一般にベクトルは座標系の回転にともなう成分の変換によって定義される．この定義によれば，2 つのベクトル $\boldsymbol{X},\boldsymbol{B}$ から第 3 のベクトルをつくる仕方はベクトル積 $\boldsymbol{X}\times\boldsymbol{B}$ にかぎる [1)]．

このことを用いると，“磁束密度 $\boldsymbol{B}$ が電荷におよぼす力は $\boldsymbol{B}$ と何かもう 1 つのベクトル $\boldsymbol{X}$ で定まる” と仮定するかぎり，それは $\boldsymbol{X}\times\boldsymbol{B}$ という形をしている．これが鏡 P にうつしたとき (4) となり，鏡 T にうつしたとき (14) となるためには，(10) と (16) から

ベクトル $\boldsymbol{X}$ は鏡 P にうつしても，鏡 T にうつしても，逆向きになる

ことが必要十分である．点電荷に属するベクトルでこの性質をもつのは速度ベクトル $\boldsymbol{v}$，ないしはその定数倍である．よって

$$\text{磁束密度}\ \boldsymbol{B}\ \text{が点電荷におよぼす力は}\ \boldsymbol{v}\times\boldsymbol{B}\ \text{の定数倍である} \tag{17}$$

ことが結論される．これが，磁束密度 $\boldsymbol{B}$ の場を走る電荷 q にはたらく力は，何故その速度 $\boldsymbol{v}$ に垂直か，という問いに対する答である．

$\boldsymbol{X}$ は，速度 $d\boldsymbol{r}/dt$ に限らず，一般に $d^n\boldsymbol{r}/dt^n(n=\text{奇数})$ でよいではないか，という方には，$n>1$ を許すと位置と速度という通常の初期条件からでは運動がきまらなくなることを指摘しておこう．次の次元解析からも $n>1$ は不都合である．

1) 参照：江沢 洋『物理は自由だ 1　力学』，日本評論社 (1992), pp.43–48.

(17) の定数を見定めるためには，また別の考察を要する．その1つとして次元解析が役に立つ．質量，長さ，時間，電荷の次元をそれぞれ M,L,T,Q とすれば，磁束密度の次元は——たとえば (11) から知られるように——$[\mathrm{B}] = [\mathrm{Q}^{-1}\mathrm{MT}^{-1}]$ であり[2)]，速度の次元は $[v] = [\mathrm{LT}^{-1}]$ であるから，(17) の定数は電荷の次元 $[\mathrm{Q}]$ をもつ．したがって，考えている点電荷の電荷 q を用いて

磁束密度 $\boldsymbol{B}$ が点電荷におよぼす力 $\boldsymbol{f}$ は $q\boldsymbol{v} \times \boldsymbol{B}$ の定数 (無次元) 倍である

ということができる．もし $\boldsymbol{v}$ の代わりに $d^n\boldsymbol{r}/dt^n (n > 1)$ をとっていたら，いま考えている粒子の属性 (電荷の質量) を用いて次元を合わせることはできなかった．ここに，(17) で $\boldsymbol{v}$ をとるべき1つの理由がある．

上の無次元の定数を C とすれば

$$\boldsymbol{f} = Cq\boldsymbol{v} \times \boldsymbol{B} \tag{18}$$

である．定数 C は実は1であるが，もはや一般的な考察では定められない．第1に，電気量や電流の単位の定め方を考えに入れる必要がある．

電流の単位アンペアは次のように定義されている：

> 無視できる断面積の円形断面をもつ2本の無限に長い直線状導体を，真空中に 1 m の間隔で平行において，それぞれの導体に等しい強さ I の電流を流したとき，導体の長さ 1 m ごとにはたらく力 $\boldsymbol{F}$ が 2×10^{-7} N の大きさである場合の I を 1A と定義する．

因みに真空の透磁率は $\mu_0 = 4\pi \times 10^{-7} \mathrm{kg\,m/C^2}$ と定められている．

いま，この定義がいう導体の一方1を流れる電子 k の速度を $\boldsymbol{v}_k$ とすれば，この電子が他方の導体2を流れる電流のつくる磁束密度 (11) からうける力は，(18) により

$$\boldsymbol{f}_k = C \cdot (-e)\boldsymbol{v}_k \times \frac{\mu_0}{2\pi} \frac{\boldsymbol{I} \times \boldsymbol{r}}{r_\perp^2} \tag{19}$$

となる．これを，一時刻に導体の1の長さに含まれるすべての電子にわたって加えると上の定義の導体1の長さ 1 m あたりの力 $\boldsymbol{F}$ になる：

$$\boldsymbol{F} = C \sum_k (-e)\boldsymbol{v}_k \times \frac{\mu_0}{2\pi} \frac{\boldsymbol{I} \times \boldsymbol{r}}{r_\perp^2}$$

2)　μ_0 の次元が $[\mathrm{MLQ}^{-2}]$ であることを用いた．

ここに，$r_\perp = 1\,\mathrm{m}$ である．ところが，$\sum_k (-e)\boldsymbol{v}_k$ は導体を流れる電流で，$\boldsymbol{I}$ に等しいから

$$\boldsymbol{F} = C\frac{\mu_0}{2\pi}\boldsymbol{I}\times(\boldsymbol{I}\times\boldsymbol{r})\cdot\frac{1}{r_\perp^2}. \tag{20}$$

ここで，$\boldsymbol{I}\times\boldsymbol{r}$ は $\boldsymbol{I}$ にも $\boldsymbol{r}$ にも垂直で大きさ $Ir_\perp$ をもつベクトルであるから，これとのベクトル積 $\boldsymbol{I}\times(\boldsymbol{I}\times\boldsymbol{r})$ は，

$$\text{大きさ}\qquad I^2 r_\perp$$

をもつ．したがって，定義にいう 1m あたりの力 $\boldsymbol{F}$ の大きさは

$$|\,\boldsymbol{F}\,| = |\,C\,|\frac{\mu_0}{2\pi}\frac{I^2}{r_\perp} = |\,C\,|\cdot\left(2\times10^{-7}\frac{\mathrm{kg\,m}}{\mathrm{C}^2}\right)\frac{I^2}{r_\perp} \tag{21}$$

となる．$r_\perp = 1\,\mathrm{m}$ で $|\,\boldsymbol{F}\,| = 2\times10^{-7}\mathrm{N}$ のときの電流を $1\,\mathrm{A} = 1\,\mathrm{C/s}$ と定めたのだから

$$2\times10^{-7}\frac{\mathrm{kg\,m}}{\mathrm{s}^2}\cdot\frac{1}{\mathrm{m}} = |\,C\,|\cdot\left(2\times10^{-7}\frac{\mathrm{kg\,m}}{\mathrm{C}^2}\right)\frac{(1\,\mathrm{C/s})^2}{1\,\mathrm{m}}$$

となり

$$|\,C\,| = 1 \tag{22}$$

が得られる．C の符号は，まだ定まらない．

それを定めるには，力 $\boldsymbol{F}$ の方向を調べなければならない．(20) において，$\boldsymbol{I}\times\boldsymbol{r}$ は

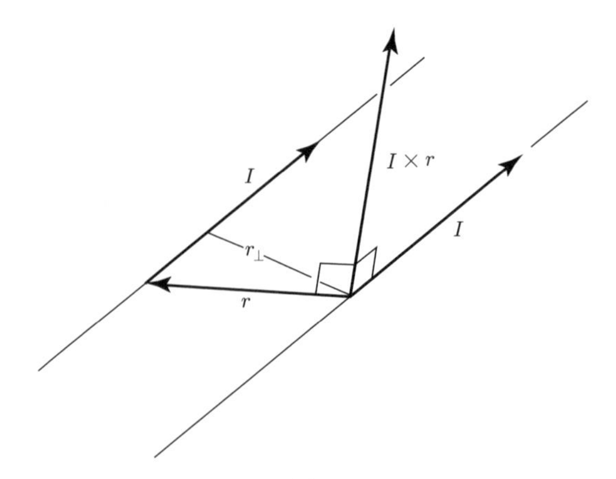

図 4

$\boldsymbol{I}$ と $\boldsymbol{r}$ の定める平面に垂直で $\boldsymbol{I}$ にも垂直

な方向をもつ (図 4)．これに，$\boldsymbol{I}\times$ をすれば，再び図 4 を見て

$\boldsymbol{I}\times(\boldsymbol{I}\times\boldsymbol{r})$ は 2 本の導体を含む平面内にあって，導体に垂直

な方向をもつ．そして，再び図 4 から，2 本の導体が互いに引き合う向きであることが見てとれる．したがって，$C>0$ なら $\boldsymbol{F}$ は 2 本が引き合う向きになるし，$C<0$ なら反発する向きになる．実際には平行な電流は互いに引き合うので $C>0$ であり，(22) と合わせて

$$C = 1 \tag{23}$$

が結論される．こうして，(18) の定数が定まり，磁束密度 $\boldsymbol{B}$ の場を速度 $\boldsymbol{v}$ で走る電荷 q にはたらく力の公式

$$\boldsymbol{f} = q\boldsymbol{v}\times\boldsymbol{B} \tag{24}$$

が得られた．

注意　磁場の中にある導線に電流をながしたとき導線にはたらく力を，ここでしたように，導線をながれる電子にはたらくローレンツ力から求めるなら，導線内の $\boldsymbol{B}$ として (11) 式において μ_0 でなく，導線の透磁率 μ を用いるべきだと考える向きもあろう．これは，導線として例えば鉄線を用いた場合，大きな違いをもたらす．

しかし，この考えは正しくないことが理論と実験の両面から示されている．導線の表面を境に透磁率の急激な変化があると，そのために導線に付加的な力がはたらき，その結果，導線内の $\boldsymbol{B}$ にも導線の周囲の μ_0 を用いた (11) が正しい力を与えることになる[3]．

---

3)　L. W. Casperson : *American Journal of Physics*, **70** (2), 13 (2002) ;
J. A. Stratton : *Eletromagnetic Theory*, McGraw-Hill (1941), pp.258–262.

4. 物理量ノート

4.1 単位

子供は，ときどき面白いことをいう.

あるとき，小学校5年生の息子に次のような問題をだしたら面白い答が返ってきた.

問題[1]：ある地点Aから太郎が南へ向って100 km行き，そこから次に東へ向って100 km行って，そこから今度は北へ向って100 km行ったら出発点Aに戻った．その出発点は地球上のどこだったろうか？

最初に返ってきた答は「北極」であった．これは別に面白くない.「もっと他の地点でもいいのではないか」といって気長に誘導をしているうちに，こんな答がでてきた.「南半球の緯線で，それに沿って100 km行くとちょうど1周することになるようなもの，あるいは2周，あるいは4周，……，することになるようなもの——そのどれかの緯線の上の任意の点から真北に100 kmの地点.」もちろん，こんな表現を子供はしない．もっと直截的な表現をしたように思うけれども，すでに頭が固くなってしまった大人には，それを思い出すことすらできない.

子供が1周，2周，4周といって，3周をとばしたことに読者はお気づきだろ

---

1) この問題は，正田建次郎先生が武蔵中学で「自分でものを見て自分で考えること」を教授されたときに材料としてお使いになった．そのときの模様を先生御自身がお書きになった報告を読んで，息子に試してみたのである．その報告は，最初「数学セミナー」1969年8月号にでたが，先生を偲んで編集された

『正田建次郎先生——エッセイと思い出』，新興出版社啓林館(1978)

に収録されている．この本は「数学セミナー」1979年5月号, pp.115–117に詳しく紹介されている.

う．そして，「そそっかしい子供だな」とお思いになっただろう．これが筆記試験だったら何点か減点になるだろう．しかし，訊ねてみたら，子供には子供の理屈があった．いわく：——

「緯線にそって 100 km 行くのだから，それで 3 周になるためには緯線の長さは $(100 \div 3)$ km でなければならない．しかし，100 は 3 では割り切れないから，そういう緯線は存在し得ない．」

もちろん，子供は，こんな表現はしなかった．たしか「1 周するのに $(100 \div 3)$ km を行かなければならないが，そんなことはできない」というように自分で実際にそれをする場合のことを頭に描いて表現したと思う．それはとにかく，$(100 \div 3)$km という長さは存在しないと考えたところが面白い．

それで思い出したのだが，ぼく自身も，いつの頃だったか紙を長さ $\frac{10}{3}$ cm に切れといわれたらどうすればいいのか，しばらく考え続けたことがある．「ものさし」を使って $\frac{10}{3}$ cm を測りとることはできない．そのとき考えた解決は，まず 10 cm の長さを切りとって，それを等分に三つ重ねに折ること[2]だった．あるいは，図 1 のような作図をしてもいいなと思ったことをおぼえている．そのように手間をかけて作った長さでも，いったん長さの単位として認めてしまえば，その 3 倍の長さに戻るのは至極やさしい，というところが何やら不思議であったこともおぼえている．

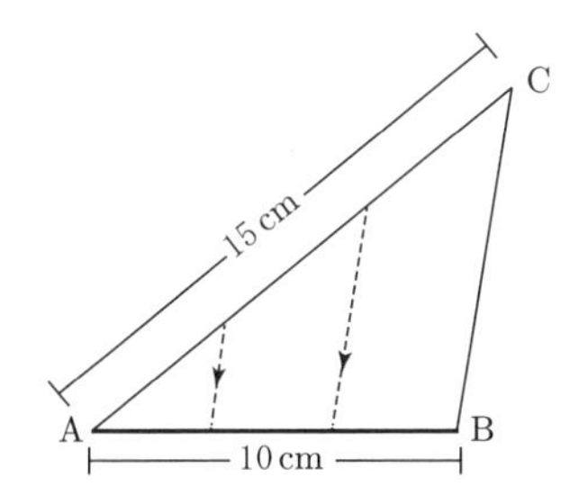

図 1　線分の 3 等分の作図．$\overline{\mathrm{AB}} = 10$ cm は「ものさし」では 3 等分できないが，$\overline{\mathrm{AC}} = 15$ cm をとれば，これは「ものさし」でも 3 等分できる．その 3 等分点から CB に平行に引いた直線で AB を切る．

---

2)　ここに「三つ折り」と書こうかと思って念のために『広辞苑』を引いてみたら，①㋑ 三つに折ること．また，そのもの．㋺ 三ヵ所で等分に折ること，……とある．この㋺は本当かしらん？　2018 年にでた第 7 版では，だいぶ様子が変わっている．

閑話休題.「数学セミナー」が「量」についての論文を連載しているので「物理量」について書くように，というのが編集部からの御注文である．書くべきことは沢山ありそうだ．そのうち上記の $\frac{10}{3}$ cm とか昔ピタゴラスの徒を悩ませたという $\sqrt{2}$ cm (cm という単位はなかったが) とかについては，数学者が既に論じている．もっとも，数学の論理と実際に $\frac{10}{3}$ cm を切り取る手続きとがどのように対応しているかは検討しておかねばなるまい．物理量というものについて系統的に論を立てることは面白そうだが，まずは雑談風に思いつくままを何回か記してみよう．しかし，なにしろ雑用が多いので毎月の連載にするだけの時間はとれないかもしれない．

今回は「単位」のことを書く．m とか kg とか s とかいう類の単位である．まず例によって「準備」から始める．その後に本論として書く部分は，面白いと思っていただけばそれでよいので，仮に読者のなかに先生がいらっしゃるとしても，学校では教えていただきたくない．少なくとも正課の授業のなかでは——．

4.1.1 MKS 単位系

力学には，力とか速度とかエネルギーとか角運動量とか沢山の種類の量があらわれる．そのどれにしても，その大きさを表わすには予め約束しておいた「単位」の何倍であるかをいう．たとえば，3 m の長さというのは，m という単位の 3 倍の長さのことである．

力学的な量はいろいろあるから，単位のほうも，それと同じだけいろいろある．しかし，さいわいなことに,「長さ」と「質量」と「時間」という 3 つの量の単位を定めておくと，これらを組み合わせることによって，他のどんな力学量の単位でも構成することができる．いわく，速度の単位は m/s，加速度の単位は $\mathrm{m/s^2}$，力の単位は $\mathrm{kg\,m/s^2}$，エネルギーの単位は $\mathrm{kg\,m^2/s^2}$，…….

こうした単位の体系 (MKS 単位系) は次のようにして構成されるのである．MKS 単位系は，1960 年の国際度量衡総会で単位系に電流，温度，光度，物質量 (モル) を加えて拡張され SI 単位系とよばれることになった．

まず，基本単位を定める．

時間の単位 s：1967 年の国際度量衡総会で，1 s とは ^{133}Cs の基底状態の 2 つの超微細構造準位間の遷移による放射の周期の 9 192 631 770 倍であると定義された．その後，原子スペクトルの精度の向上により重力ポテンシャルの時間への影響が無視できなくなったので，1977年に地球のジオイド面上の^{133}Csを基準とするようになった．ジオイドとは，地球の等ポテンシャル面のうち海洋上で平均海面に一致するもののことである．これによって時間の精度は$10^{-7} \sim 10^{-8}$よりはるかに高くなった．

もともとは1sは平均太陽日の$1/(24 \times 60 \times 60)$のことであった．

長さの単位m：1983年からは，光が真空中で1/99 792 458 sに走る距離と定義されている．

もともとは1799年，メートル法の制定のときフランス科学アカデミーが地球の北極から赤道までの距離(子午線の長さ)の1000万分の1を1mと定めて白金製の原器メートル・デ・ザルシーブ(Mètre des Archives)をつくった．その後，1875年の国際メートル原器の制定を経て，1899年には第一回国際度量衡総会で1mが定義され，1960年からは，国際度量衡総会によって1mはクリプトンの同位元素^{86}Kr原子がエネルギー準位$5d_5$から$2p_{10}$に遷移するとき出す光の波長の1 650 763.73倍に等しい長さと定義されていた．

質量の単位kg：1899年に制定した「国際キログラム原器」の質量を1kgという．この原器は白金90%，イリジウム10%からなる円柱形で，直径が約39mm．これと質量が10^{-8}の精度で一致するレプリカが各国に配布されており，定期的にパリに送られ質量をチェックされている[3)]．

メートル法制定のそもそもの始めには「とけつつある氷の温度」の水1リットルの質量のこととされたのが，後に「4℃」の水に変えられ，さらに上記のように改められた．

基本単位を上のように定めるといっても，たとえば長さを光の波長で定める場合に，原子が$5d_5$準位や$2p_{10}$準位にいるのが眼に見えるわけではないから，本来ならば実験上の手続きをもっと説明しなければならないところである．しかし，そういうことは「数学セミナー」の読者には興味がないだろう．ここでは，上の定義がどれも極めて恣意的になされていることにだけ注意しておいていただけばよい．

時間・長さ・質量の3者について単位が定められたとすると，それらを用いて他の力学量の単位が構成されることになる．m, kg, sから構成する単位系をMKS

3)　参考文献［1］「メートル」の項，p.1372，「キログラム」の項，p.346.

単位系とよぶ.

たとえば，単位の長さ (1 m) を単位の時間 (1 s) に走る速さがすなわち速さの単位 1 m/s である．単位の時間 (1 s) に速さが 1 単位だけ増すことになるような加速度が，すなわち加速度の単位 $1\,\mathrm{m/s^2}$ である.

次に，力 F は，質量 M の相手に作用して加速度 α を生ずるというとき，ニュートンの運動の法則 $F \propto M\alpha$ によって M と α との積に比例するから

> 質量 $M = 1\,\mathrm{kg}$ の相手に作用して $\alpha = 1\,\mathrm{m/s^2}$ の加速度を生ずるだけの力の大きさを $1\,\mathrm{kg\,m/s^2}$ という

と定めれば，これを単位にして測った力の大きさ F にたいしてニュートンの運動の法則は

$$F = M\alpha \tag{1}$$

という等式として成立することになる．ここで F は，力を表わすと同時に，力の大きさを上に定めた単位で測った数値をも表わしている．M, α についても同様．このようにして支障がおこらないのは，すべての力学的量が同一の単位系で表わしてあるためである．ところで，この場合には，単位を定めるのに「自然法則」が用いられているが，それでも，力の単位が基本単位をもとに定められていることに変わりはない．力の単位 $\mathrm{kg\,m/s^2}$ は，ときにニュートンとよばれ N と書かれるが，これで基本単位と独立になるわけでもない.

速度や加速度の単位にせよ力の単位にせよ，基本単位から構成される単位は一般に誘導単位 (derived unit) とよばれる.

4.1.2 重力と電気力

さて，これからが今回の本論である.

一般に 2 つの質量は万有引力 (重力) によって引き合う．それぞれ質量が M_1, M_2 の 2 つの質点が距離 r をへだてて引き合う力の大きさ $F_{\text{重力}}$ は

$$F_{\text{重力}} = G\,\frac{M_1 M_2}{r^2} \tag{2}$$

という式に従うことがわかっている．ここに G は比例定数であって，

$$G = 6.670 \times 10^{-11}\ \mathrm{m^3/(kg\ s^2)}$$

という値をもつことが知られている．G の値は，もとはといえば，キャヴェン

ディッシュ[4]が，捩れ秤(全長≅1.8 m，中央を長さ≅1 m の細い水晶の糸で吊ってある)の両端に直径≅0.05 m の鉛の球を吊るし，両者にそれぞれ大きな鉛(直径約30 cm)の球を水平面内で反対側から近づけたときの捩れ秤のねじれ振動の周期を測って1798年に決定したものである(図2)．実は，キャヴェンディッシュにとって，これは「地球の密度と重さ」を測る実験であったのだが，そのことには，いま立ち入るまい．

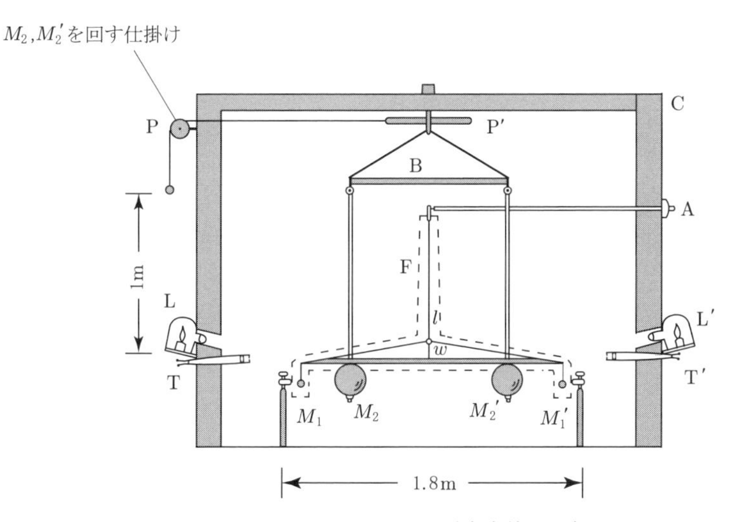

図2　キャヴェンディッシュによる重力定数の測定.

大きな鉛球 M_2, $M_2{}'$ を近づけたときの，小さな鉛球 M_1, $M_1{}'$ を吊っている捩れ秤の振動の周期をはかる.

それよりも，彼の実験のばあいに小さな鉛球(直径約0.05 m)と大きな鉛球(直径約0.3 m)とのあいだに作用した万有引力の大きさを見積ってみよう．鉛の密度は11 340 kg/m^3 だから，小さい鉛球の質量 M_1 は

$$M_1 = 11\,340 \times \frac{4\pi}{3} \times (0.025)^3$$
$$= 0.742\,(\mathrm{kg})$$

大きい鉛球の質量は，その半径を R とすれば

$$M_2 = 11\,340 \times \frac{4\pi}{3} R^3.$$

4)　伝記が翻訳されている．参考文献 [2].

大きい鉛球を小さい鉛球にほとんど接触するくらい近くにもってきたとすれば，お互いの中心の間の距離は $r \fallingdotseq R + 0.025$ だが，$R \gg 2.5\,\mathrm{cm}$ なので，$r \fallingdotseq R$ としてしまうと，(2) から

$$
\begin{aligned}
F_{\text{重力}}(\mathrm{N}) &= 6.670 \times 10^{-11} \times \frac{\left(11\,340 \times \dfrac{4\pi}{3}\right)^2 \times (0.025)^3 \times R^3}{R^2} \\
&= 2.35 \times 10^{-6} R\,(\mathrm{m})
\end{aligned}
$$

を得る．$R = 0.15\,\mathrm{m}$ だから $F_{\text{重力}} = 3.5 \times 10^{-7}\,\mathrm{N}$ となる．これは，いかにも小さい．比較のために言えば，1 円アルミ貨にはたらく重力——すなわち地球の引力——がおよそ $10^{-2}\,\mathrm{N}$ である．この力が大きいのは，地球の質量が大きいことによる．

計算より先に注意すべきであったが，2 つの物体がそれぞれ大きさをもっていても (つまり最初にいったような質点でなくても)，それぞれの質量分布が球対称でさえあれば，それらの間の万有引力は，それぞれの全質量が各自の中心に集ったとして (つまり，それぞれが質点であるかのようにして) 計算してよいことがわかっている．この定理はニュートンが 1685 年に証明した．この証明ができたときニュートンの万有引力論は一応の完成に達したのである．

ところで，電気を帯びた 2 つの粒子のあいだにも (2) と同じ形の法則に従う力の作用することがわかっている．その法則はクーロンによって確立されたもので (1784–85 年)，それぞれ電荷 Q_1, Q_2 をもつ 2 つの粒子が距離 r だけ離れているとき，それらの間には $F_{\text{電気力}} = kQ_1Q_2/r^2$ だけの力がはたらくという．Q_1 と Q_2 とが同符号なら力は斥力，異符号なら引力である．ただし，k は比例定数.

電気量を測る単位にはいろいろのものがある．そのなかに MKS 静電単位とよばれるものがあって，それは

> 等量の電荷 $Q_1 = Q_2$ をもつ 2 つの粒子を真空中で $r = 1\,\mathrm{m}$ の距離におくと 1N の力を及ぼし合うというとき，その電荷を電気量の「MKS 静電単位」とよぶ.

この単位で電気量を測れば，上記のクーロンの法則は

$$
F_{\text{電気力}} = \frac{Q_1 Q_2}{r^2} \tag{3}
$$

という簡単な形になる.

このようにすると，電気量の単位も m, kg, s の組み合わせで表わせることにな

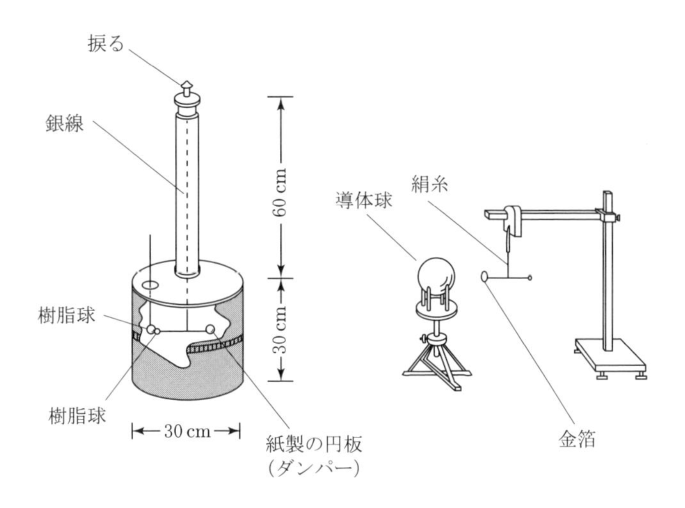

(a)　斥力の測定　　(b)　引力の測定

図 3　クーロンによる静電気力の測定.

(a) 斥力のばあい. 帯電させた 2 つの樹脂球を近づけ, 反撥力による捩れ秤のねじれを上端のつまみをまわして元にもどす. つまみをまわす角度から電気力の大きさが知れる.

(b) 引力のばあい. 導体球と金箔を帯電させて, 金箔を吊った捩れ秤の振動周期をはかって静電気力の大きさを知る. なぜ 2 つのばあいに異なる方法をとらねばならなかったのか, 考えてみよ.

る. 実際, $Q_1 = Q_2 = Q$ で $r = 1\,\mathrm{m}$ のとき $F = 1\,\mathrm{kg\,m/s^2}$ となる Q が 1 MKS 静電単位の電気量だというのだから, (3) から

$$\begin{aligned} 1\,\text{MKS 静電単位} &= \sqrt{(1\,\mathrm{m})^2 \times (1\,\mathrm{kg\ m/s^2})} \\ &= 1\,\mathrm{m}^{3/2}\,\mathrm{kg}^{1/2}/\mathrm{s}. \end{aligned}$$

つまり, MKS 静電単位系では電気量の単位は誘導単位だというわけである.

ところで, 上の (3) 式と重力に対する (2) 式とを見比べると, 電気量と質量との単位の定め方に著るしい非対称性があることに気づく. 電気量のほうは (3) 式の初めもっていた比例定数 k が 1 になるように単位を定めることができたのだ. それに対して, (2) 式においては質量の単位は予め定められていた. 長さの単位も力の単位も予め定められていたので, 比例定数 G を 1 にとる余地は最早なかったのである. 忌むべき非対称！

しかし, その質量や長さの単位の定め方は, まったく必然性のない恣意的なものだったではないか.

4.1.3　MS 単位系

そこで，電気量のばあいの真似をして，質量の単位を定めるのに万有引力の法則を利用することを考えてみる．そうしようとして直ちに困るのは，力の単位 N が誘導単位で既に質量の単位を前提していることである．そのために，電気力のばあいの真似をしようと思っても，動きがとれないように見える．

いや，それほど困ることはない．さらに一歩すすめば困難は氷解するだろう．すなわち，力とは何であったかを思い返してみるのである．力というものは，つまり $F = M\alpha$ なのだから，万有引力の式 (2) を

$$M\alpha = G\,\frac{M^2}{r^2} \tag{4}$$

と書く．ここでは，質量がともに M の質点が距離 r だけ離れているという状況を考えて，それらが及ぼし合う万有引力によってそれぞれに生ずる加速度の大きさを α としている．

この (4) 式には力など入っていないから，望みどおり電気力のばあいの真似をして

> 質量がともに M の 2 つの質点を単位の距離 ($r = 1\,\mathrm{m}$) はなしておくと万有引力によってそれぞれに単位の加速度 ($\alpha = 1\,\mathrm{m/s^2}$) を生ずるなら，その質量の大きさを質量の単位にとる

と定めるならば，それによって測った質量の数値をあらためて M と書いて，(4) は $G = 1$ で成り立つことになる．すなわち

$$\alpha = \frac{M}{r^2} \tag{5}$$

が万有引力の法則だということになるわけである．こうすると，電気量のばあいと同様に，質量の単位は誘導単位であるということになる．事実，(5) を M について解けば

$$M = r^2\alpha \tag{6}$$

となり，r の単位は m で α の単位は $\mathrm{m/s^2}$ だから，M の単位は $\mathrm{m^3/s^2}$ なのである！

こうして kg という単位は追放された．力学量の誘導単位は，すべて m と s の組み合わせで構成されることになる．すなわち，MS 単位系!!　ここでは，たとえば運動エネルギーの単位は，質量の $\mathrm{m^3/s^2}$ に (速度)^2 の $(\mathrm{m/s})^2$ をかけて，$\mathrm{m^5/s^4}$ ということになる．

では，この MS 単位系における単位質量 $1\,\mathrm{m^3/s^2}$ とは一体どれだけの質量のことなのか？　それは，たとえば MKS 単位系の何 kg に相当するのだろうか？

それを知るには，実験をしてみればよい．質量の等しい 2 つの球を中心間の距離で $r\,\mathrm{m}$ だけはなして置いて手放し，お互いが万有引力で引き合って動きだすときの加速度 $\alpha\,\mathrm{m/s^2}$ を測る．そうすると (6) により $r^2\alpha\,\mathrm{m^3/s^2}$ が当の球の MS 単位系における質量である．次に同じ球を通常の MKS 単位系の秤にかけて質量を測る．こうすれば，質量の MS 単位系における値と MKS 単位系における値とのあいだの換算レートが知れることになる．

われわれは，しかし，MKS 系における重力定数 G の値を知っているから，それを使って換算レートを計算でだすこともできる．実際，(4) 式で $r = 1\,\mathrm{m}$, $\alpha = 1\,\mathrm{m/s^2}$ とおけば，そのときの $M = r^2\alpha/G$ が MS 単位系での単位質量 $1\,\mathrm{m^3/s^2}$ なのだから

$$
\begin{aligned}
[1\,\mathrm{m^3/s^2}]_{\mathrm{MS}} &= \left[\frac{(1\,\mathrm{m})^2 \times (1\,\mathrm{m/s^2})}{6.67 \times 10^{-11}\,\mathrm{m^3/(kg/s^2)}}\right]_{\mathrm{MKS}} \\
&= [1.50 \times 10^{10}\,\mathrm{kg}\,]_{\mathrm{MKS}}
\end{aligned} \tag{7}
$$

を得る．ただし，$[\cdots]$ につけた添字で単位系を区別した．

4.1.4　自然単位

MKS 単位系から MS 単位系に移るとき，われわれは自然法則の 2 つ —— 運動の法則と万有引力の法則 —— を利用して基本単位の数を減らしたのである．そうすることで質量の単位の選び方の恣意性が消えた．いわば，質量の「自然な」単位を選んだことになるわけである．

では，この上さらに，どれかの自然法則を利用することによって基本単位の数を減らすことができるだろうか？　そして遂に，基本単位をすべて自然単位におきかえてしまうことができるか？

答は肯定である．上で MKS 単位系から MS 単位系に移るときしたことは，重力定数 G が 1 になるような単位系をとることであった，といってもよい．(7) の計算を参照．素粒子論では，よくプランクの定数 $\hbar$ と光速 c とを 1 にするような単位系が用いられる．そこでは長さの単位 m だけが基本単位として残されるのである．すなわち M 単位系．ここでは $c = 3 \times 10^8\,\mathrm{m/s}$ を 1 にするので，時間の単位も m になり，その大きさは光が 1 m 進むのに要する時間となる．

$$[\text{時間の}\ 1\,\mathrm{m}]_{\mathrm{M}} = \left[\frac{1}{3} \times 10^{-8}\mathrm{s}\right]_{\mathrm{MKS}} .$$

さらにプランク定数 $\hbar = [1.05 \times 10^{-34}\,\mathrm{kg\,m^2s^{-1}}]$ を 1 にするので

$$[\text{質量の}\ 1\,\mathrm{m}^{-1}]_{\mathrm{M}} = [1.05 \times 10^{-34} \times (1/3) \times 10^{-8}\,\mathrm{kg}\,]_{\mathrm{MKS}}$$

になる.

もし，さらに進んで $\hbar, c, G$ の 3 者を 1 にするような単位系をとれば，基本単位がすべて自然単位にとってかわられることになる.

ところで物理量には「次元」というものがあって，次元解析という強力な推論法が工夫されている．しかし，自然単位を含む単位系に移ると，それだけ次元の数が減るだろう．次元というのは，そんなに恣意的なものであったのか？　これを次節では問題にしよう.

4.2 次元解析

4.2.1 ひとつの例

次元解析を書きはじめるについて，1979 年 7 月に亡くなられた朝永振一郎先生の名著『量子力学 I』[4] を読んで特に印象の深かったことの 1 つを思い出す．それは，この本の 85 ページ，かつてのラザフォードの (ないしは長岡半太郎の) 原子模型の原理的困難を指摘されたところである：

> ラザフォードの場合にしても長岡の場合にしても，……その構造定数たちをどう組み合わせても長さの次元をもった定数をつくることはできない．この点からみて，この二つの模型では原子の大きさが決定されないことが明らかになる.

いそいでお断わりするが，上の引用で「構造定数たち」の「たち」は，ぼくが勝手に付け加えた．先生は「たち」は人にだけ使うものだという強いお考えをもっておられた，ということを，最近あるひとから聞いた．しかし，ほかに複数を明示するすべがないではないか.

4.2.2 構造定数

いや，先生の原文には「この二つの構造定数をどう組み合わせても……」とある．そのまえに構造定数とは何であるのかが説明されていて，長岡やラザフォー

ドの原子模型では，それが電子の

$$\text{電荷}\quad -e = -1.52 \times 10^{-14}\,\text{MKS 静電単位}^{5)} \tag{8}$$

$$\text{質量}\quad m = 9.1 \times 10^{-31}\,\text{kg} \tag{9}$$

との2つであることが，ちゃんと説明されている．それをとばして上のように言うとすれば，やはり唐突に「二つの」とするわけにはいかない．構造定数「たち」とでも言うほかないではないか．

ラザフォードの原子模型というのは，すでにご承知のとおり，正の電荷をもった点状の芯(原子核)のまわりを負の電荷をもった電子たちがまわっている，というもの．正の電荷と負の電荷のあいだには前回にお話したクーロンの引力がはたらくので，その力で電子たちが原子核に引きつけられてしまうということにならないためには，電子は走り回って遠心力の助けを得るほかない．

長岡の模型[5]では，この原子の芯が大きかった．「土星モデル」という名前が示すように，大きな芯のまわりを土星の環よろしく電子たちがとりまいて回るというものであった．長岡は，このような電子たちの環状の配列のなかに力学的に安定なものがあることを——マクスウェルの土星の環の理論にならって——証明し，ついで，この安定な配位のまわりの微小振動を当時しられていた原子の種々の挙動(スペクトル，ベータ線の射出)に対応させたのであった．

では，長岡の模型にせよラザフォードの模型にせよ，これを用いて原子の大きさを算出しようとしたら，どうなるか？

---

5)　cgs 単位系によれば

$$-e = 4.8 \times 10^{-10}\,\text{cgs 静電単位}.$$

これを MKS に換算したのである．前節 p.41 の (3) 式の下にだした 1 MKS 静電単位 = $1\,\text{m}^{3/2}\,\text{kg}^{1/2}\,\text{s}^{-1}$ から類推されるように

$$1\,\text{cgs 静電単位} = 1\,\text{cm}^{3/2}\,\text{g}^{1/2}\,\text{s}^{-1}$$

だから

$$1\,\text{cgs 静電単位} = \left(\frac{\text{cm}}{\text{m}}\right)^{3/2}\left(\frac{\text{g}}{\text{kg}}\right)^{1/2}\cdot 1\,\text{MKS 静電単位}$$

ここに cm/m と書いたところは本当は 1 cm/1 m と書くべきかもしれない．g/kg についても同様．それはとにかく

$$1\,\text{cgs 静電単位} = \left(\frac{1}{100}\right)^{3/2}\left(\frac{1}{1000}\right)^{1/2}\cdot 1\,\text{MKS 静電単位}.$$

原子がきまった大きさをもち，それが，さしわたしにして大略 10^{-10} m であることは，すでに 19 世紀の末に気体の拡散や粘性の実験から推算されていた [6].

さて，原子の大きさを理論的に計算するのに，まず考えられるのは，電子たちの運動方程式をたてて，それを解くことによって電子の軌道をきめることだ．その運動方程式には定数として上に記した電子の電荷 $-e$ と質量 m が入ってくる．そして，これ以外の定数は入ってこないだろう．

原子核の質量は？ —— 原子核が電子たちの全質量に比べて非常に大質量なら (massive を誰か響きのよい日本語の形容詞にしてください) 電子たちがいくら走り回っても —— ほとんど静止しているに近いだろう．それを静止とする近似では，原子核の質量は電子たちの運動方程式には入ってこない．では，原子核の大きさは？　とくに長岡の模型の場合，原子の芯は点状ではないのだが，それが球対称性をもつ電荷分布だとすると，その外側だけを電子たちが走り回る限り，それが電子におよぼすクーロン力は芯の全電荷が球対称の中心に集まったとした場合とまったく同じになる．だから，芯の大きさは電子たちの軌道の大きさには影響しない．因みに，長岡は，物質の「不貫入性」が電子や原子の芯にまでおよぶという信念から，トムソンの原子模型に反対して彼の模型を考えたのだといわれている [7]．ここにトムソンの模型というのは，正電荷の球状の分布の「なか」に電子たちが散在しているとしたものである．

4.2.3　原子の大きさ？

さてさて，原子の大きさを理論的に計算するのに電子の運動方程式を解いてその軌道をきめる，というのは，一見もっともらしいが，考えてみると，それはウマクイキソウニナイ．ニュートン力学の運動方程式は，それだけで解がきまるというものではなくて，初期条件を必要とする．初期条件のいろいろに応じて解もいろいろになるというのがニュートン力学の基本的特徴だったではないか．

しかし，もう一歩つっこんで考えると，モシカシタラという気のしてくることがある．長岡は原子の芯をとりまく電子たちの環の力学的安定性を証明したというが，その理論を詳しく点検するまでもなく，たとえ環状としても電子を勝手な位置に配置したのでは安定性は得られないにちがいない，という推測ができる．そうだとすれば，電子たちの環がある特定の半径をとるときに限って安定性がなりたつ，ということもありそうに思われてくる．その特定の半径は電子の個数によってちがうかもしれない．それは大いに結構．原子の含む電子の個数により原子の大きさが異なるというのは，水素とか酸素とか……とかという原子の種類によってその大きさが異なることを説明することになるかもしれない……．そうだとすれば，原子の大きさは (構造は) 運動方程式に含まれている定数——電子の電荷と質量，電子の数 Z——から定まることになる．こういう期待が「構造定数」という言葉にこめられている．ここまできたら電子の数 Z がその仲間入りをして，電子の構造定数は 3 つになったが．

4.2.4 missing constant

いや，やはりダメデアルというのが冒頭にいった次元解析からの結論である．

仮に原子の大きさが上記の構造定数から定まったとすると，どんなに複雑な計算がいるにせよ，

$$(\text{原子の大きさ}) = f(e, m, Z)$$

の形の答が得られるわけで，f なる関数がどんなに七面倒くさいものであるにせよ，左辺ト右辺ノ次元ハ同ジデナケレバナラナイ．左辺にある (原子の大きさ) は「長さ」の次元をもつ．ところが，右辺にある 3 つの構造定数のうち Z は無次元なので，残る e と m とを使って「長さ」の次元をつくるような f が存在するのでなければならない．しかし，朝永先生の御本によると，上に引用したとおり

> それら二つの構造定数 (e と m) をどう組み合わせても「長さ」の次元をもった定数をつくることはできない．

だから，長岡の原子模型にせよラザフォードの模型にせよ

> この二つの模型では原子の大きさは決定されないことが明らかになる．

実際，e と m とから長さの次元をもった定数がつくれないことは容易に確かめられる．前回の (3) 式の下で

$$1\,\text{MKS 静電単位} = 1\,\text{m}^{3/2}\,\text{kg}^{1/2}\,\text{s}^{-1}$$

という結果をだしておいたが，これは，電気量 e が，基本次元として長さ L，質量 M，時間 T をとるとき

$$[e] = \text{M}^{1/2}\,\text{L}^{3/2}\,\text{T}^{-1}$$

という次元をもつことを示している．角括弧［・］は・の次元という意味の記号である．他方

$$[m] = M$$

なので，$m^\alpha e^\beta$ という組み合わせに対して

$$[m^\alpha e^\beta] = \mathrm{M}^{\alpha+\frac{1}{2}\beta}\,\mathrm{L}^{\frac{3}{2}\beta}\,\mathrm{T}^{-\beta}$$

となり，これが長さの次元になるためには

$$\begin{aligned} \alpha + \frac{1}{2}\beta &= 0 \\ \frac{3}{2}\beta &= 1 \\ -\beta &= 0 \end{aligned}$$

でなければならない．しかし，これは不可能である！

4.2.5 作用量子からの推理

プランクが作用量子

$$\hbar = 1.05 \times 10^{-34}\,\mathrm{m}^2\,\mathrm{kg}\,\mathrm{s}^{-1} \tag{10}$$

を発見すると (1900 年)，これが原子の構造を決定する上に何かの役割をしているのではないか，と考える人が出てきた．ボーアの 1913 年の論文「原子・分子の構造について」[8] には次のように書かれている：

> [原子の内部で] 電子の運動法則がどんなふうに変更されるにせよ，新しい法則のなかには古典電磁気学とは無縁な量——すなわちプランクの作用量子をもちこむことが必要なように思われる．

たしかに，m と e だけでは原子の大きさはきまらないのだから，新しい構造定数の追加が必要なことは明らかである．それがプランクの作用量子 $\hbar$ であろうということは，次のことが暗示している．ボーアからの引用を続けよう：

> この量を導入すると，原子のなかでの電子たちの安定な配位の問題がガラリと変わる．というのは，この量は電子の電荷および質量と一緒になって長さの次元をつくり得るばかりか，そうしてつくった表式が，ちょうどよい大きさのオーダーになるからである．

実際，$\hbar$ の次元は，上の (10) 式が示すように

$$[\hbar] = \mathrm{ML}^2\,\mathrm{T}^{-1}$$

なので，これをさきの e と m と一緒にして $m^\alpha e^\beta \hbar^\gamma$ という組み合わせを考えると，その次元は

$$[m^\alpha e^\beta \hbar^\gamma] = \mathrm{M}^{\alpha+\frac{1}{2}\beta+\gamma}\mathrm{L}^{\frac{3}{2}\beta+2\gamma}\mathrm{T}^{-\beta-\gamma}$$

となる．これが長さの次元になるのは

$$\alpha + \frac{1}{2}\beta + \gamma = 0$$
$$\frac{3}{2}\beta + 2\gamma = 1$$
$$-\beta - \gamma = 0$$

である．この連立方程式は，解

$$\alpha = -1, \quad \beta = -2, \quad \gamma = 2$$

をもち，これは一義的である．たしかにボーアの言うとおり $(e, m, \hbar)$ からは長さの次元をもつ組み合わせ

$$\frac{\hbar^2}{me^2}$$

ができた．その大きさは，(8), (9), (10) の数値を入れてみると

$$\frac{\hbar^2}{me^2} = \frac{(1.05\times10^{-34}\,\mathrm{m^2\,kg\,s^{-1}})^2}{(9.1\times10^{-31}\,\mathrm{kg})\times(1.52\times10^{-14}\,\mathrm{m^{3/2}\,kg^{1/2}\,s^{-1}})^2}$$
$$= 0.53\times10^{-10}\,\mathrm{m}$$

となって，10^{-10}m のオーダー．これもボーアがいうように，たしかに正しい大きさのオーダーになっている！[6)]

いそいで注意するが，$\hbar$ を含んで原子の半径が計算できるような新理論ができたとして，その計算の結果がちょうど上の $\hbar^2/(me^2)$ になる，というつもりはない．十中八九，これに何か数係数がかかることになるだろうが，その数係数はベラボーに小さくもなくベラボーに大きくもないだろうと予想するまでのことである．これは物理学者の勘にすぎないと言いそえるべきか．

ボーアが，実際に論文に書いているようにして原子の内部での $\hbar$ の役割を嗅ぎつけたのだとすると，次元解析は未知の世界の法則を推理するのにも役立ったこ

6)　これはボーア半径とよばれ，量子力学によって計算した水素原子の「平均」半径に一致する．「平均」というのは，量子力学では電子の存在確率密度だけが計算されるからである．

とになる．ボーアの原子構造論は，やがてド・ブロイやシュレーディンガーによって深められて量子力学に結実する．ここまできて古典力学・古典電磁気学が破産しても，次元解析は生き残る．その普遍性があればこそ，次元解析は新しい法則の推理につかえるわけである．

次元解析への「まえがき」のつもりが，つい長くなってしまった．前節 (4.1 節 単位) に書いたように次元が恣意的なものだとすると，次元解析の成立基盤はどうなるのか，そもそも方程式の両辺で次元があっていなければいけないと言われるのは何故なのか．実は，そんなところに考えを遊ばせてみたいと思っていたのだが．いつの日にかの次節を期そう (4.3 節に続く)．

4.3 あるパラドックス

次元解析とはどんなものか，そのスタンダードなところは 4.2 節の例からお察しいただけたものと思う．それは，おそらく高等学校の「物理」でもやかましく教えられるはずだから，「数学セミナー」の読者には周知のことであっただろう．

しかし，今からたったの 50 年ほど前には状況は次のようなものであった：

> いわゆる‘次元解析’には，たくさんの物理学者が関心をもっているというのに，未だに神秘の霧がまつわりついている．しかし，霧を吹き払うのに知らねばならないことは，いまや，ほとんど残っていない．

これは，1926 年にエーレンフェスト夫人のタチアーナが書いた論文[9]の冒頭の一節である．エーレンフェストと聞けば，量子力学の形成前夜に‘量子条件’発見の導きの杖となった‘断熱定理’を思い出す向きもあろう．そのポール・エーレンフェストの夫人が，ここに登場したタチアーナにほかならない．夫妻の共著になる『力学の統計的把握のための概念的基礎』に魅せられた思い出をもつ読者もあろうか．

さて，エーレンフェスト夫人のいう神秘の霧とは一体なにか．それをいぶかしく思う読者のために，まずレイリー卿とリャブチンスキー氏の論争 (1915 年) をお目にかけよう．レイリー卿は，音にきこえた『音響理論』——というより振動論——の著者である．対するリャブチンスキー氏については，論文の署名に所属が‘航空力学研究所’となっていることのほか，何もわからない．それはとにかく，エーレンフェスト夫人が上記の論文を書いた目的の 1 つは，この両人の意見のくいちがいに決裁を下すことだったのである.

では，まずレイリー卿の所論から．今の常識とは少し異なる議論であるが，辛抱して終までつきあっていただきたい.

4.3.1　レイリー卿の所論 [10]

問題は，流体の定常的な流れのなかに浸されて(その流体の温度より高い)一定の温度に保たれている熱の良導体Aがあるとして，これから流体のほうに単位時間に移る熱量 h をもとめることである.

流体は非圧縮性とし，さしあたり粘性もないとしておく．そして物体Aから十分に離れたところでの流速を v とする．物体Aは，もちろん一定の形を保ちつづけ，流れに対する配向も変わらないとするのである.

そうすると，物体Aから単位時間に流体のなかに流れ出る熱量 h は，次の諸量に依存して定まることになるだろう：物体Aのさしわたし a，流体との温度差 θ，流れの速さ v，流体の単位体積あたりの熱容量 c，流体の熱伝導度 κ.

これらの量の次元をみると，と言って，レイリー卿は次のように書いている——

$$
\begin{aligned}
[a] &= [\text{長さ}] \\
[v] &= [\text{長さ}][\text{時間}]^{-1} \\
[\theta] &= [\text{温度}] \\
[c] &= [\text{熱量}][\text{長さ}]^{-3}[\text{温度}]^{-1} \\
[\kappa] &= [\text{熱量}][\text{長さ}]^{-1}[\text{温度}]^{-1}[\text{時間}]^{-1} \\
[h] &= [\text{熱量}][\text{時間}]^{-1}
\end{aligned}
$$

そこで，$\alpha, \beta, \gamma, \delta, \varepsilon$ を未知数として，仮に

$$h = a^{\alpha} v^{\beta} \theta^{\gamma} c^{\delta} \kappa^{\varepsilon}$$

と書いてみれば，両辺の

$$[\text{熱量}]\ \text{のベキを比べて} \qquad 1 = \delta + \varepsilon \tag{11}$$

$$[\text{温度}]\ \text{のベキを比べて} \qquad 0 = \gamma - \delta - \varepsilon \tag{12}$$

$$[\text{長さ}]\ \text{のベキを比べて} \qquad 0 = \alpha + \beta - 3\delta - \varepsilon \tag{13}$$

$$[\text{時間}]\ \text{のベキを比べて} \qquad -1 = -\beta - \varepsilon \tag{14}$$

が知れる．5個の未知数に対して方程式が4本しかないので，少なくとも1個の未知数は定まらないで残るはずである．実際，たとえば δ を残して

$$\alpha = \delta + 1$$
$$\beta = \delta$$
$$\gamma = 1$$
$$\varepsilon = 1 - \delta$$

となるから

$$h = a\theta\kappa\left(\frac{avc}{\kappa}\right)^{\delta}$$

が得られる．この結果は，δ が任意なので，$F(x)$ を x の任意の関数 F として，h が

$$h = a\theta\kappa F\left(\frac{avc}{\kappa}\right)$$

という一般形をもつことを意味している，と解釈すべきものである．

F の関数形がきまらないから，これでは役に立つまいと思うかもしれないが，これでも次のことは明らかになったのである：

1° h は θ に比例する．すなわち，物体 A から流体のなかに流れ出す単位時間あたりの熱量は，物体 A と流体との温度差に比例する．(これは，もっともらしい！)

2° κ と c は流体の物質をきめれば定数である．そうすると，物体 A のさしわたし a を λ 倍すると同時に流速 v を $1/\lambda$ 倍すれば F の引数は不変である．このとき h は λ 倍になる．

ただし，物体 A のさしわたしを λ 倍するというのは，A を自身に相似に拡大することを意味している．そうすると流体に接する A の表面積は λ^2 倍になるわけだが，それにともなって流出熱量 h が λ^2 倍になるというのでなく，λ 倍となるにすぎないのは，流速が同時に $1/\lambda$ 倍されているためであろうか．この部分は，にわかに‘ごもっとも’とは言いかねる．むしろ，‘h は λ 倍になる’という結論が得られたことを次元解析の功徳とすべきであろう —— この一節，すなわち‘ただし’以下は筆者の駄足である．

4.3.2 リャブチンスキー氏の疑義 [11]

レイリー卿の論文が出たのは，イギリスの週刊雑誌「ネイチュア」の 1915 年 3 月 18 日号．それに対して，4 ヵ月後の 7 月 29 日号にリャブチンスキー氏の疑義が載っている．ほんの短いものだから，全文を訳してみよう：——

「ネイチュア」誌の3月18日号において，レイリー卿は $h = a\theta\kappa F(avc/\kappa)$ なる公式をあたえている．これは，熱量と温度，長さ，時間の4個を‘独立な’単位と考えて導いたものである．

もし，これらの量のうちで3個だけが‘真に独立’であると仮定するならば，結果はちがってくる．たとえば，温度を分子の平均運動エネルギーと定義すると，相似性の原理からは $h = a\theta\kappa F(v/\kappa a^2, ca^3)$ しか出てこない．

また筆者の蛇足を加えるなら，リャブチンスキー氏の意見に従えば，さきに次元解析の功徳としたことはオジャンになってしまうことになる．

では，リャブチンスキー氏の疑義に対してレイリー卿はなんと答えただろうか？その答は8月2日付で「ネイチュア」誌の「編集子への手紙」の欄に投稿されている．しかし，それより早く，といっても7月31日付だが，J.L. なる署名で——もしかするとJoseph Larmor？——同じ欄に投稿がある．これらは，日付の順に並んで「ネイチュア」の8月12日号に載っているので，やはり，その順に読むのがよかろう．もっとも，読者は，それを読むよりさきに，自分の意見をつくるのが一興であろう．

4.3.3　J.L. 氏の意見[12]

［レイリー卿の］論点は，温度というものが，究極的には3個の力学的基本量——質量と長さと時間——によって表わされねばならないとしても，当の問題においてはeffectivelyに第4の独立な量とみなすことができ，そうすることによって，次元の比較から引き出せる情報を格段に増すことができる，ということである．単なる拡散とか伝導だけという現象の形式的な解析ならば，明らかに，これは正しい．なぜなら，温度の力学的な側面は関係してこないのだから……

この後にJ.L. 氏は相似性の原理の解説を加えているのだが，この部分は，いま省略させていただこう．

4.3.4　レイリー卿の答[13]

これも全文を訳すことにする：——

リャブチンスキー氏の提起した疑問は，むしろ論理に属することであって，私の主な関心事であった相似性の原理に関わるものではない．しかし，さらに議論する価値が大いにあると思う．

私のあたえた結論は，熱伝導の普通のフーリエの方程式を基礎にして得られるもので，この方程式においては熱量と温度とが独立した量 (*sui generis*) とみなされているのである．

熱の本性について分子論のもたらす進んだ知見をとりいれると，あるきまった問題を扱う上での私どもの足場が以前より悪くなるとしたら，これはパラドックスである．その解決は，熱と温度の本性に関して，リャブチンスキー氏の議論で無視された何かがフーリエの方程式で具体化されている，ということでつくのではなかろうか．

1922 年になって —— という年は今回の初めに引いたエーレンフェスト夫人の論文より前であるが —— アメリカのブリッジマンが『次元解析』[14] なる本を著した．これが次元解析という名称のはじまりだという．この本も，レイリー対リャブチンスキーの論争に触れているが，どうにも歯切れが悪い：——

レイリー卿の解答は，われわれを失望させるものだ，と著者は考える．もちろん，レイリー卿が次元解析法を用いて正しい結果を得たことに疑問の余地はないが，しかし，正しい結果を得るためには，われわれにもレイリー卿の経験と物理的直観がなければならないのであろうか．

次元解析法を論理的に研究したところで，温度と熱とが真に独立した単位であるかどうか，また基本単位を選ぶ正しい方法は何か，ということはわからないのではあるまいか．……

この先を読んでみると，結局，ブリッジマン先生は，「経験を積め」とおっしゃりたいのだということがわかる．先生いわく

この問題は，肘掛け椅子に腰かけている哲学者に解けるものではない．必要な知識は，自ら手を下して試みる人にのみ得られるのである．

こうして，50 年ほど前，次元解析にまつわりついていた神秘の霧がどんなものであったか，その一端はおわかりいただけたかと思う．当時の雑誌をくってみると，もっと多くの人が，もっと別の問題についても応酬をしている [15]．そのことも書くべきかもしれないし，なによりもエーレンフェスト夫人による事 [9], [16] の解明 —— 次元解析ではなくて相似性の解析 —— を書かねばならないところである．しかし，これまで 3 回の連載で「次元解析」にも種々おもしろい問題があ

ることまでは説明できた，といってはいけないだろうか？

それから先に進むことは，読者におまかせしたい．

参考文献

[1] 長倉三郎ほか編『理化学辞典』第 5 版，岩波書店 (1998).「メートル」の項，p.1372. 光を出すための放電管の仕様と使用条件が詳しく説明されている．

[2] ピエール，ニコル『キャベンディシュの生涯』，小出昭一郎訳編，東京図書 (1978). 万有引力の実験は第 II 部の第 V 章に詳しく説明されている．

[3] ダンネマン『大自然科学史』第 3 巻，安田徳太郎訳，三省堂 (1978), pp.485–486.

[4] 朝永振一郎『量子力学』, I, みすず書房，第 2 版は 1969 年．

[5] H.Nagaoka : Kinetics of a System of Particles illustrating the Line and Band Spectrum and the Phenomena of Radioactivity, *Phil. Magz.* (6), **7** (1904), 445–455.
物理学古典論文叢書 (東海大学出版会) のなかの『原子構造論』の巻に八木江里訳がのっている．

[6] 江沢 洋『だれが原子をみたか』，岩波科学の本 17 (1976), pp.236–240 ; 岩波現代文庫 (2013), pp.281–297.

[7] E.Yagi : On Nagaoka's Saturnian Atomic Model, Jap. *Studies in History of Science*, No.3 (1964), 29–47. 特に pp.37–38 を見よ．

[8] N.Bohr : On the Constitution of Atoms and Molecules, *Phil. Mag.* **26** (1913), 1–25.
前掲の『原子構造論』に後藤鉄男訳がのっている．

[9] T. Ehrenfest-Afanassjewa : Dimensional Analysis viewed from the Standpoint of the Theory of Similitudes, *Phil. Mag.* **1** (1926), 257–272.

[10] J.W.S.Rayleigh : The Principle of Similitude, *Nature* **95** (1915), 66–68.

[11] D. Riabouchinsky : The Principle of Similitude, *Nature* **95** (1915), 591.

[12] J. L. : The Principle of Similitude, *Nature* **95** (1915), 644.

[13] Rayleigh : The Principle of Similitude, *Nature* **95** (1915), 644.

[14] P. W. Bridgman : *Dimensional Analysis*, Yale Univ. Press, New Haven (1922). 堀 武男訳『次元解析論』，コロナ社 (1943).
引用は，この訳書の pp.18–19 から．ただし，訳文を少しく修正した．

[15] たとえば，
T. Ehrenfest-Afanassjewa : On Mr. Tolman's 'Principle of Similitude', *Phys. Rev.* **8** (1916), 1–7.

R. C. Tolman : Note on the Homogeneity of Physical Equations, *Phys. Rev.* **8** (1916), 8–11.

P. W. Bridgman : Tolman's Principle of Similitude, *Phys. Rev.* **8** (1916), 423–431.

[16] T. Ehrenfest-Afanassjewa : Der Dimensionbegriff und der Bauphysikal. Gleichungen, *Math. Ann.* **77** (1915), 259.

また，次の論文も参照.

N. Campbell : Dimensional Analysis, *Phil. Mag.* **47** (1924), 481–494.

5. 1, 2, 3.99・・・, ∞次元の物理

“次元” が dimension の訳語であることは，いうまでもない．この原語の意味は，ある辞書によると “magnitude measured in a particular direction” だという．

なるほど，これで，われわれの住んでいるこの空間が 3 つの次元をもつという理由がわかる [1]．

しかし，物理で長さの次元とか質量の次元とか言うときはどうだろう？　長さの方向や質量の方向やをもった抽象空間を頭に描けというのだろうか．それが便利な場面も，もちろんあるにちがいないが，たとえばエネルギーの次元を [質量]·[長さ]^2 · [時間]$^{-2}$ のようにして作る段になると具合が悪い．どうやら，物理には 2 種類の次元があると割り切ってしまった方がよさそうだ [2]．

今日は，これら 2 種類の意味の両方にわたって書けというのが編集部からの御注文である．

5.1 3 次元と 2 次元

いつだったか雑誌「数理科学」にのった吉田耕作先生のお話 [3] のなかに，波の伝わり方が空間の次元の偶奇により異なるということを伏見康治先生のお書きになったものを読んで知った，とあった．ぼくは，そのことを吉田先生の御本『物理数学概論』(産業図書 (1974), p.40) から学んだのである．因果の鎖！

2 次元の部屋をつくって真中でパンと音を出すと，音のパルスのつもりが，聞く人にはガーンと長い尾を引いて聞こえる —— 実験をしたら確かにそう聞こえたという話をきいたことがある．床と天井の距離を音の波長に比べて格段に小さくつくれば 2 次元の部屋になるそうな．

そういう波の伝わり方のちがいを次のように説明するのはどうだろう？

3 次元の空間では，原点から拡がってゆく波が一般に

$$\phi_3(x,y,z,t)=\frac{f(r-ct)}{r} \tag{1}$$

と書けることを既知としよう．波を観測する地点の直角座標が (x,y,z) で時刻が t，そして $r=\sqrt{x^2+y^2+z^2}$ である．(1) が波動方程式

$$\left(\frac{\partial^2}{\partial x^2}+\frac{\partial^2}{\partial y^2}+\frac{\partial^2}{\partial z^2}-\frac{1}{c^2}\frac{\partial^2}{\partial t^2}\right)\phi_3=0 \quad (r\neq 0) \tag{2}$$

を満足することは容易にたしかめられる．(1) の分子は f という形の波束が速さ c で r の増す向きに形を変えずに動いてゆくことを表わす．そして遠くにゆくにつれて振幅が減ってゆくことを分母が表わしている．電灯の明るさが距離の 2 乗に反比例して減るのは，明るさが振幅の 2 乗であたえられるためである [1)]．

特に，いま，その電灯を一瞬パッとつけて直ちに消したとしよう．その波は δ 関数であたえられる形であるとしてよさそうだ．以下，$t>0$ とする：

$$\phi_3(x,y,z,t)=\frac{1}{r}\delta(r-ct) \tag{3}$$

添字の 3 は，これが 3 次元空間の波であることを表わす．この波は，遠くで見ても一瞬パッと "光って" それでおしまいである (図 1).

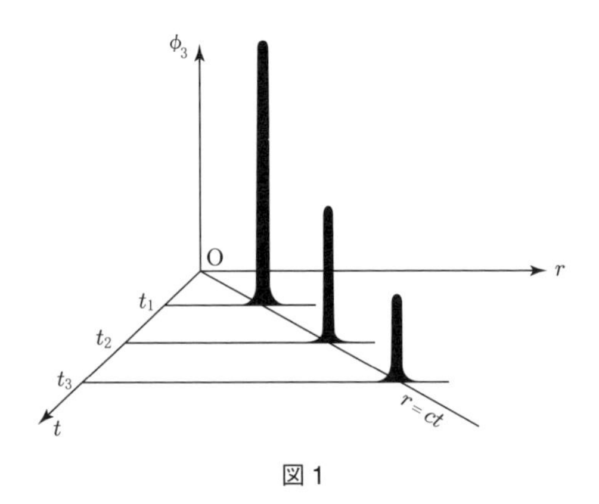

図 1

それが 2 次空間にくると様子が異なる，というところが問題である．

2 次元世界の座標は (x,y) の 2 つしかない．第 3 の z はないので，波の関数は $\phi_2(x,y,t)$ であり，波動方程式は

1) つい光の話になってしまった．音でも光でも，まあ似たようなものだ．

$$\left(\frac{\partial^2}{\partial x^2}+\frac{\partial^2}{\partial y^2}-\frac{1}{c^2}\frac{\partial^2}{\partial t^2}\right)\phi_2=0 \tag{4}$$

である，この2次元世界の原点で電灯を一瞬間だけパッとつけて直ちに消したら，どうなるか？

波動方程式を解くのが正攻法だけれど，想像力がもっと別の道もあることを教える．波が $\phi_2(x,y,t)$ で z を含まないというのは，3次元空間の $\phi_3(x,y,z,t)$ がたまたま z によらない場合であると見てもよかろう．3次元空間の波なら波動方程式 (2) をみたしているわけだが，波が z によらないなら (2) は (4) に帰着するからである．

ϕ_3 が z によらないというのは，波が z 方向には一様に起こっていることを意味する．そういう波を起こすには電灯も z 方向に一様に光らせればよく，それには蛍光灯の無限に長いものをもってくればよい！　しかし，そうしなくても，点光源を z 軸に沿ってベッタリ並べて，いっせいにパッと光らせたって同じことである!!　こう考えれば，でてくる波は，前の結果を用いて，直ちに書き下せるわけだ：

$$\phi_2(x,y,t)=\int_{-\infty}^{\infty}\phi_3(x,y,z-\zeta)d\zeta \tag{5}$$

ζ が各点光源の z 座標であって，積分は各点光源からの波を重ね合わせているのである．これで見ると，積分変数を $\zeta'=z-\zeta$ に変えて

$$\phi_2(x,y,t)=\int_{-\infty}^{\infty}\phi_3(x,y,\zeta')d\zeta' \tag{6}$$

としてよいことがわかる．これは確かに z によっていない！　(3) を使ってあからさまに書くと (ζ' のプライムは省略して)，

$$\phi_2(x,y,t)=\int_{-\infty}^{\infty}\frac{1}{\sqrt{x^2+y^2+\zeta^2}}\,\delta\left(\sqrt{x^2+y^2+\zeta^2}-ct\right)d\zeta$$

積分を実行しよう．それには被積分関数が ζ の偶関数であることを利用して積分範囲を $\zeta\geqq 0$ におさめてから $\sqrt{x^2+y^2+\zeta^2}=u$ とおき直すのがよい：

$$\phi_2(x,y,t)=2\int_{\rho}^{\infty}\frac{1}{\sqrt{u^2-\rho^2}}\,\delta(u-ct)du.$$

ただし $\sqrt{x^2+y^2}=\rho$ とおいた．この積分は簡単で，

$$\phi_2(x,y,t)=\begin{cases}\dfrac{2}{\sqrt{(ct)^2-\rho^2}} & ct>\rho\\ 0 & ct<\rho\end{cases} \tag{7}$$

となる．この波は図 2 に示すような形をしている．光源から距離 ρ の点で待っていると，発光 ($t=0$) から時間 ρ/c がたつまでは何も見えないが ($\phi_2=0$，これは当然！　波の速さは c なのだから)，その瞬間だけパッと光が見えて後は闇に戻るのではなしにダラダラと尾を引く．確かに 3 次元空間の場合とは様子がまるでちがっている．

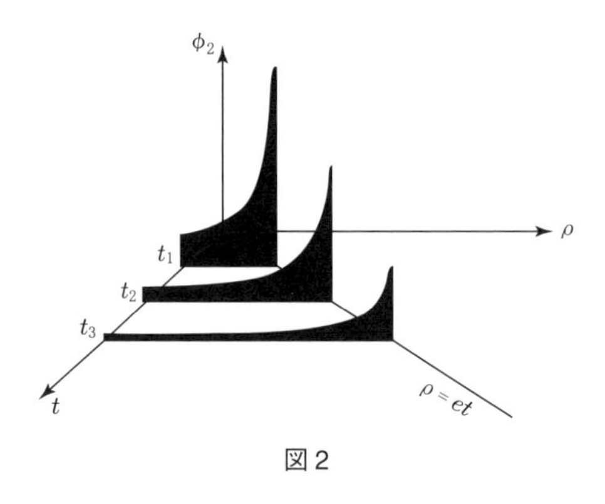

図 2

よくわかったと読者は言って下さるだろうか？　おそらくは，こんなことなら計算をするまでもなく初めからわかりきっている，とおっしゃるだろうと思う．3 次元世界のなかに 2 次元の状況をつくるために光源を z 軸に沿ってズラッと遠くまで並べたのだ．遠くの光源からの光が観測点に遅れて到着するのは当然だから，それで，どんなに時間がたってもダラダラと光はやってくる．

教室での講義だったら，ぼくは，ここで休憩を宣するだろう．学生の想像力が本来の問題――空間の次元の偶奇による波の尾の有る無し――に向かうのを持つために．

5.2　1 次元

上の論法を 1 次元の世界に及ぼしてみることは直ちにできる．それをしたときに，波の尾は残るかどうか？　こう言って学生の反応を待つ (あるいは学生とカケをする) ということが本の上ではできない．(6) を得たのと同様にして，

$$\phi_1(x,t) = \int_{-\infty}^{\infty} \phi_2(x,\eta,t)d\eta \tag{8}$$

を得るが，$\rho = \sqrt{x^2+\eta^2}$ だから $ct < |x|$ であると (7) により被積分関数は η のいたるところでゼロ，したがって $\phi_1(x,t)$ もゼロとなる．これは，よろしい，$ct > |x|$ のところでは $\sqrt{(ct)^2 - x^2} = \sigma$ とおいて

$$\phi_1(x,t) = \int_{-\sigma}^{\sigma} \frac{2}{\sqrt{\sigma^2-\eta^2}} d\eta = 2\pi.$$

波の形は，だから図 3 のようになる．式で書くと，

$$\phi_1(x,t) = \frac{1}{2}\theta(ct-x)\,\theta(ct+x). \tag{9}$$

ただし，(9) では (8) の ϕ_1 を 4π で割ったものを改めて ϕ_1 と記した．変数を仮に τ として $\theta(\tau)$ という関数は

$$\theta(\tau) = \begin{cases} 1 & \tau > 0 \\ 0 & \tau < 0 \end{cases} \tag{10}$$

で定義する．$\theta(ct-x)$ は，だから，$ct-x>0$ のとき 1 で $ct-x<0$ のとき 0 である．

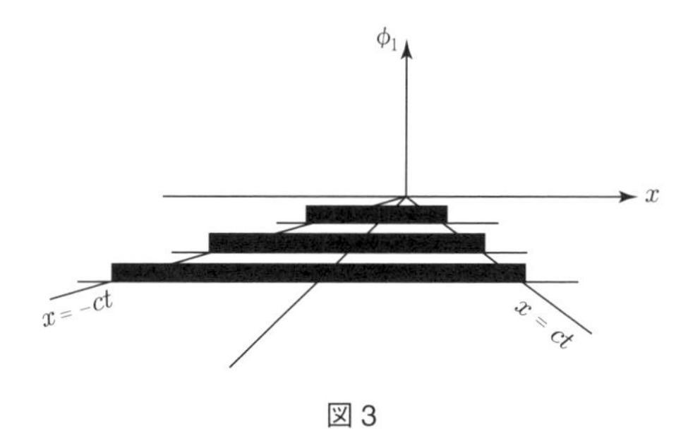

図 3

この波 $\phi_1(x,t)$ は波頭の到着の後ダラダラと尾を引くどころか，それ以後デンと一定だ．これでは偶数次元と奇数次元で尾の引き方が異なるということにならない．

どこで間違えてしまったのだろう．誰か間違いを見付けてくれないか？　講義だったら，この辺で昼食の時間になれば理想的である．

*

問題の事実は，それでも (9) の中に潜んではいるのである．ちょっと天降りだが，勝手な関数 $f(\xi), g(\xi)$ をとって

$$\psi(x,t) = \int_{-\infty}^{\infty} \phi_1(x-\xi,t)g(\xi)d\xi + \int_{-\infty}^{\infty} \frac{1}{c}\frac{\partial\phi_1(x-\xi,t)}{\partial t}f(\xi)d\xi \tag{11}$$

を作ってみる．$\phi_1(x-\xi,t)$ が x,t の関数として (1 次元空間の) 波動方程式をみたし，したがってまた $\partial\phi_1/\partial t$ も然りだから，それらの“重ね合わせ”である $\psi(x,t)$ もまた然り．故に，この $\psi(x,t)$ も波であることに間違いない．どんな波かを見るには，(11) を (9) を用いてもっとあからさまに書く必要があろう．(11) の第 1 項はやさしい．第 2 項を書くには θ 関数の微分の規則

$$\frac{d\theta(\tau)}{d\tau} = \delta(\tau) \tag{12}$$

がいる．(9) の ϕ_1 を積の微分の公式を使って微分すると

$$\begin{aligned}\frac{1}{c}\frac{\partial\phi_1(x-\xi,t)}{\partial t} &= \frac{1}{2}[\delta(ct-x)\,\theta(ct+x)\\ &\quad + \theta(ct-x)\,\delta(ct+x)]\\ &= \frac{1}{2}[\delta(ct-x)+\delta(ct+x)]\end{aligned}$$

となる．第 3 行に移るには，たとえば $\delta(ct-x)\,\theta(ct+x)$ が“値をもつ”のは δ 関数のため $x=ct$ のところに限られるので θ 関数の引数[2] (argument) $ct+x$ は $2ct$ としてよく，いま $t>0$ に限っているから $\theta(2ct)=1$ になる，ということを用いた．(11) は，そこで

$$\psi(x,t) = \frac{1}{2}\int_{x-ct}^{x+ct} g(\xi)d\xi + \frac{1}{2}[f(x+ct)+f(x-ct)]. \tag{13}$$

もし $g(\xi)$ の原始関数を $G(\xi)$ と書くなら，

$$\psi(x,t) = \frac{1}{2}[G(x+ct)-G(x-ct)] + \frac{1}{2}[f(x+ct)+f(x-ct)] \tag{14}$$

となる．

この波には尾がない！　この波は，2 つの成分からできている．すなわち，時間がたつにつれて

2)　もっとましな訳語はないものか．

$$
\begin{cases}
x \text{ の正の向きに進む成分:} \\
\qquad \psi_+(x-ct) = \dfrac{1}{2}\left[f(x-ct) - G(x-ct)\right] \\
x \text{ の負の向きに進む成分:} \\
\qquad \psi_-(x+ct) = \dfrac{1}{2}\left[f(x+ct) + G(x+ct)\right]
\end{cases}
\tag{15}
$$

の 2 つである．それぞれの波は形を崩さず進んでゆくばかりで尾を引くことがない！

では (9) の場合は，どうだったのか？　(9) は

$$
g(\xi) = \delta(\xi), \qquad f(\xi) = 0 \tag{16}
$$

という特別の場合として (11) に含まれている．(12) から見て δ 関数の原始関数は θ 関数だから，図 3 のような結果になったわけだ (この場合 (14) が (9) と一致することを読者は確かめよ)．

つけ加えれば，一般に (11) の f, g は波 $\psi(x,t)$ に対する初期条件になっている：(14) から知れるとおり

$$
\begin{cases}
\psi(x,t)|_{t\downarrow 0} = f(x), \\
\left.\dfrac{\partial \psi(x,t)}{\partial t}\right|_{t\downarrow 0} = g(x).
\end{cases}
\tag{17}
$$

これで見ると前の話がつまずいた理由もよくわかる．電灯をパッと光らせるなどといったけれども，δ 関数的だったのは $t=0$ での波の形 $\psi(x,0)$ ではなくて，その時間微分 $\partial\psi(x,0)/\partial t$ であったのである[3]．

ここから以前の 2 次元，3 次元の場合に戻って考え直してみること —— 統一のとれた理解 (unified picture) を築くことは，読者のお楽しみにとっておこう．材料はほぼ十分にそろっているはずだ．

5.3 奇数次元・偶数次元

これまでの話は，波動方程式の素解を考えてきたともいえる．素解というのは，時空の原点に δ 関数型の波源をおいた

---

3) 慧眼の読者は (9) の形からそれをすでに見抜いておられただろうが．

$$\left(\frac{\partial^2}{\partial {x_1}^2}+\cdots+\frac{\partial^2}{\partial {x_s}^2}-\frac{1}{c^2}\frac{\partial^2}{\partial t^2}\right)\phi_s(\mathrm{x},t)=-a_s\delta(\mathrm{x})\delta(t) \tag{18}$$

の解のことで，物理ではグリーン関数とよぶ．ここに s は空間の次元であり，a_s は次元による定数，立体で記した x はベクトル $(x_1,\cdots,x_s)$ の意味であって，この記法を以下では他の文字に対しても使う．そしてベクトルの内積を $\mathrm{k}\cdot\mathrm{x}$ のように書く：

$$\mathrm{k}\cdot\mathrm{x}=k_1x_1+\cdots+k_sx_s$$

たとえば (9) なら (12) を用いて微分すると，$'$ で導関数を表わして

$$\begin{aligned}\frac{\partial^2}{\partial x^2}\phi_1(x,t)=\frac{1}{2}\,[&\delta'(ct-x)\,\theta(ct+x)\\&-2\delta(ct-x)\,\delta(ct+x)+\theta(ct-x)\,\delta'(ct+x)]\end{aligned}$$

$\dfrac{\partial^2}{\partial t^2}\phi_1(x,t)$ も同様だから，

$$\left(\frac{\partial^2}{\partial x^2}-\frac{1}{c^2}\frac{\partial^2}{\partial t^2}\right)\phi_1(x,t)=-2\delta(ct-x)\,\delta(ct+x)$$

この右辺が $-c^{-1}\delta(x)\delta(t)$ に等しいことはいうまでもない．

こんな話を始めたのは，空間の次元の偶奇によるちがいがよく見えるようになると思うからである．しかし，もう式をたくさん書くことは止めて大筋だけを記すことにしよう．当分 $a_s=1/c$ とおく．

フーリエ変換の手法を使うと，(18) の (遅延型の) 解は

$$\phi_s(\mathrm{x},t)=2\pi\int d^s\mathrm{k}\;e^{i\mathrm{k}\cdot\mathrm{x}}\,\frac{\sin ckt}{k}\quad(t>0) \tag{19}$$

と書ける．この式はおそらく電磁気学の教科書かなにかに載っているであろう式の自明な拡張にすぎない．k はベクトル k の長さである．k に関する s 重積分を，k の大きさに関する積分と，k の方向 $\mathrm{n}=\mathrm{k}/k$ に関する角積分という形に書けば，(19) は

$$\phi_s(x,t)=\frac{\pi}{i}\int d\mathrm{n}\int_0^\infty k^{s-2}dk\,[e^{ik(\mathrm{n}\cdot\mathrm{x}-ct)}-e^{-ik(-\mathrm{n}\cdot\mathrm{x}-ct)}] \tag{20}$$

となる．

この式で，n に関しては積分をする (すべての方向にわたって加え上げる) のだから，被積分関数の n は $-\mathrm{n}$ に変えておいても積分結果に変わりはない．いま，被積分関数の第 2 項でだけそれをすると，$[\cdots]$ の中身は k の奇関数になる．し

たがって，

空間の次元 s が奇数ならば

被積分関数は k の偶関数になる．そうすると (20) は

$$\phi_s(\mathrm{x}, t) = \frac{\pi}{i}\int d\mathrm{n}\int_{-\infty}^{\infty} k^{s-2}dke^{ik(\mathrm{n}\cdot\mathrm{x}-ct)}$$

k の積分範囲を (20) での $(0,\infty)$ から $(-\infty,\infty)$ に変えられた点が重要なのだ．というのは

$$\int_{-\infty}^{\infty} k^{s-2}dke^{ik\tau} = \left(\frac{1}{i}\right)^{s-2}\delta^{(s-2)}(\tau)$$

により積分結果が "局所化" するから！　δ の肩の $s-2$ は導関数の階数を表わす．$s=1$ の場合は例外だが——．こうして，$s \geqq 3$ では，

$$\phi_s(\mathrm{x}, t) = i^{-s+1}\pi\int d\mathrm{n}\delta^{(s-2)}(\mathrm{n}\cdot\mathrm{x}-ct) \tag{21}$$

この右辺は，n 方向に速さ c で伝わる $\delta^{(s-2)}$ 型の局在平面波を n のすべての方向にわたって加え上げるという形をしている．こういう波は尾を引かないだろう．

空間の次元が偶数だったら，こういう書きかえはできない．

5.4 3.99 次元

端数次元のことは吉田先生のお話 [3] にもちょっと出てきたが，最近の物理ではしきりと論じられている．

鉄は磁石になるが，これを熱してゆくと，ある温度 T_c —— キュリー温度 [4] という —— の近くで磁化は $(T-T_c)^\beta$, $\beta>0$ のように減少して，$T \geqq T_c$ ではまったく消失してしまう．もちろん，これに外から磁場 H をかけてやれば磁化 $M(H,T)$ が起こるわけだけれども，磁化率 $\chi=[\partial M/\partial H]_{H=0}$ はキュリー温度 T_c を境に $T<T_c$ では $(T-T_c)^{-\gamma'}$ のように，$T>T_c$ では $(T-T_c)^{-\gamma}$ のように振舞う．γ も γ' も共に正で，つまり T_c は磁化率についても特異点である．

物質の振舞が温度や外部変数の関数として特異性を示す現象を "臨界現象" とよぶ．そして，それを特徴づける上記の β, γ, γ' といった指数を "臨界指数" とよんでいる．

臨界指数を理論的に算出することは永く難問題とされてきたが，最近になって爆

発的な進展をみせている．そのなかで1つの大きなエポックを画したのが，“3.99次元における臨界指数” という題のK.G. ウィルソンとM.E. フィッシャーの論文である．

3.99次元の結晶の臨界指数！　実は，空間の次元を

$$s = 4 - \varDelta s \tag{22}$$

とおき，仮に$\varDelta s$を小さいとして臨界指数を$\varDelta s$に関する摂動論で求めるのだ．その後で，そっと$\varDelta s = 1$を入れてみる．イジング・モデルという磁性体の模型について上記のγを求めた結果は，$\varDelta s$の2次までで

$$\gamma = 1 + \frac{1}{6}\varDelta s + \left(\frac{1}{36} + \frac{1}{54}\log 2\right)(\varDelta s)^2 \tag{23}$$

となっており，$\varDelta s = 1$とおくと，計算機による数値計算から得られていた値1.217に比べて，驚くなかれ，わずか0.010しか違わなかったというのだ！　もっと他の模型，他の臨界指数についてもよい結果が得られているので，これが偶然とはいいがたい[5]．

磁性体とよばれる物質は，スピンという名の微小磁石(永久磁石でそれ以上に細かく分割できない，磁石のアトム)が格子状に並んだ結晶だといってよい．スピンは磁石だから，南極から北極へという向きのついた軸をもっているわけで，これを簡単にスピンの向きという．結晶全体のスピンの向きが1つにそろったときがこの結晶の磁化の最も強い状態である．しかし，スピンの向きは，絶対零度ではともかく，熱を加えれば加えるほど乱雑な揺らぎ(首を振ったり，ひっくり返ったり)を示すもので，揺らぎ分は平均として消え，あとの残りだけが(確率論でいう大数の法則によって)結晶の磁化Mとして見えることになる．だから，磁化Mはスピンたちの向きがどれだけそろっているかの尺度にもなるわけであって，“秩序度” (order parameter)とよばれることがある．

こういうと磁化Mは温度Tを上げてゆくにつれてダラダラ減少してゆくように思われるだろうが，ある温度T_cを境にしてバッタリ消えてしまう，というところが面白い．磁化率χがそのT_cの近傍で$|T - T_c|^{-\gamma}$のように異常に大きくなるという事実は，この辺でスピンが特に回転しやすくなっていることを示すだろう．回転しやすいから，つい向きの揺らぎも起こりやすくなって磁化が平均として消えてしまうのだろう．$T > T_c$で磁化が消えてしまった上はスピンの向きの秩序度はゼロである．

秩序といえば，原子が規則正しく周期的に並んで結晶をつくっている状態は秩序度が高い．この秩序も，しかし，結晶の温度が上がって融解点にきたところでパッとこわれる．つまり，これも臨界現象である．そして臨界点 (融解点) の近傍で原子が特別にズレやすくなる (結晶が軟らかくなる！) ところも，スピン系の臨界点と似ている．臨界現象は，これらの他にも種々さまざまのものがある．種々さまざだけれども，熱力学的な諸量のある種の対応によりそれらをいくつかのクラスにまとめることができ，各クラスのなかでは臨界指数に普遍性が (大体) なりたつ，というのがまた面白いところだ (表 1).

表 1　臨界指数

	$T > T_c$			$T < T_c$			
	α	γ	ν	α'	β	γ'	ν'
流体							
CO_2	~ 0.1	1.35		~ 0.1	0.34	~ 1.0	
Xe		1.3		< 0.2	0.35	~ 1.2	0.57
磁性体							
Ni	0	1.35			0.42		
EuS	0.05				0.33		
$CrBr_3$		1.215			0.368		
イジング・モデル							
$s = 2$	0	$\sim 7/4$	1	0	1/8	$\sim 7/4$	1
$s = 3$	$\sim 1/8$	1.217	~ 0.638				
ハイゼンベルク・モデル		~ 1.4	~ 0.70		(~ 0.345 ?)		

H. E. Stanley : *Introduction to phase Transition and Critical Phenomena*, Oxford (1971), p.47 より

さて，イジング・モデルである．これは磁性体のモデルだが，スピンが上と下の 2 つの向きしかとれないという簡単化をする．つまり，スピンを μ で表わすと，これは +1, −1 の 2 つの値しかとれないとするのである．このモデルはあまりに非現実的だというので，永いあいだオモチャ扱いされてきた [6]．最近これが脚光をあびているのは偏に臨界現象の普遍性の発見による 4)．

いま, 個々のスピンの向きが写真にとれるとして, ある時刻にシャッターを切るとしよう．この写真から格子点 i にあるスピンは $\mu_i = 1$, 格子点 j では $\mu_j = -1, \cdots$

4)　もっとも，スピンが結晶場による束縛をうけてイジング的に振舞うという物質もあるらしい．

ということがわかる．スピンの熱的な揺らぎの確率過程で，そういう特定の向きの分布状態をスピン系がとる確率は，統計力学によって，

$$\exp\left[-\frac{1}{k_{\mathrm{B}}T}E(\cdots,\mu_i,\cdots,\mu_j,\cdots)\right] \tag{24}$$

とあたえられる (ボルツマン因子．k_{B} はボルツマン定数)．T は絶対温度で，E はこのスピン分布の状態における系の全エネルギーであって，いま磁場 H がかかっているとして書くと [5)]

$$E = -J\sum_{(i,j)}\mu_i\mu_j - H\sum_i \mu_j. \tag{25}$$

ここに第 2 の和はスピン全体にわたり (さしあたりスピンの総数 N を有限としておく)，第 1 の和は結晶で隣り合うスピンの対の全体にわたる．J はある正の定数である．

スピン系の諸量の平均値を計算するには，状態和とよばれる

$$\begin{aligned} Z_N(K,h) &= \sum_{\substack{\text{すべての}\\ \text{状態}\ \mathcal{S}}} \exp\left[-\frac{1}{k_{\mathrm{B}}T}E\right] \\ &= \sum_{\mathcal{S}} \exp\left[K\sum_{(i,j)}\mu_i\mu_j + h\sum_i \mu_i\right] \end{aligned}$$

を計算しておけば十分である．ただし，

$$\frac{J}{k_{\mathrm{B}}T} = K, \qquad \frac{H}{k_{\mathrm{B}}T} = h$$

とおいた．Z_N はこういう形で T, H によるからである．たとえば，磁化はスピンの和の平均値だから，

$$M_N \equiv \frac{\sum_{\mathcal{S}}\left(\sum_i \mu_i\right)\exp\left[-\frac{1}{k_{\mathrm{B}}T}E\right]}{\sum_{\mathcal{S}}\exp\left[-\frac{1}{k_{\mathrm{B}}T}E\right]} = -\frac{\partial}{\partial h}[\,-\log Z_N(K,h)]$$

($\mathcal{S}$ をそろえた $\sum_{\mathcal{S}}$ は，ここでも状態のすべてにわたる和を表わす)．特に，いわゆる磁石の強さ，すなわち自発磁化の強さなら，この式で $H\downarrow 0$ とすれば得られる．

では，この式で計算される自発磁化 $M_N(T,0)$ が温度 T の関数としてさきに記

5) “次元” を正すには，μ に磁気能率の単位をかけておかなければならない．

したような特異性を示すであろうか？

5.5 無限次元[6)]

否！　いま Z_N で見ると，これは ($T=0$ は別として) 温度 T の，また磁場 H の解析関数であるところの $\exp[-E/k_{\mathrm{B}}T]$ の有限個の和なのだ．

特異性は，もし現われるとすれば結晶の大きさを無限大にした極限で現れるのである．遂に“無限次元”だ——このスピン系の状態を表わすのには無限個の μ_i をあたえねばならないのだから！　磁化はスピンの総数に比例するはずだろうから，

$$\left.\begin{aligned}\lim_{N\to\infty}\frac{1}{N}M_N &= m(K,h),\\ \lim_{N\to\infty}\frac{1}{N}[-\log Z_N] &= f(K,h)\end{aligned}\right\}\tag{26}$$

とおこう．すると，(微分の極限の順序をとりかえることになるが)，

$$m(K,h) = -\frac{\partial}{\partial h}f(K,h).\tag{27}$$

この m は定義 (25) からスピン 1 個あたりの平均磁化である．ついでに，スピン 1 個あたりのエネルギーは

$$u(K,h) = J\frac{\partial}{\partial K}f(K,h).\tag{28}$$

$f(K,h)$ を自由エネルギー密度とよぶ．ここまでは，どの統計力学の教科書にものっている分かりきった話の復習にすぎない．

ウィルソン–フィッシャーの臨界指数理論の基礎をなす考え方は，およそ次のようなもので，もともとはカダノフ (1966) に発している．

臨界点の近くの温度ではスピンたちの向きがそろってくることに注目するのである．そろうといっても全体が完全にそろってしまうのではない．ある範囲にわたってスピンが大体そろった“島”ができる．上向きスピンの島，下向きスピンの島．しかし，それぞれの中でも全部そろったわけではなく異端が散在しているし，熱的なゆらぎがないわけでもない．上向きスピンの島同志がひょんなことで袖ふれ合ってパッと 1 つの大きな島ができたりもする．

---

6)　ここでいう次元の意味は，いままでのと異なる．スピン系の状態をその中の 1 点として表すための空間の次元である．無限次元の状態空間にまつわる数学的な問題には本選集の第 IV 巻で触れる．

(25) 式から見て隣り合うスピンが平行になったほうが，その対のエネルギーは低くなり，それで系の全エネルギーも下がるとしたら，そうなった状態のほうが (24) 式により確率が高い．でも，実際問題としては右隣と平行になろうとして向きを変えると今度は左隣と反平行になってしまうかもしれない．上向きスピンに取り巻かれた下向きスピンなら，そのような心配はいらない．すぐ上向きに変わる，といいたいところだが，そう決まったわけではなくて，そう変わる確率が高いということにすぎない．事は確率的に起こるのであって，相変わらず下向きのままでいる確率だってゼロではないのだ．

上向きスピンの島と下向きスピンの島とが境を接しているあたりでは，スピンの去就は微妙で，すぐ上に書いたように右に忠ならんと欲すれば左に孝ならず．いっそ上向きの島が全体そろって下向きに変わる，ということを考える (？) かもしれない．いや下向きスピンの島に反転をお願いしようじゃないか —— こうなると今度はスピン間の問題ではなくて "島際" 問題だ．上向きスピンの島に取り囲まれた下向き島なら，いずれは上向きに変わるだろう．

といっても，こういうプロセスが際限なく進行するのではない．くりかえすが事は確率的なのであって，島の大きさも，平均としては，温度によって自ずと定まっているはずなのだ．

教室での講義だったら，この辺で荻田さんたちが作ったスピンの挙動のシミュレーション映画を見せよう．

*

島の大きさというのは，結晶だから，島のさしわたしに沿ってスピンが何個ならんでいるかで表わすのが一番だが，それが平均において $\xi(K,h)$ であるとしよう．温度と磁場とによって定まるものだから K と h を書いた．$\xi(K,h)$ を相関距離とよぶ．K と h の関数として (26) の自由エネルギー密度 $f(K,h)$ もあったことを思いだしておこう．

カダノフ先生が考えたのは，スピンがある範囲で大体そろっているのならば，これを一括して 1 つのスピン (超スピン) のように見たっていいだろう，ということだった．倍率の "悪い" 顕微鏡で見れば，まあ，そう見えもするだろう．

しかし，1 つの島全体を一括して超スピンと見ることに決めるのは，統計力学としては具合がわるい．隣の超スピンは必ず逆向きということに定義によってなってしまい，確率性が消えてしまうから．

そこで，結晶を一陵が $L \ll \xi(K,h)$ の“立方体”に (考えの上で) 区切りわけたとし[7]，この中のスピンたちを一括して超スピンとみなすことにしてみよう (L もスピンの個数でいっていくつという測り方をする)．話は臨界点の近くのことであって，$\xi(K,h)$ はすでに相当に大きい数であることを思いだしておこう．臨界点 $K_c = J/(k_\mathrm{B}T_c)$ は，磁場なし ($h=0$) で ξ が ∞ となる温度に当たる：

$$\xi(K_c, 0) = \infty. \tag{29}$$

カダノフ先生は考える．超スピンで見ても系全体のエネルギーは (25) のような形だろう．超スピンの大きさは (立方体のなかのスピンの和だから) 1/2 ではないが，これを 1/2 にきめておき，相互作用定数 J や磁場 H が大きくなると見ても同じことだ．すると K や h が L によることになる．新しい K, h を K_L, h_L と書くと，それらは L と K, h の関数である：

$$K_L = a(K,h\,;\,L), \qquad h_L = b(K,h\,;\,L) \tag{30}$$

この超スピンの描像で自由エネルギー密度を計算したらどうなるか？　それは (26) の f で K, h を新しい K_L, h_L でおきかえたものとなるに決まっている：$f(K_L, h_L)$——ただし，これは超スピン 1 個あたりの値だから，本当のスピン 1 個あたりの値を出すには，これを 1 超スピンの中にある本当のスピンの数 L^s で割ってやらねばならない．スピン 1 個あたりの自由エネルギーは，しかし，$f(K,h)$ であったのだ！　してみると，

$$f(K,h) = L^{-s} f(K_L, h_L) \tag{31}$$

がなりたっているはずである．

同様に，相関距離に対して

$$\xi(K,h) = L\xi(K_L, h_L). \tag{32}$$

ところで，いまは臨界点の近くを見ているのだから $\xi(K,h)$ はベラボウに大きいのである．それなら，超スピンからなる大きさ L_2 の立方体を考えて (超々スピン！) 同じ議論をもう一度くり返したってよいはずだろう．最初の L は L_1 と書くことにして，$K = K_{L_1}$, $h = h_{L_1}$ の超スピンを集めて超々スピンを作るのだか

7)　s 次元の結晶を考えているのだから，この立方体も s 次元である！

ら，(30) に相当する式は，

$$K_{L_2} = a(K_{L_1}, h_{L_1}\,;\,L_2), \qquad h_{L_2} = b(K_{L_1}, h_{L_2}\,;\,L_2)$$

になる．しかし，この超々スピンは素直に見れば大きさ L_2L_1 の超スピンに他ならないので (30) に従うと K_{L_2} なら $a(K, L\,;\,L_2L_1)$ とするところだ．つまり，

$$\left.\begin{array}{l} a(a(K,h\,;\,L_1),\ b(K,h\,;\,L_1)\,;L_2) = a(K,h\,;\,L_2L_1). \\ \text{同様に} \\ b(a(K,h\,;\,L_1),\ b(K,h\,;\,L_1)\,;L_2) = b(K,h\,;\,L_2L_1). \end{array}\right\} \tag{33}$$

この 2 つの式を一緒に見たら 1–パラメタ群の積法則のように見えないだろうか？ここから “くりこみ群” の考えに発展するところだが [7]，それはカダノフ以後のことになる．

それを少しだけ垣間みると，こんなことになるだろう．(33) で K を特に K_c とし，h を 0 においてみる．これは臨界点であって，ここでは (29) がなりたっている．臨界点は超スピン，超々スピン，……で見てもやはり臨界点のはずであって，

$$a(K_c, 0\,;\,L) = K_c, \qquad b(K_c, 0\,;\,L) = 0. \tag{34}$$

これは，臨界点が “くりこみ変換”(30) の不動点であることを示す．

磁場 $h = 0$ のときには，どんな温度においても

$$b(K, 0\,;\,L) = 0$$

のはずだから，(34) の第 2 式は当然のことである．こういう事実から見ると，少なくとも臨界点のごく近くでは，(30) を

$$K_L - K_c = \alpha(L)(K - K_c), \qquad h_L = \beta(L)h \tag{35}$$

とおいてみてもよいかもしれない．仮にそうおいてみると (33) は

$$\alpha(L_2)\alpha(L_1) = \alpha(L_2L_1)$$

なる条件を関数 α がみたすべきこと，β も同様，という要求になる．だから，x, y を何かある定数として，$\alpha(L) = L^y$，$\beta(L) = L^x$ という形でなければならない．つまり，

$$K_L - K_c = (K - K_c)L^y, \qquad h_L = hL^x. \tag{36}$$

カダノフは，むしろこの形を頭から仮定したのである．

(36) の第 1 式は，K は固定したとして，L を変えると K_L が変わると読むつもりの式だった．

しかし本末顛倒して K_L を固定し，K が変われば L が変わると読んでもよい：

$$L = \left[\frac{K_L - K_c}{K - K_c}\right]^{1/y}$$

このとき h_L は，(36) の第 2 式によると

$$h_L = \left[\frac{K_L - K_c}{K - K_c}\right]^{x/y} h.$$

K_L は固定したのだが，出発点の (35) は K が K_c に近いとして書き下したのだったから，K_L も K_c の近くに固定するのでなければいけない．そして臨界点より高い温度 $K < K_c$ を見るときには K_L も $< K_c$ に選ぶ．低い方をみるときには $K_L > K_c$ に選ぶべきである．

そこで (31) を見よう．上の結果を代入すると，

$$f(K,h) = \left[\frac{K_L - K_c}{K - K_c}\right]^{-s/y} f\left(K_L, \left[\frac{K_L - K_c}{K - K_c}\right]^{x/y} h\right) \tag{37}$$

この形から，いろいろな量の臨界点近傍での温度依存性が定まってしまうのである．たとえば——

(27) 式によって磁化密度 $m(K,h)$ を計算する．それを磁場でもう一度さらに微分したものが最初に問題にした磁化率だ：

$$\chi = -\frac{1}{k_{\mathrm{B}}T_c}\left[\frac{\partial^2}{\partial h^2} f(K,h)\right]_{h=0}.$$

上に得た自由エネルギー (37) を用いると，

$$\chi = -\frac{1}{k_{\mathrm{B}}T_c}\left[\frac{K_L - K_c}{K - K_c}\right]^{(2x-s)/y}\left[\frac{\partial^2}{\partial h^2} f(K_L,h)\right]_{h=0}.$$

この式の 3 つの因子のうち第 1 と第 3 のものは定数だ．第 2 因子は，K の定義を思いだすと，$T \approx T_c$ では

$$\frac{K_L - K_c}{K - K_c} \backsim \frac{1}{T - T_c}$$

となるから，

$$\chi \backsim (T - T_c)^{-\gamma}, \qquad \gamma = (2x - s)/y \tag{38}$$

が結論される．

同様の——実はずっと簡単だが——議論を (32) の相関距離に対して行なうと，特に $h=0$ のとき

$$\xi(K,0) \propto (T-T_c)^{-\nu}, \qquad \nu = 1/y \tag{39}$$

が知れる．

温度 T が臨界温度 T_c に近づくにつれ ξ は増加すべきだから，$\nu > 0$，したがって $y > 0$ のはずである．そこで (38) を見ると，空間の次元 s が増すと γ は減ることがわかる．この傾向は (23) に示したウィルソン – フィッシャーの結果に合っている！

自由エネルギー密度 $f(K,h)$ からは，比熱 C も計算できる：

$$C \propto (T-T_c)^{-\alpha}, \qquad \alpha = 2-(s/y). \tag{40}$$

最初に書いた磁化の臨界指数は $\beta = (s-x)/y$ になる．という具合に，いろいろの臨界指数がすべて 2 つのパラメタ x, y で表わされてしまうから，それらの臨界指数は互いに無関係ではあり得ない．上に記した範囲では，

$$2-\alpha = \gamma + 2\beta = s\nu. \tag{41}$$

これは実測できる量ばかりの関係なので，実験にかけることができる．表 1 をみよ．理論的に臨界指数が厳密に求められる 2 次元イジング・モデルでみると，(41) は確かになりたっている．数値計算で近似的に値の求まっている 3 次元イジング・モデルの場合にも (41) は大体よい．(41) を熱力学的なある種の対応によって気体 – 液体の相転移にあてはめた場合の例を表 2 に示そう．± として記したのは測定誤差である．

表 2　気体 – 液体の相転移

$2-\alpha$	$\gamma+2\beta$	$2-\alpha'$	$\gamma'+2\beta$
1.8	2.06	1.88	1.7
±0.2	±0.2	±0.12	±0.3

5.6 異常次元

上に行なったことは次元解析の一種のように見えるかもしれない．次元解析をつかうと，たとえば長さの単位を L 倍にしたとき，たとえば，物の密度を表わす数が

何倍になるか直ちに知れる．上の議論でも，ひとつのスピンが占める範囲——つまり長さの単位——を L 倍にしたとき他の諸量が L の何乗倍になるかを調べている．しかし，その結果は，ふつうの次元解析からのものと必ずしも一致しない．くいちがいのあるとき，L の何乗倍というほうを異常次元とよぶのである．

これで遂に物理量の次元にふれるところまできた．話題はつきないが一応ここで話をお終いにしたい．この先はウィルソン－フィッシャーの $4-\Delta s$ 次元の理論を説明すべきところだ．それは，あたえられた系のハミルトニアンから出発して(30)の変換を構成することだが，簡単には説明できない．それができたら，4次元以上の空間では臨界指数を計算する上で揺らぎの効果が消える，という話もできるのに！　われわれの住む空間が3次元でなくて4次元以上だったら，揺らぎがないため進化も起こらなかったのではないかと冗談をいいあったことがある．

長さの単位の変換，くりこみ群，異常次元といった考え方は，時代思潮とでもいおうか，最近の高エネルギー物理でも数学的な場の理論の構成の議論においても大きな役割を果たしている．そのことも，なにかの機会にお話ししたいと思う．

おぼえ書き

[1] この空間がなぜ3次元でなければならないか，東大教養におられた小野健一先生がいつか「物理学会誌」に書いておられた．

[2] むかし「物理学会誌」で“大きい次元と小さい次元”という表題を見たことがある．

[3] 吉田耕作：私の空間概念の履歴，「数理科学」1972年10月号．

[4] ピエール・キュリーが詳しく調べたので(1890年)この名がある．しかし，このことに最初に気づいたのはホプキンソンという別の人で1855年のことだという．次の本にあるウーレンベックの“歴史講話”による：

Critical Phenomena, Proc. of a Conf. at Washington, D. C. 1965 (NBS, 1966).
ついでながら，この会議で臨界現象の普遍性が初めて人々に認識された．

[5] Universality and Scaling in Critical Phenomena, *Physics Today*, March (1972) を一読されるとよい．

[6] イジング Ising は，このモデルで磁性の臨界現象を説明するという問題を学位論文の仕事として師のレンツからあたえられ，1次元の鎖 ($s=1$) の場合の状態和を厳密に求めることに成功したが，臨界現象は，どんな温度でも起こらないという結果であった．イジング・モデルに限らず1次元の系では臨界現象は起こらないということが永いあいだ物理学者の常識になっていたが，相互作用が(イジング・モデルでは隣のスピンまでしか及ばないが)長距離まで及ぶなら臨界現象が

起こり得ることをダイソンが示した．しかし，相互作用の減少が遠方でどのくらいゆっくりであるべきか精密な条件は知られていない．問題の現状をダイソンが数学者むけにまとめた論文がでている．

[7] 鈴木増雄：臨界現象とくりこみ群,「科学」, 1973 年 9 月号.

6. 光速 c
―― 光の速さは定義になった

6.1 光速の値

『理化学辞典』の第 3 版・増補版 (岩波書店, 1981) を見ると，真空中の光の速さの値は

$$c = 299\,792\,458\ (1.2)\ \mathrm{m/s} \tag{1}$$

としてある．括弧内の 1.2 は誤差であって 458 の最後の桁に 1.2 の誤差があることを示す．いや，この範囲までは定めかねるということだから “不確定” という方がよいかもしれない．正確にいえば，1.2 m/s は “測定値を多数あつめたときの標準偏差” である (1973 年の CODATA の値)．

同じ辞典の第 4 版 (1987) では，それが

$$c = 2.997\,924\,58 \times 10^{8}\ \mathrm{m/s} \quad (\text{定義値}) \tag{2}$$

となっている．誤差は消えた．その代りに “定義値” と書いてある．

光の速さは定義になった！

6.2 単位と標準

光の速さ c は，長さ l の測られている 2 点の間を光が走る時間 t を測り

$$c = \frac{l}{t}$$

によって算出するのが本来である．

かつては, その長さ l はメートル原器に比較して測るべきものとされていた (1889 年から)．長さの単位をメートル原器という “標準” によって定義したのである．

それは白金製の棒で，その両端に近く間隔 1 m を示す刻線をつけたものである．

しかし，その刻線が数 μm の幅をもっているということで，$1\,\mu\mathrm{m} = 10^{-6}\,\mathrm{m}$ だから，これによる長さの決定は

$$\frac{1\,\mu\mathrm{m}}{1\,\mathrm{m}} = 10^{-6}$$

の程度の相対誤差はまぬがれまい．錬達の士が刻線の中心線を見定めたら，それを 1 桁さげて 10^{-7} にすることができるだろうか！　もし，できたとしても，光速には

$$\varDelta c = (2.99\cdots \times 10^{8}\,\mathrm{m/s}) \times 10^{-7} = 30\,\mathrm{m/s}$$

の不確定が生ずる．これは (1) における不確定の 25 倍もある．

1960 年の国際度量衡委員会は，長さの標準を

> クリプトン原子 (質量数 86 の同位体) のある特定の準位間の遷移で発する光の真空中における波長の 1 650 763.73 倍

と定めた．

つけ加えれば，時間の単位である秒は，1977 年の国際度量衡委員会で，こう定められた：

> 地球のジオイド面上のセシウム (質量数 133 の同位体) のある特定の準位間の遷移によって出る輻射の 9 192 631 770 周期の継続時間　(3)

ジオイドとは，地球の重力場の等ポテンシャル面のうちで平均海面と一致するもの，のこと．これを時間の定義に言い添えたのは，一般相対論により重力場では高さを 1 m だけ増すごとに時間が

$$1 + \frac{g \times 1\,\mathrm{m}}{c^2} = 1 + 1.09 \times 10^{-16}$$

倍だけ速く進むことになるからである ($g = 9.8\,\mathrm{m/s^2}$ は重力の加速度)．“(3) の秒の定義によって現在では $10^{-13} \sim 10^{-14}$ の精度が維持されている” というから，相対論の効果も無視できない道理である．しかし，それなら，(3) の 9 192 $\cdots$ も 919 263 177 000 のように 12 桁 (あるいは 13 桁) 書くべきだ．

さて，こうした長さと時間の標準に忠実に従って光の速さを測るには，どのような手続きをとればよいか．これは，物理実験のよい演習問題になる．

6.3 光の速さは定義になった

さいわいなことに，といおうか，その問題は今日では考える必要がない．1983年の国際度量衡総会において，光の速さを (2) と定義することによってメートルを規定することがきまったからである．すなわち，

1 m とは，1 s の 1/299 792 458 の時間に光が進む距離である．　(4)

主客転倒[1]，あるいは Tail wags a dog!

1 s の定義は，さきに述べた (3) である．その精度は $10^{-13} \sim 10^{-14}$ だというから，1 m の定義の精度よりずっとよい．

今後，光の速さの測定精度が上がっても c の値は変えない約束だという．なにか奇妙なことになりそうだが，考えてみると，同じようなことは日本にはすでにあって，タタミが公団住宅サイズとやらになっても "1 畳は 1 畳" だった．

さて，上の定義 (4) に忠実にモノサシをつくるには，どうしたらよいか．計器屋さんに，どうするのか尋ねてみたいものだ．

国際学術連合会議 (ICSU) の科学技術データ委員会 (CODATA) の報告には，定義 (4) は "考えの上だけ (conceptual) のものだ" と書いてある．

その委員会の委員であった森村正直先生の『超を測る』(産業図書，1987) によれば，「単位の大きさを最も正確に表わし示す」ことを「現示」というそうで，長さの単位を現示するには

振動数を極度に安定化したレーザーの振動数を精密に定め，これを用いて

$$(\text{波長}) = \frac{c}{(\text{振動数})} \tag{5}$$

とする

とのこと．レーザーの振動数の安定化のことも，その振動数を "原子時計によって制御された発振器の振動数に比較して測定する" ことも上記の本に詳しく書いてあるから，参照していただきたい．その本には書いてないようだが，この原子時計にセシウム原子が使われて，1 s の定義 (3) が適用されるのだろう．

原子時計については，別冊・数理科学『時間』(サイエンス社，1981) に霜田光

1）転んで倒れるわけではない．

一先生の「原子時計」が載っているので参照されたい．拙著[2]の第6章にも解説があるが，こちらは素人談義である．

ところで，(5)によって長さを測ったとき，その精度の限界はどうなるのだろうか？　cの値は精密に定まっているのだから，長さの精度は振動数の測定にのみかかっているように見えるかもしれない．しかし，cの値が精密なのは，それが定義だから，である．それを測定したいものの長さに結びつける操作を通して，それは，はじめて物理になる．絵空事が事実に触れる．そこから誤差が入るにちがいない．

6.4 老師の歎き

電磁気学入門の講義をしてマクスウェルの方程式にたどりつくと，この方程式に“電場と磁場とが波動として真空中をも伝播してゆくこと”を表わす解があることを説明する．そして，この波動の真空中での速さvが“真空の誘電率ε_0，透磁率μ_0”によって

$$v = \frac{1}{\sqrt{\varepsilon_0\,\mu_0}} \tag{6}$$

であたえられることを説明して，次のようにいう．これが，電磁気学の講義のクライマックスを演出する伝統的な手口であった．

電場と磁場の波動が(6)の速さで伝わることを説明した後に，いうことは，こうだ．

これまで電磁気学で学んできたことを思い出してみよう．(6)の値は，電磁場の波動とはおよそ無関係な測定によって決定されるのだった．すなわち：——

真空の透磁率

$$\mu_0 = 4\pi \times 10^{-7} \tag{7}$$

は定義である．そこで，2本のまっすぐな無限に長い針金を間隔rで平行におき，強さの等しい電流を流して，針金が互いにおよぼしあう力を測って，それが針金の単位長さあたりfであったとすれば，

$$f = \frac{\mu_0}{2\pi}\,\frac{I^2}{r} \tag{8}$$

2）　江沢 洋『続・物理学の視点』，培風館 (1991)．また本巻 pp.88–102.

によって針金を流れている電流の強さ I が定められる．いま，仮に r が $3\,\mathrm{m}$ のとき f が $0.6\,\mathrm{N}$ であったとしたら

$$I = \sqrt{\frac{2\pi}{4\pi \times 10^{-7}}(3 \times 0.6)}\ \mathrm{A} = 3 \times 10^{3}\ \mathrm{A} \tag{9}$$

となる——というわけで，これは電流の単位 (アンペア，A) を定めているのである．

(9) は，ていねいに書けば，

$$I = \sqrt{\frac{2\pi}{\mu_0}(3\,\mathrm{m} \times 0.6\,\mathrm{N/m})} = 3 \times 10^{3}\ \mathrm{A}$$

となるので，真空の透磁率 (7) は，本当は

$$\mu_0 = 4\pi \times 10^{-7}\ \mathrm{N/A^2} \tag{10}$$

という次元をもった量なのである．ここに，N は力の単位ニュートンを表わす．

それはともかく，(9) の測定で電流の単位が定まった．1 A の電流を 1 s のあいだ流し込んでたまる電気量を 1 C (クーロン) と定義する．単位の計算は $\mathrm{C} = \mathrm{A} \cdot \mathrm{s}$ となることに注意しておこう．

そうすると，真空中に距離 r を隔てておいた点電荷 q_1，q_2 のおよぼしあう力

$$F = \frac{1}{4\pi\varepsilon_0}\frac{q_1 q_2}{r^2} \tag{11}$$

を測ることによって真空の誘電率 ε_0 が定められる．実際に，その測定をしてみたら，1 C の点電荷を真空中で 1 m 離しておいたとき，互いに

$$\frac{1}{4\pi \times 8.854\,187\,818\,(71) \times 10^{-12}}\ \mathrm{N}$$

の力をおよぼしあうことがわかったので，真空の誘電率は

$$\varepsilon_0 = 8.854\,187\,817\,(71) \times 10^{-12}\ \mathrm{C^2/(N \cdot m^2)} \tag{12}$$

となる．ここに (71) としたのは，ε_0 の数値の末尾 2 桁に 71 だけの不確定 (正確には標準偏差) があることを示す (1973 の CODATA の値)．

このように，μ_0 の値を (10) のように約束すると，ε_0 の値は定常電流と静電気の測定から決定される．

こうして定常電流と静電気の測定から決定された ε_0，μ_0 が，マクスウェルの理論によれば，電場と磁場の波動の伝播速度を (6) のようにあたえる．“月とすっぽん” あるいは “day and night” がマクスウェル理論によって結びつくのである！

計算してみよう．

$$\begin{aligned}\varepsilon_0\,\mu_0 &= 8.854\,187\,818\,(71)\times 10^{-12}\,\mathrm{C}^2/(\mathrm{N}\cdot\mathrm{m}^2)\times 4\pi\times 10^{-7}\,\mathrm{N/A}^2\\ &= 1.112\,650\,056\,2\,(89)\times 10^{-17}\,(\mathrm{s/m})^2\end{aligned}$$

となる．

ここで，単位の計算は

$$\frac{\mathrm{C}^2}{\mathrm{N}\cdot\mathrm{m}^2}\times\frac{\mathrm{N}}{\mathrm{A}^2}=\frac{1}{\mathrm{m}^2}\times\left(\frac{\mathrm{C}}{\mathrm{A}}\right)^2=\left(\frac{\mathrm{s}}{\mathrm{m}}\right)^2$$

としたのである．$\varepsilon_0\,\mu_0$ の誤差は，ε_0 の誤差を単に μ_0 倍すれば得られる (単位を書くのは省略)：

$$\varDelta(\varepsilon_0\,\mu_0)=(71\times 10^{-21})\times(4\pi\times 10^{-7})=89\times 10^{-27}$$

したがって，

$$\frac{1}{\sqrt{\varepsilon_0\,\mu_0}}=2.997\,924\,580\,(12)\times 10^{8}\,\mathrm{m/s} \tag{13}$$

となる．

ここで，誤差は，$\varDelta a/a \ll 1$ に対する近似式

$$\frac{1}{\sqrt{a+\varDelta a}}=\frac{1}{\sqrt{a}}\,\frac{1}{\sqrt{1+\dfrac{\varDelta a}{a}}}\fallingdotseq\frac{1}{\sqrt{a}}\left(1-\frac{1}{2}\,\frac{\varDelta a}{a}\right)$$

で $a=\varepsilon_0\,\mu_0$ として

$$\varDelta\,\frac{1}{\sqrt{\varepsilon_0\,\mu_0}}=-\frac{1}{\sqrt{\varepsilon_0\,\mu_0}}\times\frac{1}{2}\,\frac{\varDelta(\varepsilon_0\,\mu_0)}{\varepsilon_0\,\mu_0}$$

から計算した．すなわち——単位は省略して

$$\left|\,\varDelta\,\frac{1}{\sqrt{\varepsilon_0\,\mu_0}}\,\right|=(3.0\times 10^8)\times\frac{1}{2}\,\frac{89\times 10^{-27}}{1.1\times 10^{-17}}=1.2\,.$$

誤差の計算を入れたので手間どったが，講義では，そこまではしない．早々と (13) を出して，宣言する：(13) は光の速さに一致している！　すなわち

$$c=\frac{1}{\sqrt{\varepsilon_0\,\mu_0}}. \tag{14}$$

そして，こういうのである．「マクスウェルは，自分の方程式から出てきた電場・磁場の波動の速さ (13) が光の速さ (1) に一致したので，光も電磁波であるようだと考えはじめた」．マクスウェルは，さらに，自分のたてた方程式から電磁波のい

ろいろの性質を導き，それが光の性質に一致することから，光も電磁波だ，という確認に導かれた．1871 年のことである．

それから 17 年たった 1888 年にヘルツが電気振動によって電磁波を人工的に発生して，電磁波の存在というマクスウェルの予言を実証した——．

こういう話は，新しい CODATA の定数表をあたえられてしまった今日，もうできない．なぜなら，光速 c は定義になり，μ_0 はもともと定義だが，ε_0 も

$$\varepsilon_0 = \frac{1}{\mu_0\, c^2} \tag{15}$$

によって定められることになったからである．つまり，これも定義であって，(14) はその言いかえにすぎなくなった．

6.5 歴史にかえる

前節の話にはウシロメタイところがある．実験で定めたといった ε_0 の値 (12) は，実は『理化学辞典』の第 3 版・増補版 (1981) の “基礎定数表” からとった．この表の数値は，1973 年の CODATA 総会で承認されたもので，実は種々の量の測定値を眺め渡し，それが全体として調和した体系をなすように定めた結果なのである．その調整の際に (14) も考慮に入れられている．マクスウェル方程式は，物理学の他の基礎方程式とともに当然なりたつものとして基礎定数表に組み込まれてしまっている．老師の歎きは，だから，1973 年にすでにはじまっていなければならなかったのである．

こうして，マクスウェル方程式の成立の話をするためには，やはり歴史にかえるほかない．

マクスウェルの時代には——そして実際つい最近まで——電磁気の単位系に “静電単位系” e.s.u. と “電磁単位系” e.m.u. というものがあった．

静電単位系は，2 つの電荷 q_1，q_2 が真空中で距離 r を隔てておよぼしあう力は

$$F_{\rm S} = \frac{q_1 q_2}{r^2} \tag{16}$$

であるとして出発する．等量の電荷が単位の距離を隔てて単位の力をおよぼしあうとき，その電荷が “電気量の静電単位” になる．

電磁単位系は，磁石のおよぼしあう力を考えるのに，磁荷というものを仮想して，2 つの磁荷 m_1，m_2 が真空中で距離 r を隔てておよぼしあう力は

$$F_{\mathrm{m}} = \frac{m_1 m_2}{r^2} \tag{17}$$

であるとして出発する．現実の磁石には北極と南極があるので，細くて長い 2 本の磁石 AB, A′B′ をとり，A と A′ を近づけ B と B′ を遠ざけたときに，A と A′ の間の力が (17) に従うことを利用する．

この意味の磁荷が (17) で定まれば，磁場の 1 点で細長い磁石の一端 (磁荷 m) にはたらく力が

$$\boldsymbol{F}_{\mathrm{m}} = m\boldsymbol{H} \tag{18}$$

であるとして磁場の強さ $\boldsymbol{H}$ を定義することができる．

次に，真空中にまっすぐで長い針金があって電流が流れているとし，針金から距離 r の点での磁場の強さが

$$H = \frac{2I_{\mathrm{m}}}{r} \tag{19}$$

に等しいとして，電流 I_{m} を定義する．1 電磁単位の電流を 1 s のあいだ流し込んだときたまる電荷が "電気量の電磁単位" になる．

さて，ここでマクスウェルの方程式を書いてみると，同一の電気量 Q を 2 つの単位系で測ったとき，電磁波の速さ v は

$$v = \frac{Q \text{ を静電単位で表わす数値}}{Q \text{ を電磁単位で表わす数値}} \ \mathrm{m/s} \tag{20}$$

となることが見いだされる．マクスウェルが得た式も，これであった．ここで，(16)~(19) の力や距離は MKS 単位系で測るものとした．その結果として v の単位が m/s になったのである (マクスウェルは cm/s で言い，次に登場するケルヴィンは m/s を使っている)．

いま，手近にあるケルヴィン卿らの報告 (1888) の記録 [1] を見ると —— この報告をマクスウェルも引用している —— 彼らは (20) を電位差 V の比較をする形

$$v = \frac{V \text{ を電磁単位で表わす数値}}{V \text{ を静電単位で表わす数値}} \ \mathrm{m/s} \tag{21}$$

に直して実測している．電気量と電位差をかければエネルギーという力学量になり，これは電磁気の単位には無関係だから，(20) と (21) は静電単位と電磁単位が逆の比になる．

電位差を静電単位で測るにはケルヴィンの考案になる絶対電気計 (absolute electrometer, 図 1) が用いられた．その原理は，平行板コンデンサー (極板の面積 S,

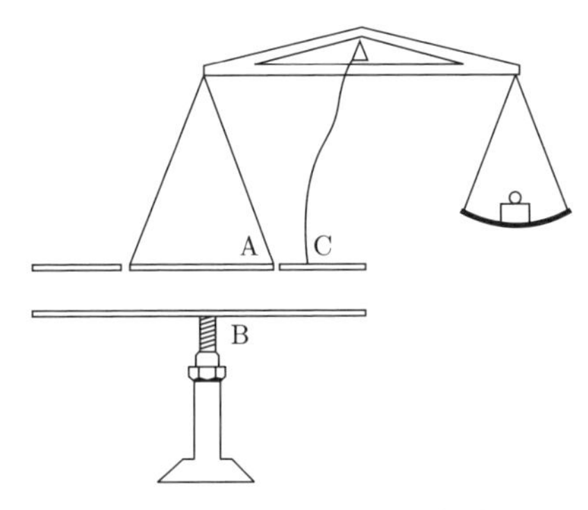

図 1　ケルヴィンの絶対電気計.

金属円板 A, B の間に測りたい電位差 V をかけ，A が下に引かれる力 f を天秤で測定し，$F = S/(8\pi d) \cdot {V_s}^2$ から V を算出する．ここに，S は A の面積，d は A と B の間隔，C はいわゆる保護環で，A と円電位に保ち，AB 間の電場を均一にする．

A と C の間隙を考慮に入れるには，A の半径が R，C の内半径が R' のとき，上式の S を

$$S' = 2\pi \left(R^2 + R'^2 - \cfrac{R'^2 - R^2}{1 + k\,\cfrac{d}{R' - R}} \right)$$

でおきかえる．ただし，$k = \pi/(\ln 2) \fallingdotseq 4.5$．B はネジで微細に上下できるようになっている．

間隔 d) に電圧 V_s［静電単位］をかけると，正負の極板が

$$F = \frac{1}{8\pi}\left(\frac{V_{\mathrm{S}}}{d}\right)^2 S \tag{22}$$

の力で引きあう，というところにある．力 F と距離 d，面積 S という電磁気とは無関係な量の測定から —— 他の電位差と比較することなしに —— 電位差が得られるので，これは絶対測定とよばれる．

電位差を電磁単位で測るには，電位差がしたがう

$$V_{\mathrm{m}}[\text{電磁単位}] = I\,[\mathrm{A}] \cdot R\,[\Omega] \times 10^8 \tag{23}$$

の関係を用いた．図 2 の回路で抵抗 R を調節して G に流れる電流を 0 にすると，そのとき T を流れる電流 I と R の積が測定したい電圧 V とバランスすることになり，(23) から V の電磁単位における値 V_{m} が知れる．

彼らは，この方法で得た (21) の値を

$$v = 2.92 \times 10^8\ \mathrm{m/s}$$

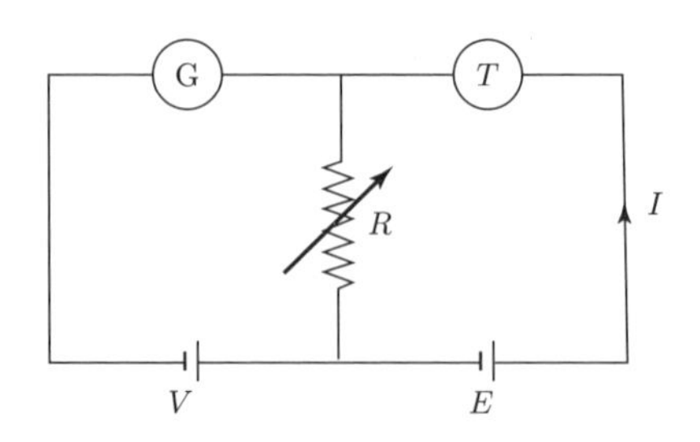

図 2　ケルヴィンのセンチ・アンペアバランス.

と報告したが，その記録の末尾に訂正がある．そこに日本が出てくるから，訳してみよう：

> バス (Bath) において大英協会に報告されたW. トムソン卿，エアトン教授，ペリー教授による “v” の測定値は，絶対電気計の可動極板の有効面積に関わる補正をうっかり忘れた (accidental omission) ため，小さすぎた．この補正をすると，結果は 2.98×10^8 m/s となり，エアトン，ペリー両教授が日本で別の方法で得た値にぴったり一致する．J. J. トムソン教授の結果は 2.963×10^8 m/s である．ローランドは 2.99×10^8 m/s を得たと了解している．また，W. トムソン卿の最新の結果は $\cdots 300,400,000$ m/s(原文のまま) である．ウィリアム卿は，この結果が真の値を 1/3 パーセント以内で表わすとは考えていない．

マクスウェルが彼の『電磁気論』(1891) に引用しているのは，この最後の値である．この本には，志田林三郎の 1880 年の測定値 2.995×10^8 m/s も引用されていることを付け加えておこう．志田は，1855 年に佐賀県に生まれ，工部省工学寮 (のちの東京帝国大学工学部) でエアトンに学び，1879 年に卒業，翌年 (v の測定の年？　それとも発表の年？) ケルヴィンのいるグラスゴー大学に入学している．1883 年に帰国し，工部大学校電信科でわが国で初の電気工学教授となった［伊東俊太郎ほか編『科学技術史辞典』(弘文堂，1983) による］.

なお，芝亀吉[2](1938) は，静電単位と電磁単位との比による光速の決定の “精密な測定” としてローザとドルセイ (1907) による

$$v = 2.997\,90\,(30) \times 10^8 \text{ m/s}$$

を引用している．1 つの空気のコンデンサーの容量を静電単位と電磁単位で測って比較した由である．

6.6 光速の測定

c の測定法について述べる余裕がなくなった．3節で触れた森村先生の本や参考書[3] を見ていただきたい．両者に引用されているマイケルソンの測定に使われた回転鏡は，理研の工作工場から留学した小野忠五郎がつくったものである[3]．

最後にクイズを1つ．これまでに行なわれた光速の測定は，どれも光を往復させる．往復させないで片道だけの速さを測る方法はないものか？

エアトンのピアノ

この拙稿が「数理科学」に載ったとき，もと東大の教養学部におられ，ぼくも教わったことのある小野健一先生から次のようなお葉書をいただいた．

> 「数理科学」五月号の玉稿を興味深く拝読しました．その中に W.E. エアトンの名前が出て来ましたのでコメント．勿論，貴兄はよく御存知のことばかりです．彼が日本を去るとき工部大学校へ置いて行った私物のピアノがあります．長いこと工学部にあって学生のおもちゃになっていましたが，大山松次郎氏が工学部長のとき，かかる記念品は芸大で保管するのが妥当とお考えになり，芸大のいらなくなったピアノと交換する話が始まりました．それが可成り時日がたって昭和35年暮に実現し，エアトンのピアノは芸大の資料室へ入り，代りにドイツ製 (フィリッピ社) のピアノが芸大から工学部へ贈られました．現在，芸大にある米国チッカリング社製スクウェア・ピアノがエアトンのピアノです．彼の在日は明治6年5月30日から11年6月29日までですから，このピアノは明治音楽史にやかましいメーソンのピアノ (明治12年文部省に音楽取調掛ができたとき，政府が正式に注文して国費で購入した最初のピアノ．13年5月28日に取調掛に到着) よりも5, 6年前に我が国に入ったピアノということになります．エアトンの名前と結びつけて記憶したい文化史のエピソードを一つお耳に入れる次第．　1988年5月24日

参考文献

[1] Sir W. Thomson: *Mathematical and Physical Papers.* vol. V, Cambridge (1991)，論文 215–218 を見よ．

[2] 芝 亀吉『基本定数』，岩波講座・物理学 III. B, 岩波書店 (1938).

[3] 小野忠五郎：相対性原理の実験方法,「改造」1922年12月号.

7. いまや時間はミクロである

かつて時間はマクロであったが，いまや時間はミクロである．

「秒」は時間の基本単位である．その長さは，かつて天文観測に依拠して定義されていた．いまは原子の振動数にもとづいて定義される．これは，だから，量子力学的な時間であるといわなければならない．

詳しくいえば，こうだ．「秒」の定義は 1967 年の国際度量衡委員会でつぎのように改定された：

> 「1 秒」とは，^{133}Cs 原子の基底状態の 2 つの超微細準位間の遷移によって出る輻射が
>
> 91 億 9263 万 1770 回
>
> 振動する時間である (「原子時」の 1 秒).

これは一体どういうことなのか．それを，これから，お話ししよう．その話は，量子力学から，やがては相対性理論におよぶはずである．

7.1 時間の一様性とは？

先日，子供につれられて科学博物館にいったら，おもしろい時計があった．子の刻とか午の刻とかいっていた頃のものらしいが，昼間を 12 時間，夜間を 12 時間ときめて，それにあうように昼と夜で振子の長さが変えられるようになっている時計である．

いまは，そんなことはしないから，昼の長さと夜の長さが季節によってちがう．しかし，これは地球の自転が一様でないということではない．地球の自転のはやさは一定不変であると長いあいだ信じられてきた．だから，1956 年までは

$$1\,秒 = (平均太陽日)/86400$$

という定義がもちいられてきたのだ(「世界時」の1秒). 平均太陽日というのは, 天球の赤道上を一定の速さでまわる仮想の太陽(平均太陽という)に対して地球が1回の自転をする時間のことである.

だが, 地球の自転は一様ではなかった. というのは, 地球の自転を一様としてきめた時間をもちいて月や惑星の運動を研究すると, ニュートン力学にあわない不整のでることがわかったのである [1], [2].

たとえば, 地球の自転を一様としてみると, 月の公転速度がだんだん大きくなっていくように見えた. 地球の公転も, 水星や金星の公転も角速度を増してゆくように見えるのであった. これは, 天体の運動に摩擦力がはたらいて, 惑星は太陽のほうに少しずつ落ちてゆき, 月も地球にむかって落ちてくるということを意味しているだろう. 本当にそうだろうか?　その抵抗力の原因はなんだろう?

見方を変えると, 惑星や月の公転運動の加速は, 地球の自転が実はだんだんおそくなっていて, それを一様と仮定してきめた時間では昨日の「1秒」より今日の「1秒」のほうが長くなるせいとも考えられる.

そう考えて観測データを見直したところ, 仮に地球の公転周期を一定として時間をきめれば水星の加速も金星の加速もきれいに消失することがわかった.

月は別であって, 新しい時間をつかうと, 公転角速度がこんどは減ってゆくように見えることになる.

これには理屈がつけられる. 地球の自転がおそくなっていくのは, 海の水の潮汐運動にともなって摩擦でエネルギーが失なわれるせいではないか. その潮汐は, 月が海水を引っぱるためにおこる. 海水は反作用として月を引っぱる. その海水を摩擦力が地球自転の方向に引っぱるので, つまり摩擦力は月を加速することになるではないか. この考えで勘定が完全にあうわけではないらしいが, 時間は地球の公転にもとづいてきめるほうがよさそうだ.

1956年の国際度量衡委員会の決定にもとづき, わが国では1958年に計量法を改正して, 次のような定義をした:

> 「1秒」とは, 1990年1月0日正午(1899年12月31日正午のこと)における地球の公転の平均速度にもとづいて算定した1太陽年の3155万6925.9747分の1として東京天文台が現示する(「暦表時」の1秒).

これによって 10^{-8} の精度が実現された[1] というが[3]，それにしては 3155……の桁数は多い．ちなみに，10^{-8} は水晶時計の精度であった．

時間を何にもとづいて定義するかの問題は，つまり，何を基準にとれば，より一様な時間が得られるかの問題である．しかし，時間の一様性とはなにか？　ニュートン力学の世界でいえば，すべての現象が運動方程式をみたすように方程式の変数 t を選び得たとき，その t が一様な時間にほかならない——そう言えそうにみえる．

7.2 原子時計

原子時計というものは，およそ図 1 のような仕組でマイクロ波 (電波) の振動数の較正をする．たとえばサーボ機構で水晶振動子に結合させれば，振動子の振動数を一定に保つようにすることができる．

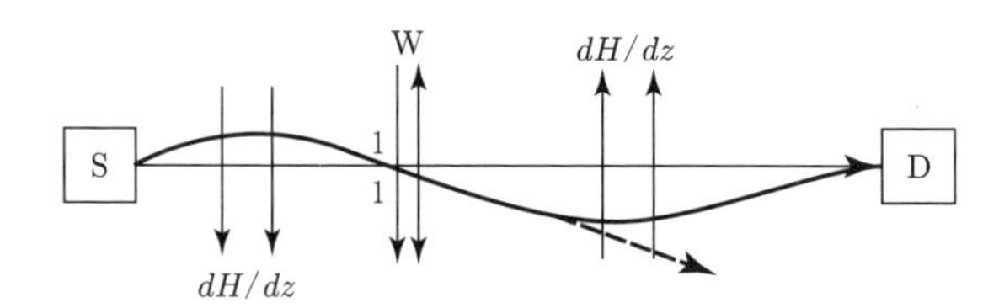

図 1　分子 (原子) 線磁気共鳴の原理 (ラビ，1937).

図 1 の S は炉で，右に向かって口を開いている．この口から熱せられた原子 (または分子，以下いちいち言わない) が飛びだす．もともと磁気を帯びた (磁気能率をもった) 原子が選んであるので，$\mathrm{d}H/\mathrm{d}z$ と記した磁場勾配から力をうけて飛行の道が曲がる．もし，原子たちがそのまま行けば，つぎに反対むきの $\mathrm{d}H/\mathrm{d}z$ にであって道が反対に曲がり，ちょうどうまく検出器 D に飛びこむのだが，実際は途中 W と記した場所で原子たちは電波を浴びせかけられる．

原子たちは，特定の振動数の電波には共鳴して，これを吸収するものである．それ以外の振動数の電波は受けつけない．どうして好き嫌いをするのかは，あとで量子力学をつかって説明しよう．とにかく，この振動数の好き嫌いがはっきりし

---

1)　2001 年の長倉三郎ほか編『理化学辞典』第 5 版 (岩波書店，1981) によれば，1977 年に地球のジオイド面上の $^{133}\mathrm{Cs}$ を基準とすることに改められ，$10^{-13} \sim 10^{-14}$ の精度が維持されるようになった．

ているからこそ，そして，それが，たいていのことでは変わらないからこそ，原子時計がなりたつのである．

原子が電波を吸収すると，原子のもつ磁気のつよさが変わってしまう．

そうすると，つぎに $\mathrm{d}H/\mathrm{d}z$ にであっても飛行の道の曲がりが少なすぎたり多すぎたりということになって，原子たちは，いわば道をふみはずしてしまう．めでたく検出器にゴール・インというわけにはいかなくなる．

だから，原子たちに電波を浴びせながらDで見ていると，電波の振動数 ν が原子の好む特定の値 ν_0 からずれるたびに，検出器Dにゴール・インしてくる原子の数 $N(\nu)$ がドッと増えることになるのである．これを信号として電波の(ひいては水晶発振器の)振動数を調節するようにすれば，時計ができる．

実際の原子時計の構造は，たとえば図2のようである．

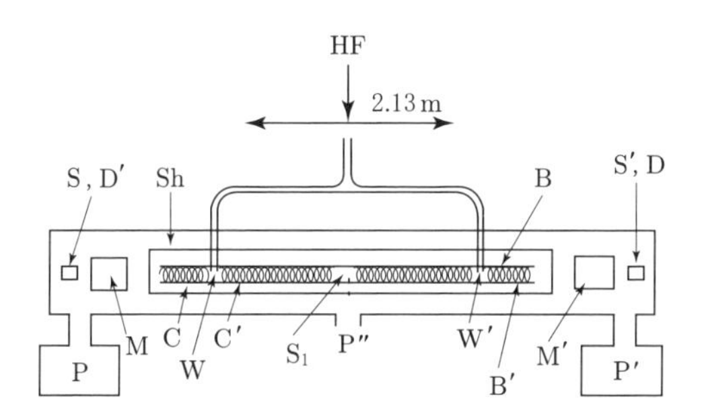

図2　セシウムの振動数標準器の一例(参考文献[4]の図17).
S, S′ — セシウムの炉．D, D′ — セシウム検出器．(S, D′) または (S′, D) の組をつかう．
HF — 高周波の電波を送りこむ口．W, W′ — セシウム原子に電波を浴びせるところ．
M, M′ — $\mathrm{d}H/\mathrm{d}z$ をつくる磁石．B, B′ — 原子の配向を保つための弱い磁場(C場)をつくるコイル．C, C′ — C場の一様性(非常に重要)をチェックするときにつかうコイル．通常は使わない．S_1 — スリット．Sh — 磁気的遮蔽．P″ — 真空ポンプへ．
P, P′ — イオン・ポンプ．

これはセシウム(Cs)の原子時計で，S, D′ と記してあるところに炉または検出器をおく．S′, D も同様で，S, D′ に炉Sをおくときには S′, D に検出器Dをおき，……，つまりセシウム原子を左から右に飛ばすことも，その反対の向きに飛ばすこともできるようにしてあるわけだ．

というのは，電波をHFと記してあるところから送りこんで，この装置では W, W′ の2ヵ所で原子に浴びせかけるのだが，2ヵ所での電場の位相が，いくら注意ぶかく調節しても正確に同じにはならない．そこで，原子を飛ばす向きが右のときと左のときを比べて，その位相差をもとめてしまおうというのである．

そんな算段をしてまで2ヵ所で電波を原子に浴びせるのは，1ヵ所の場合よりも原子の振動数の好き嫌いが細かく精度よくでることになるからである[5]．図3はセシウム原子がいろいろの振動数を好む度合を表したもの (共鳴曲線) だが，まず大まかにいって3つの山が見える．これらの山の幅 $(\Delta\nu)_1$ は量子力学の不確定

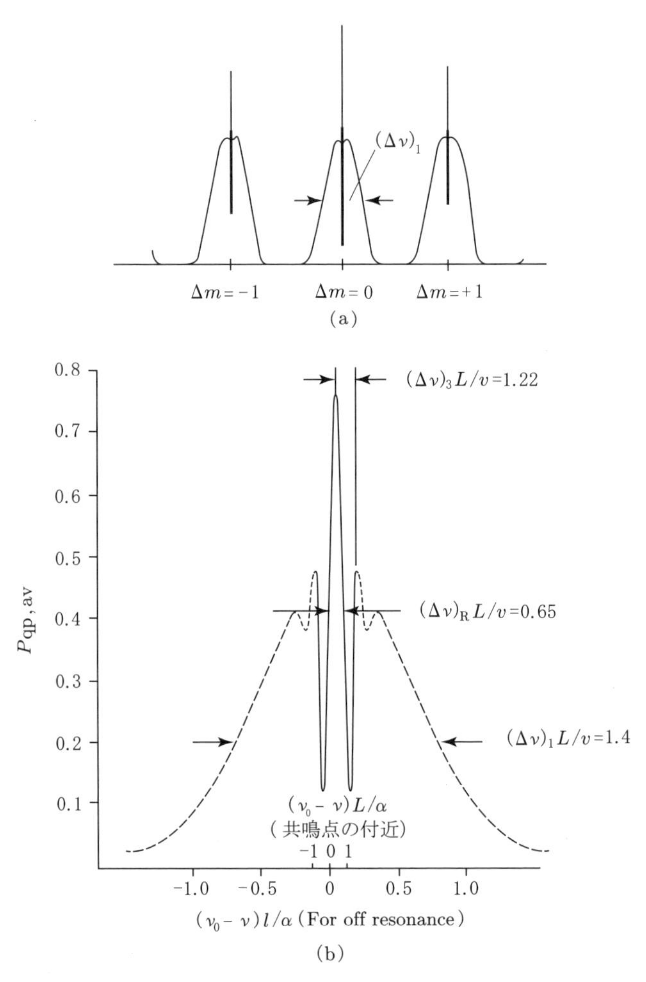

図3　ラムゼイ法 (1949) によるセシウム原子の共鳴曲線.
(b) は共鳴点の付近の微細構造がよくわかるように (a) の一部を拡大したもの．l は電波との相互作用の場所 W, W′ の長さ．L は W と W′ の間隔で，v は原子の平均の速さである．

性原理によって

$$(\Delta\nu)_1 \sim \frac{1}{\tau_1} \tag{1}$$

の関係で装置の大きさからきまる．ここに，τ_1 は原子が電波を浴びている時間のことであって，図 2 の W, W′ それぞれの場所を原子が通る時間に等しい．

その山の頂上付近をよく見ると，非常に幅のせまい鋭い起伏がある．これが 2 ヵ所で電波を原子に浴びせるためにできるもので，この工夫をした人の名をとってラムゼイ・パターンとよばれる．その鋭いピークの幅は

$$(\Delta\nu)_\mathrm{R} \sim \frac{1}{\tau_\mathrm{R}} \tag{2}$$

としてよかろう．τ_R は原子が WW′ 間を飛ぶ時間である．だいたいのところを当ってみると，次のようになる：

WW′ 間の距離は図 2 から 2.13 m．セシウム原子 ($^{133}\mathrm{Cs}$) の走る速さ v は，炉の温度が $T = 100^\circ$ C だというから，平均において

$$v = \sqrt{\frac{3kT}{M}} = \sqrt{\frac{3 \times 1.4 \times 10^{-16} \times 373}{133 \times 1.7 \times 10^{-24}}}$$
$$= 2.6 \times 10^4 \ (\mathrm{cm/s}) \tag{3}$$

ここに $k = 1.4 \times 10^{-16}$ erg/deg はボルツマンの定数であり，1.7×10^{-24} g は陽子，中性子それぞれの質量で，その 133 倍がセシウム原子の質量である．上の式は，いわゆるエネルギーの等分配則

$$\left\langle \frac{1}{2}Mv^2 \right\rangle_{\text{平均}} = \frac{3}{2}kT$$

からだした．だから，その v は正確には Root Mean Square (2 乗平均の平方根) とよばなければならない．

WW′ 間の距離 2.13 m を速さ $v = 2.6 \times 10^4$ (cm/s) で走ると，所要時間 τ_R は

$$\tau_\mathrm{R} \sim \frac{2.13 \times 10^2}{2.6 \times 10^4} = 8.2 \times 10^{-3} \ (\mathrm{s})$$

したがって (2) から

$$(\Delta\nu)_\mathrm{R} = \frac{1}{8.2 \times 10^{-3}} = 1.2 \times 10^4 \ (\mathrm{s}^{-1})$$

となる．もともとセシウムの好む周波数として，$\nu_0 = 91$ 億 9263 万 1770 s^{-1} が選んであるから，誤差は

$$\frac{(\Delta\nu)_{\rm R}}{\nu_0} = \frac{1.2\times 10^4}{92\times 10^8} = 1.3\times 10^{-6} \tag{4}$$

となる．これでは前にいった水晶時計の精度より悪い．

論文[6] を見ると，$(\Delta\nu)_1 = 60 \sim 100\,{\rm s}^{-1}$ とあるから速さの小さい原子を選んでつかう様子だし，また共鳴曲線の幅の $1/10^5$ もの精度 10^{-13} をねらうと書いてあるが，これは一体どのようにするのか，ぼくにはわからない．

7.3 セシウム 133

セシウムはアルカリ金属の 1 つであり，その仲間で反応性が最も大きい．銀白色で軟らかく，融点が 28.5° C という低さである．沸点は 760° C.

セシウムは原子番号 55，その電子たちは，54 個が稀ガスのキセノンのものと同じ閉殻をつくり (半径およそ 1.7A)，その外側はるか遠く 6 s 軌道を残りの 1 個の電子がまわっている (軌道半径およそ 3A)．電波を吸ったり吐いたりするのは，この孤独な電子である．

この孤独な電子は，原子核と相互作用をする．というのは，電子は自身がスピン $S=1/2$ のため磁石になっているが，セシウムの原子核もスピン $I=7/2$ をもち 2.5791 核磁子という強さの磁石なので，両方の磁石が平行なときエネルギーが高く，反平行なときエネルギーが低くなる．

電子の電荷が負であることを考えると，電子と原子核の磁石が平行になるのは両者のスピンが反平行のときであって，合成スピンでいうと $F=\dfrac{7}{2}-\dfrac{1}{2}=3$ となる．反対に，電子と原子核の磁石が反平行になるのは合成スピンが $F=\dfrac{7}{2}+\dfrac{1}{2}=4$ のときである．

以上をまとめると，セシウム原子の一番外側を孤独にまわっている電子のエネルギーは，そのスピンの向きによって——いいかえれば合成スピン F の値によって——高・低 2 つの値をとることになる (図 4)．といっても，そのエネルギーの差は微小なもので

$$\begin{aligned} h\nu_0 &= (2\pi\times 6.6\times 10^{-16}\,{\rm eV\cdot s})\times(91\,億\cdots\cdots{\rm s}^{-1}) \\ &= 3.8\times 10^{-5}\,{\rm eV} \end{aligned} \tag{5}$$

にすぎず，これはエネルギー準位の超微細構造とよばれる．もともと，磁石が弱

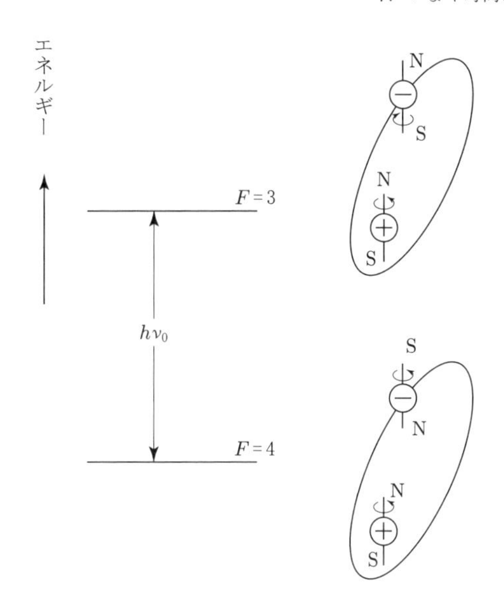

図4　セシウム原子のエネルギー準位の超微細構造.

いのである：

$$\text{電子の磁石の磁気能率} = -\mu_{\rm s} = 0.92 \times 10^{-20}\ \text{erg/gauss}$$
$$\text{Cs 核の磁石の磁気能率} = 2.6 \times \mu_{\rm N} = 1.33 \times 10^{-23}\ \text{erg/gauss}$$

これらが距離 $r \sim 3\text{A}$ 程度はなれているときのエネルギーは $1/r^3$ と磁気能率の積とに比例するから，およそ

$$\frac{(0.92 \times 10^{-20}) \times (1.33 \times 10^{-23})}{(3 \times 10^{-8})^3} = 4.5 \times 10^{-21}\ (\text{erg}) \tag{6}$$

だろう．これは 3.8×10^{-9} eV となり (5) に比べて小さすぎるが，実は電子の軌道半径を 3A としたのが粗すぎたのである．s 電子は，古典的軌道がつぶれているため，他の電子がつくっている閉殻のなかへも侵入することが多く，その際には原子番号 55 の原子核のクローン引力をもろにうけて一層なかに引き込まれる．それで核からの距離 r がごく小さい値をとる機会ができる．(6) には r が逆冪できくので，侵入軌道の効果も大きいという次第．試みに r を 1A にしてみると (6) からだいたい正しい値が得られる．

申し遅れたけれども，セシウム原子の超微細構造 (5) に相当する振動数 ν_0 が，すなわち原子時計で共鳴される電波の振動数なのである．(5) では，そのことを見

越して ν_0 に 91 億……s^{-1} という値を代入してしまった．この稿のはじめに，原子時の 1 秒の定義をあたえたが，共鳴吸収される電波が 1s に 91 億……回だけ振動するということは，つまり，その電波の周波数をあたえているもので，その 2π 倍が角振動数になる．

セシウム原子が原子時計に使えて時間の標準になるというのは，どこにあるセシウム原子でも，その履歴によらず，個性も主張せずに，どれも同じ振動数の電波を共鳴吸収するからこそである．これは，地球という特定の天体の自転ないし公転を一様として時間の標準にするのとは，ずいぶんちがう．かつて宇宙における時間の一様性は認識の先験的形式であったが，いまや原子がどこにもあまねく存在することによって検証可能な事実となった．

7.4 光吸収の量子力学

量子力学で運動をきめるのはシュレーディンガーの方程式

$$i\hbar\frac{d\psi(t)}{dt} = \mathcal{H}\psi(t) \tag{7}$$

である．t が時間だ．$\mathcal{H}$ はハミルトニアンとよばれる行列で，セシウム原子の場合，いま仮に図 4 の 2 つのエネルギー準位だけ考えに入れる近似をすれば ($2\pi\nu_0 = \omega_0$ とおく)

$$\mathcal{H} = \frac{\hbar\omega_0}{2}\begin{pmatrix} 1 & 0 \\ 0 & -1 \end{pmatrix} \tag{8}$$

となる．これに応じて波動関数 $\psi(t)$ は

$$\psi(t) = \begin{pmatrix} a(t) \\ b(t) \end{pmatrix} \qquad (|a(t)|^2 + |b(t)|^2 = 1) \tag{9}$$

という列ベクトルになる．そして，たとえば $a(t) = 1$，$b(t) = 0$ ということがあれば，これは，この瞬間 t にはセシウム原子 (の最外殻の電子) は図 4 の上の準位にいることを表わす．一般に，波動関数 (9) をもつ状態にあるセシウム原子について，それが上の準位にいるか否かを時刻 t に観測するとき，yes の結果がでる確率は $|a(t)|^2$，no の結果がでる (すなわち原子が下の準位に見出される) 確率は $|b(t)|^2$ と予測される．波動関数は，このように確率の予測をあたえるものである．

ハミルトニアンと波動関数とが (8), (9) のようである場合には，シュレーディ

ンガー方程式 (7) は，すなわち

$$i\hbar\begin{pmatrix}\dot{a}\\ \dot{b}\end{pmatrix}=\frac{\hbar\omega_0}{2}\begin{pmatrix}1&0\\0&-1\end{pmatrix}\begin{pmatrix}a\\ b\end{pmatrix}=\frac{\hbar\omega_0}{2}\begin{pmatrix}a\\ -b\end{pmatrix}$$

となり，すぐに解ける．ここに $\dot{a}=da/dt$ など．解は

$$\begin{pmatrix}a(t)\\ b(t)\end{pmatrix}=\begin{pmatrix}a(0)\,e^{-i\omega_0\,t/2}\\ b(0)\,e^{i\omega_0\,t/2}\end{pmatrix}\tag{10}$$

である．$a(0)$, $b(0)$ は $t=0$ における値で，初期条件としてあたえるべきもの．この解をみると $|a(t)^2|=|a(0)|^2$ で t によらず，$|b(t)|^2=|b(0)|^2$ も同様だから，原子が上の準位にいるか下の準位にいるかの確率はいつ見ても変わらない．

原子と電波 (光) の場との相互作用を考慮に入れると，話がちがってくる．振動数 ω の電波の場を考えに入れるのならば，(8) のハミルトニアンは ($2\pi\nu=\omega$とおく)

$$\mathcal{H}=\frac{\hbar\omega_0}{2}\begin{pmatrix}1&0\\0&-1\end{pmatrix}+F\begin{pmatrix}0&e^{-i\omega t}\\ e^{-i\omega t}&0\end{pmatrix}$$

とすればよい．F が電波の強さである．この F の項が電波の吸収 (原子が下の準位から上の準位へ遷移) と放出 (原子が上の準位から下の準位へ遷移) を表現しているのだ．それはシュレーディンガー方程式を書いてみるとわかる．方程式は (7) だが，それは，こんどは

$$i\hbar\begin{pmatrix}\dot{a}\\ \dot{b}\end{pmatrix}=\frac{\hbar\omega_0}{2}\begin{pmatrix}a\\ -b\end{pmatrix}+\hbar\lambda\begin{pmatrix}be^{-i\omega t}\\ ae^{i\omega t}\end{pmatrix}\tag{11}$$

となる．$F/\hbar\equiv\lambda$ とおいた．

いま，簡単のために，電波は非常に (というか十分にというか) 弱いとすれば，原子の動静は電波のないときと大してちがわないだろう．だから，(10) にならって

$$\begin{pmatrix}a(t)\\ b(t)\end{pmatrix}=\begin{pmatrix}\alpha(t)\,e^{-i\omega_0\,t/2}\\ \beta(t)\,e^{i\omega_0\,t/2}\end{pmatrix}$$

とおくと，$\alpha(t)$, $\beta(t)$ は初期値から大して変化しないだろう．実際，この形を (11) に代入して $\alpha(t)$, $\beta(t)$ に対する方程式をだしてみると

$$\begin{pmatrix}\dot{\alpha}(t)\\ \dot{\beta}(t)\end{pmatrix}=-i\lambda\begin{pmatrix}\beta(t)\,e^{-i(\omega-\omega_0)t}\\ \alpha(t)\,e^{i(\omega-\omega_0)t}\end{pmatrix}\tag{12}$$

となり，λ が小さければ確かに α, β の変化率 $\dot{\alpha}$, $\dot{\beta}$ は小さいことがわかる．

話をさらに簡単にするため，原子は電波を浴びる前には下の準位にいたとしてみよう．これは，電波を浴びはじめる時刻を $t=0$ としたとき

$$\begin{pmatrix} \alpha(0) \\ \beta(0) \end{pmatrix} = \begin{pmatrix} 0 \\ 1 \end{pmatrix}$$

だったということである．それなら，原子が弱い電波を浴びて多少の時間がたっても β は 1 と大してちがわないだろう．それなら，すでに小さい係数 λ のかかっている (12) の右辺では $\beta(t) \simeq 1$ として，第 1 行を

$$\dot{\alpha}(t) \simeq -i\lambda e^{-i(\omega-\omega_0)t} \tag{13}$$

としてよかろう．これを原子が W で電波を浴びている時間である $t=0$ から τ_1 まで積分して，$\alpha(0)=0$ を考慮すれば

$$\alpha(\tau_1) = \int_0^{\tau_1} \dot{\alpha}(t)dt = \lambda \frac{e^{-i(\omega-\omega_0)\tau_1} - 1}{\omega-\omega_0} \tag{14}$$

その時刻 τ_1 に原子が上の準位にいる確率は，したがって

$$|a(\tau_1)|^2 = |\alpha(\tau_1)|^2 = 4\lambda^2 \left(\frac{\sin \dfrac{\omega-\omega_0}{2}\tau_1}{\omega-\omega_0} \right)^2 \tag{15}$$

である．電波のせいで原子は確かに上の準位に遷移した！　しかも電波の振動数 ω が原子の ω_0 に近いほど遷移の確率は大きく，共鳴の様相がはっきりでている (図 5).

しかし，図 2 の装置では，原子は時間 τ_2 の後さらに W′ で電波を浴びる．その過程に対しても (13) はなりたつので，これを初期条件 $\alpha(\tau_1+\tau_2)=\alpha(\tau_1)$ のもとで積分して

$$\alpha(2\tau_1+\tau_2) - \alpha(\tau_1+\tau_2) = \int_{\tau_1+\tau_2}^{2\tau_1+\tau_2} \dot{\alpha}(t)\,dt.$$

計算してみると

$$\alpha(2\tau_1+\tau_2) = \alpha(\tau_1)\,(e^{-i(\omega-\omega_0)\,(\tau_1+\tau_2)} + 1).$$

これから時刻 $\tau = 2\tau_1+\tau_2$ に原子が上の準位にいる確率をもとめると

$$|a(2\tau_1+\tau_2)|^2 = 16\lambda^2 \left(\frac{\sin \dfrac{\omega-\omega_0}{2}\tau_1}{\omega-\omega_0} \right)^2 \cos^2 \frac{\omega-\omega_0}{2}\tau_{\mathrm{R}} \tag{16}$$

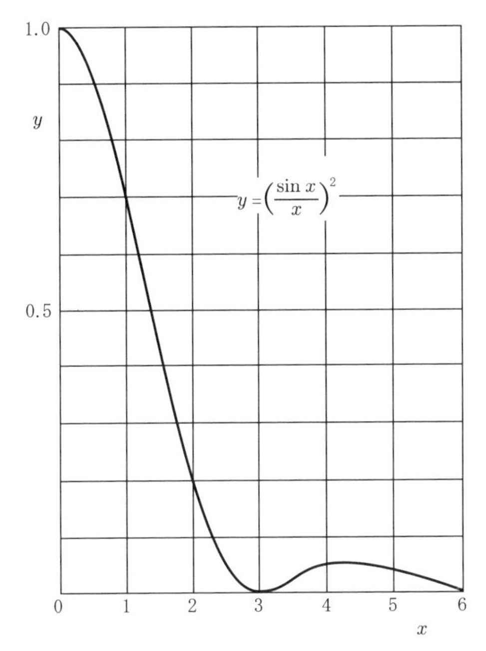

図 5　共鳴曲線．1ヵ所で励起する場合．式 (15) を見よ．

となり ($\tau_R \equiv \tau_1 + \tau_2$ とした)，なだらかだった (15) の山が $\cos^2 \dfrac{\omega - \omega_0}{2} T$ に激しく浸蝕されて図 6 のように変貌する．

実際の共鳴曲線が図 3 のようであって，浸蝕が山頂にかぎられるのは，原子の速さにばらつきがあり (16) を T の値について平均することになるからである．山頂付近では $|\omega - \omega_0|$ が小さいので T にばらつきがあっても $\cos^2$ の値にひびかない．

このようにして，ミクロの (量子力学的の) 時間はシュレーディンガー方程式 (7) のパラメタ t であり，それが振動数を選ぶはたらきによって人間の時間に標準をあたえる．その背後には，原子が個性もなく履歴にも左右されずに定まったエネルギー準位をもつという量子力学的事実がある．ただし，エネルギー準位は環境には影響されるので，人間は原子時計を磁気的に遮蔽するなどして保護しなければならない．

それにしても，かつて地球の自転を時計としていたときには，月の運行とくらべ地球自身の公転とくらべて，自転の一様さを点検しなければならなかった．その伝でいけば，セシウム原子のだす光の振動も他のあの原子この分子に属する振

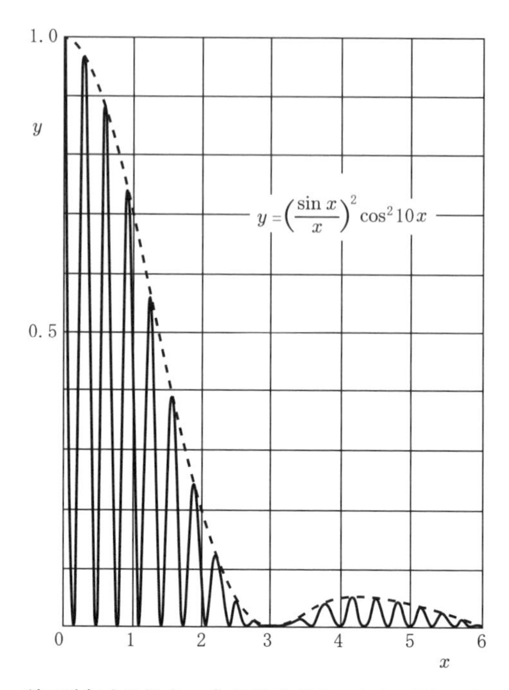

図 6 共鳴曲線．2 ヵ所で励起する場合．式 (16) を見よ．ここでは $\tau_R/\tau_1 = 10$ として描いた．$\tau_1 = l/v$, $\tau_2 = L/v$ で，この図を原子の速さ v に関して平均すると図 3(b) のようになる．

動とくらべて一様さを確かめる必要があるのではないか．このような疑問を読者がだしたら，どう答えればいいのだろう？

7.5 相対論的効果

ここまで書いたとき，たまたま東京天文台の堂平観測所を見せていただく機会があって，T 先生からいろいろお話を伺った．そのなかに時刻の標準のこともあって，携帯用のセシウム原子時計をもって世界各地のセシウム時計をあわせて歩いている人があるとのこと．ぼくの読んだ論文にも，そのことは書かれていた．そういう時計は数日間もちあるいても $0.1 \sim 0.2\,\mu\mathrm{s}$ の誤差しか生じないという．離れた場所の時計をあわせるのに，電波の信号をつかうより良い精度が得られるそうだから，アインシュタインの“離れた 2 点の同時”の定義も顔負けというべきか．

あるとき [7]，4 個のセシウム時計を飛行機にのせて東に飛んで世界を一周したら，地上に残しておいた時計より——4個の平均で (50 ± 23) ns 遅れた．反対に西に飛んで世界を一周してきたときには (275 ± 21) ns 進んだという．これを相対性理論によって説明してください．読者への宿題！　このとき飛行時間は $60 \sim 80$ h だったというから，これとの比にすれば時計の進み・遅れは 10^{-13} のオーダーになる [2]．

もうひとつ [8]．アメリカはコロラドのボールダーにある NBS の研究所は海抜 $h = 1.65$ km．ここの時計とくらべるには重力ポテンシャルによる時計の遅れという一般相対論的の効果を考慮する必要がある．海面とくらべた時間 t の遅れ Δt は比にして $\Delta t/t = gh/c^2 = 1.8 \times 10^{-13}$ になる．ここに g は重力の加速度．

おや，これは，飛行機で一周した時計の進み・遅れとまさに同程度ではないか．飛行機のばあいにも一般相対論まで考えにいれねばならぬわけだ．

はなしがマクロにおちた．

参考文献

[1]　萩原雄祐『天文学総論』，（上），岩波書店 (1966)，第1章第4節．

[2]　宮地政司編『宇宙の探究』，岩波書店 (1960)，第 VIII 章．

[3]　玉虫文一ほか編『理化学辞典』第3版，岩波書店 (1971)．
「秒」の項を見よ．ほかに「回帰年」や「世界時」，「暦表時」，「原子時」の項も参照．

[4]　J. Terrien：Standards of Length and Time, *Rep. Prog. Phys.* **39** (1976), 1067–1108.

[5]　N. F. Ramsey：A New Molecular Beam Resonance Method, *Phys. Rev.* **76** (1949), 996；A Molecular Beam Resonance Method with Separated Oscillating Field, *Phys. Rev.* **78** (1950), 695–699.

[6]　参考文献［4］の p.1091.

[7]　J. C. Hafele and R. E. Keating：Around the World Atomic Clocks—; Predicted Relativistic Time Gains, *Science* **177** (1972), 166–168；Around the World Atomic Clocks—Observed Relativistic Time Gains, *Science* **177** (1972), 168–170.

[8]　参考文献［4］の p. 1094.

---

2)　p.90 の脚注 1) を参照．

［追記（2018 年）］

近年，その精度向上に熾烈な国際競争が行なわれているものに，2001 年に東大工学部の香取秀俊によって提案された光格子時計がある．

これは，およそ $N =$ 百万個の原子を光の定在波でつくられたポテンシャルの井戸に 1 個ずつ閉じ込め，原子の熱運動によるドップラー・シフトと原子間相互作用を小さくし，多数原子の同時観測を可能にして量子雑音を単一イオン光時計に比べて $\dfrac{1}{\sqrt{N}}$ に低減する．このとき，光格子の波長を適当にとると，原子の基底状態と励起状態のシュタルク効果によるズレが一致し，時計として用いる原子の遷移振動数が光の定在波の強度に無関係となる．こうした効果が重なって，時計の精度を定める主な要因はレーザー光の周波数雑音となり，時計の精度 10^{17} が 2011 年に達成されている (現在のセシウムの単一原子時計の精度は 10^{15})．走る時計は遅れるという特殊相対論の効果は人が歩く速さで時計を動かせば検出でき，時計は設置する高さを下げると遅れるという一般相対論の効果も 1 cm 下げれば検出できることになる．

1 秒の定義は今後 10 年以内に改訂されると言われており，光格子時計はその有力候補と見られている．

第 2 部
古典力学の世界像

8. ニュートンは何を見たか

8.1 ニュートンという人

ニュートンは 1643 年にイギリス中西部のコルスターワース (Colsterworth) 村に近いウールズソープ (Woolsthorpe) に生まれた (図 1). その 3 ヵ月前に父は亡くなっていた. 未熟児であまりに小さく, 生きのびられないだろうといわれた. 3 歳のとき母は 63 歳の牧師と再婚, ニュートンはウールズソープに祖母と残された. 彼が通った小学校は程度が低かった. グランサムの中学校に進んだが, 成績は最下位から 2 番目だった. 模型つくりに熱中し, 『自然と技術の神秘』を読みノートをとった. 1659 年にデカルトの『幾何学』を買った[2].

1661 年にケンブリッジ大学の入学試験に合格したが, ユークリッド幾何学の点は足りなかった[3]. 教師の靴を磨いたりする給費生になったのである. ここではデカルト, コペルニクス, ケプラー, ガリレオを読み, 数学の教師であったウォリスやバロウの本を勉強した. 1665 年に卒業したが, この年, ペストが大流行して大学は閉鎖, ニュートンはウールズソープに帰って静かな時を過ごした. 彼の才能が開花したのは, このときである. 1665 年から万有引力の法則を惑星の運動に適用した.

1667 年にケンブリッジに戻り, 大学院に入った. 翌年, トリニティ・カレッジのフェローに推され, さらに翌年にはバロウの辞任の後をうけてルカス教授となる. この年『無限個の項をもつ方程式による解析』を回覧したが, 出版は 1711 年になる.「光学」を講じたけれど評判はよくなく, 聴講する学生も少なかった. 発表した光学の論文はフックやホイヘンスの反対に遭い, もう論文は出すまいと決心した. 彼は一生, 他者からの批判を恐れていたという. 光学の研究をまとめた原稿は書き重ねられていたが, 『光学』の出版は 1704 年になる. 1684 年にはハ

図1　ウールズソープやコルスターワース村はGoogleマップで検索できる．コルスターワース村の大体の位置を図示した(×印)．ロンドン，ケンブリッジとの相対位置に注目．
スコットランドやアイルランドは，ニュートンの時代にはカトリックとプロテスタントの争いもあって，イギリス連合王国への帰属にも揺らぎがあった．ウェールズは1500年に“合同法”で帰属をきめて安定している．こうした理由から影をつけた．連合王国に帰属している国はほかにもたくさんある．

レーが惑星の運動の理論を公表するよう促したが，ためらいに加えて「球体の引力が中心に質量が集中した場合に等しい」ことの証明ができていないという理由で断った．この証明は1686年に完成し，翌年『自然哲学の数学的諸原理』(プリンキピア)が出版される．

1693年，ニュートンは強い鬱病にかかり，研究を断念する[4]．1665年の大学卒業から数えても28年間の研究生活であった．ホイヘンスは，ニュートンは科学界から失われたと考えた[5]．ニュートンは，その後1704年に『光学』を出版，1713年，1726年には『プリンキピア』を改訂し，それぞれコーツ，ペンバートンの編集で出版した．彼は晩年を神学と年代学の研究に捧げ，1727年3月20日に亡くなった．

8.2 光学

ニュートンの光学についても書きたいことはたくさんあるが，今回は彼が長い間に書きためて1704年に出した『光学』の巻末につけた31の「疑問」から2, 3を引用するだけにする[6].

疑問3　光の射線は，物体の端や側面のそばを通過するとき鰻のような運動をして，行ったり来たり何度も曲げられるのではないか．(後略)

疑問17　静水に石を投げ，それによってひきおこされた波は，石が投げ込まれた場所でしばらく発生しつづけ，そこから同心円となって水面上をとおくまで伝播される．(中略) 光の射線が任意の透明な物体の表面に落ちて，そこで屈折ないし反射されるとき，入射点で屈折または反射されるとき振動または震えの波がひきおこされる．これらの振動は入射点から遠くまで伝播されつづけるのではないか．(後略)

疑問18　二個の大きく高い円筒形のガラス容器をさかさまに置き，その中にそれぞれ小さい温度計を容器に触れないように吊し，容器の一つから空気を抜いた上で，冷たい場所から温かい場所に移すと，真空中の温度計は，真空中にない温度計と同じ温かさに，ほとんど同じくらい速くなるであろう．(中略) 温かい部屋の熱は，空気を抜いたのちも，真空中にのこる空気よりもはるかに微細な**媒質の振動**によって，真空中を伝えられるのではないか．そして，この媒質は，光がそれによって屈折され反射され，またその振動によって光が物体に熱を伝え，また反射の**発作** (fit) と透過の発作をおこさせる媒質と同じものではないか．(後略)

なお，疑問17から24までは第2版 (1717/18) で追加された．

8.3 微分積分法の創始

ニュートンは1671年に書き1736年に出版した『無限級数と流率法』において**流率** (fluxion) の概念を導入したが[7], [8]，胎動は早くから始まっていた．

彼の流率法の発見に最も強い影響をおよぼしたのはデカルトの『幾何学』だといわれる[9]．彼は，与えられた曲線の法線を決定するデカルトの方法に強い関心を示し，多くの曲線に対してこれを試みた．

デカルトはこうしたのだ[10]．曲線AB上の点Cにおける法線をCPとする (図

2). もし，P と少しだけ異なる点 P′ をとると半径 P′C の円はその曲線と 2 つの

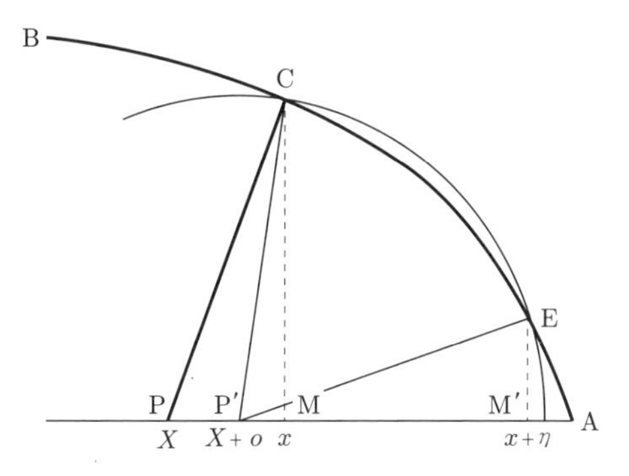

図 2　曲線 $y = f(x)$ の法線の求め方.

点 C, E で交わることになろう．P′ → P とすると E → C となる．これは，P を中心とする半径 PC の円と曲線 AB の交点の方程式は C を二重根としてもつことを意味している．この二重根ということを条件として P を求めればよいというのがデカルトの主張である．

これから，どのようにしてニュートンが流率法，すなわち今日いう微分法に思いいたったのかは推測するしかないが，おそらく次のように考えたのではないだろうか．

直線 PA を x 軸とし，それに垂直に y 軸をとる (図 2)．曲線の方程式を $y = f(x)$ とし，点 P, P′, M, E の x 座標を X, $X + o$, x, $x + \eta$ とすれば，$\overline{\mathrm{P'C}} = \overline{\mathrm{P'E}}$ は

$$(x - X - o)^2 + f(x)^2 = (x + \eta - X - o)^2 + f(x + \eta)^2 \tag{1}$$

となる．ニュートンにならって無限小の量を o と書いた．これを

$$f(x + \eta)^2 - f(x)^2 = (x - X - o)^2 - (x + \eta - X - o)^2$$

と書き直し，さらに

$$\{f(x + \eta) + f(x)\}\frac{f(x + \eta) - f(x)}{\eta} = -2(x - X - o) - \eta$$

と書き直して，$o \to 0$ とすれば (すなわち P′ → P とすれば)，そのとき E → C となるべきだから，$\eta \to 0$ となるべきで

$$f(x)f'(x) = -(x - X) \tag{2}$$

が得られる．ここで，今の記法で

$$\lim_{\eta \to 0} \frac{f(x+\eta) - f(x)}{\eta} = f'(x) \tag{3}$$

とおいた．これから，点 C が与えられると (すなわち x と $f(x)$ が与えられると) X が定まり，つまり法線 CP が定まる．

(2) が正しい方程式であることは，今の目で見れば，$f'(x)$ が点 C における曲線 AB の接線の勾配をあたえ，したがって $-1/f'(x)$ が C における法線の勾配であることから分かる．

ニュートンは $o \to 0$ とは言わず，しかし o は非常に，非常に小さいとし，そのときには η も非常に小さいはずだと考えたのだろうと思う．

この推測の根拠は，ニュートンが次に考えた曲率半径の求め方に見られる．図 3 において，三角形の相似から

$$\frac{x - X}{f(x)} = \frac{x - X_0}{f(x) - Y_0}, \tag{4}$$

$$\frac{x + o - X - \eta}{f(x+o)} = \frac{x + o - X_0}{f(x+o) - Y_0} \tag{5}$$

となるが，それぞれの左辺の分子に対しては (2) が成り立つから

$$-f'(x) = \frac{x - X_0}{f(x) - Y_0}, \qquad -f'(x+o) = \frac{x + o - X_0}{f(x+o) - Y_0}.$$

したがって，$x - X_0$ が 2 通りに書けて

$$-f'(x)\{f(x) - Y_0\} = -f'(x+o)\{f(x+o) - Y_0\} - o$$

が得られる．整理して

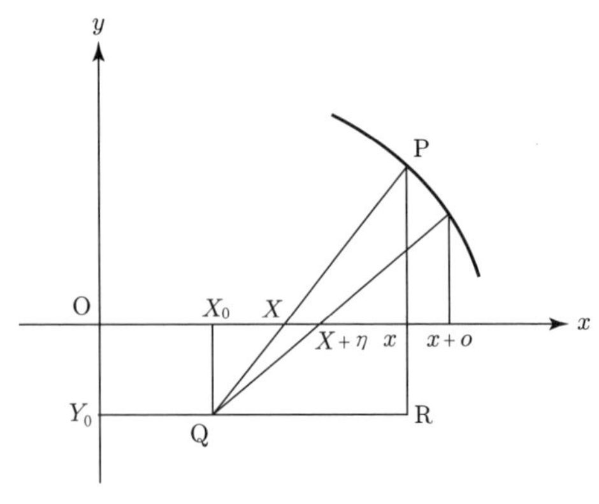

図 3　曲線 $y = f(x)$ の曲率半径を求める．点 P における曲率中心を (X_0, Y_0) とする．

$$f'(x+o)f(x+o) - f'(x)f(x) = Y_0\{f'(x+o) - f'(x)\} - o.$$

この左辺は

$$\{f'(x+o) - f'(x)\}f(x+o) + f'(x)\{f(x+o) - f(x)\}$$

と書けるから，両辺を o で割って

$$\begin{aligned} &\frac{f'(x+o) - f'(x)}{o} f(x+o) + f'(x)\frac{f(x+o) - f(x)}{o} \\ &\quad = Y_0 \frac{f'(x+o) - f'(x)}{o} - 1 \end{aligned}$$

を得る．

この計算をしたとき，ニュートンにまだ導関数の概念はなく，ましてそのための記号はもっていなかった[11]．しかし，o は小さいとして，左辺の第 1 項の $f(x+o)$ を $f(x)$ に置き換え

$$\frac{f'(x+o) - f'(x)}{o}\{f(x) - Y_0\} = -f'(x)\frac{f(x+o) - f(x)}{o} - 1 \tag{6}$$

と書くことはできたようである．この式から $f(x) - Y_0$ が得られるから，曲率半径は

$$\overline{\mathrm{PQ}} = \left(\overline{\mathrm{PR}}^{\,2} + \overline{\mathrm{QR}}^{\,2}\right)^{1/2} \tag{7}$$

と求められる．ここに

$$\overline{\mathrm{PR}} = f(x) - Y_0, \quad \overline{\mathrm{QR}} = -f'(x)\overline{\mathrm{PR}} = -f'(x)\{f(x) - Y_0\} \tag{8}$$

である．

ニュートンも，$f(x)$ が具体的に与えられれば，たとえば $f(x) = x^n$ ならば

$$\begin{aligned} f'(x) &= \frac{(x+o)^n - x^n}{o} \\ &= nx^{n-1} + \frac{n(n-1}{2}x^{n-2}o + \frac{n(n-1)(n-2)}{3}x^{n-3}o^2 + \cdots\cdots \end{aligned}$$

の $o, o^2 + \cdots$ を落として

$$f'(x) = nx^{n-1} \tag{9}$$

とすることはできた．

$$\frac{f'(x+o) - f'(x)}{o} = n(n-1)x^{n-2} \tag{10}$$

もできたのである．これらを用いて，曲線 $y = x^n$ の x における曲率半径は

$$(\text{曲率半径}) = \frac{(1 + n^2 x^{2(n-1)})^{3/2}}{n(n-1)x^{n-2}} \tag{11}$$

となる．

今日のわれわれは

$$\lim_{o \to 0} \frac{f'(x+o) - f'(x)}{o} = f''(x) \tag{12}$$

と書いて

$$(\text{曲率半径}) = \overline{\mathrm{PQ}} = \frac{\{1 + f'(x)^2\}^{3/2}}{f''(x)} \tag{13}$$

とすることができる．

さて,「流量」(fluens),「流率」(fluxion) の言葉が登場するのは前に掲げたニュートンの著書『無限級数と流率法』であるが，ここにきて変わったのは微小量 o が固定した量ではなく，0 に向かって連続的に減り続ける量として運動感覚で捉えられるようになったことである．x とともに変化するのが流量である．連続的に減り続ける o を用いて

$$\frac{f(x+o) - f(x)}{o} \tag{14}$$

とした比が流量 f の流率であって，$\dot{f}$ と書かれる．流率 $\dot{f}$ の**流率**は $\ddot{f}$ と書かれる．減り続ける o との比としての流率は 1687 年にでた『プリンキピア』では補助定理として次のように規定されている [12]：

> いくつかの量が，またいくつかの量の間の比が，任意の有限な時間中たえず相等しくなる方向に向かい，その時間の終りに近づくほどますます —— **任意に与えられた値よりも** —— **互いに近づく**とすると，それらの量並びに比は極限においては相等しい．

「任意に与えられた値よりも互いに近づく」という表現は，1821 年になってコーシーが発明する ε-δ 論法を思わせる．

ニュートンは，さらに注解を加えている [13]．ぜひ読んで欲しい．

流率法は以後 100 年間，哲学的問題とされた．たとえばバークリー大僧正はこう批判した [14]．

> フラクションとは何か？　いわく evanescent increments の速度である．しからば evanescent increments とは何か？　それは有限なものにもあらず無

限小の量にもあらず，しかも無にもあらず，われわれはこれを the ghosts of departed quantities と呼んでもよいのではないか．

ニュートンにおいては (14) の極限 $o \to 0$ の存在は自明のものとして前提されていた．それが存在しない場合が間もなく発見され，さらに x 軸上いたるところでその極限をもたない関数が発見される．

8.4 『プリンキピア』

1687 年に出版された『自然哲学の数学的諸原理』(プリンキピア) は前節に述べた流率法を武器として物体の運動の法則を述べ，宇宙の構造を解き明かそうとするものであるが，まずいくつかの定義を述べ，運動の法則を公理として述べることから始まる．

8.4.1 定義と公理

定義 1　物質量とは密度と体積の積である．

この定義では，密度の意味がはっきりしないので，しばしば問題とされる．この定義の説明の中でニュートンは，自身の実験から知られる事実として物質量が重量に比例すると言っているので，重量で物質量を測ることにすれば (重量は場所によってちがうなどと言わなければ) 物質量の意味は明確になる．

定義 2　運動量とは速度と物質量の積である．

この定義に問題はない．続いて述べられる「定義 3」は物質の内在力とは慣性のことだといい，「定義 4」は外力とは物体の状態を変えるために物体におよぼされる作用であるというので，運動の法則があれば不要である．続く「定義 5」から「定義 6」も向心力の説明にすぎない．

これらの定義の後，ニュートンは時間と空間について説明している．「絶対空間は，その本性として，どのような外的事物とも関係なく，常に同じ形を保ち，不変不動のものです」は，この説明にどれほどの意味があるかはともかく，**絶対空間**の存在を言っていることには注目すべきだろう．

絶対空間の存在の証として，ニュートンは回転するバケツの中の水はまわりにゆくほど盛り上がるという例などをあげ，回転する空間が異質であることを述べている．マッハは，1883 年の『力学の批判的発展史』において，ニュートンのいう絶対空間も恒星などの物質の分布に相対的に定まっているにすぎないといって批判した[15]．

さて，運動の法則であるが，これは**公理，または運動の法則**と題されている．最近の数学では，公理は論理的に無矛盾な体系の基礎とされ自然法則とは切り離されてしまったが，ニュートンのいう公理は，当然のことながら，まだユークリッドの公理が自然法則とみなされていた時代のものである．

法則 I　すべて物体は，静止の状態，あるいは直線上の一様な運動の状態を，外力によってその状態を変えられないかぎり，そのまま続ける．

ここに説明を加えて，「諸惑星は，抵抗の僅少な空間中において前進運動も円運動もともにさらに長い時間持続する」と書いたのは筆のすべりであろう．

法則 II　運動の変化は，及ぼされる起動力に比例し，その力が及ぼされる直線の方向におこる．

この法則は法則 I を起動力ゼロの特別の場合として含み，したがって法則 I は必要がないという議論もある．それに対して法則 I は法則 II の成り立つ座標系をきめているのだという議論もある．

法則 III　作用に対し反作用は常に逆向きで相等しいこと．あるいは，2 物体の相互の作用は常に相等しく逆向きであること．

8.4.2　惑星の運動

『プリンキピア』の内容を窺うために，惑星の運動から万有引力の逆 2 乗法則を導くところを紹介しよう．第 3 章の命題 11・問題 6 である[16]．ニュートンは逆に，力の逆 2 乗法則から惑星の運動を導き出すこともしている．そこまで紹介する紙数のないのが残念である．

惑星 (質量 m) が点 P で太陽 S に引かれる力を F とすれば，**太陽に向かって落ちる**加速度は $\alpha = F/m$ であって，図 4 で時間 o の間に惑星が P から Q まで変位したとすれば R_1 を $\mathrm{QR}_1 /\!/ \mathrm{SP}$ なる点として

$$\overline{\mathrm{QR}_1} = \frac{1}{2}\alpha\, o^2$$

となる．惑星の**面積速度** $\dot{A}$ は一定であって——その証明もニュートンはしてい

るが，いま書く紙数がない[17]——，時間 o の間に惑星と太陽を結ぶ直線が掃く面積は，T を Q から SP に下ろした垂線の足とすれば

$$(\triangle\mathrm{SPQ}\text{ の面積}) = \frac{1}{2}\overline{\mathrm{SP}}\cdot\overline{\mathrm{QT}} = \dot{A}\,o$$

である．これら 2 式から o を消去すれば

$$\frac{F}{m} = \frac{8\dot{A}^2}{\overline{\mathrm{SP}}^{\,2}}\cdot\frac{\overline{\mathrm{QR_1}}}{\overline{\mathrm{QT}}^{\,2}} \tag{15}$$

となる．この第 2 因子 $\overline{\mathrm{QR_1}}/\overline{\mathrm{QT}}^{\,2}$ が一定であることを示せば，太陽が惑星を引く力 F が両者の**距離 $\overline{\mathrm{SP}}$ の 2 乗に反比例**することがいえる．

その証明をするために，若干の準備事項を用意しよう．

8.4.2.1　準備事項

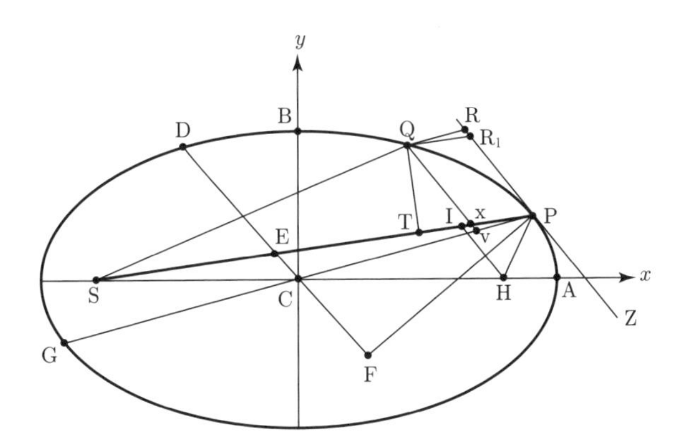

図 4　時間 o の間に惑星 1 が P から Q まで変位したとする．RQ // PC, CD // PR であり，$\mathrm{QR_1}$ // PS である．

図 4 に示す楕円に次の性質がある．楕円の長半径 $\overline{\mathrm{CA}}$ を a，短半径 $\overline{\mathrm{CB}}$ を b，楕円の焦点を S, H，楕円の中心を C とする．R は点 P における接線と Q から PC に平行に引いた直線との交点，接線 PR に平行な CD と PS の交点を E とする．

(a)　$\overline{\mathrm{PE}} = a$

(b)　図 4 において Q から RP に平行に引いた直線と PC の交点を v，PC の延長が楕円と交わる点を G とすれば

$$\frac{\overline{\mathrm{Pv}}\cdot\overline{\mathrm{Gv}}}{\overline{\mathrm{Qv}}^{\,2}} = \frac{\overline{\mathrm{CP}}^{\,2}}{\overline{\mathrm{CD}}^{\,2}}.$$

(c)　P における楕円の法線と CD の延長との交点を F とすれば

$$\overline{\mathrm{FP}}^{\,2} = \frac{a^2b^2}{\overline{\mathrm{CD}}^{\,2}}.$$

ニュートンは，これらの公式は説明なしに用いているが，以下に証明を与える．

(a) の証明

焦点 H から PR に平行に引いた直線と PS の交点を I とすれば，$\angle\mathrm{RPI} = \angle\mathrm{ZPH}$ であるから $\triangle\mathrm{PIH}$ は二等辺三角形になる．また $\triangle\mathrm{SHI}$ を見れば $\overline{\mathrm{SE}} = \overline{\mathrm{EI}}$ である．よって

$$\begin{aligned}\overline{\mathrm{PE}} &= \frac{1}{2}\{\overline{\mathrm{PE}} + (\overline{\mathrm{PI}} + \overline{\mathrm{EI}})\} \\ &= \frac{1}{2}\{(\overline{\mathrm{PE}} + \overline{\mathrm{ES}}) + \overline{\mathrm{PH}}\} = \frac{1}{2}\cdot 2a = a.\end{aligned}$$

(b) の証明

C を原点に図 4 のように x 軸，y 軸をとり，点の座標を $\mathrm{P}(x,y)$, $\mathrm{R}(X,Y)$, $\mathrm{D}(U,V)$, $\mathrm{v}(u,v)$, $\mathrm{Q}(r,s)$ とする．

PC の延長が楕円と交わる点を G とすれば，Pv と Gv の勾配は y/x であり，G の座標は $(-x,-y)$ であるから

$$\overline{\mathrm{Pv}}^{\,2} = \left\{1 + \left(\frac{y}{x}\right)^2\right\}(u-x)^2.$$

$$\overline{\mathrm{Gv}}^{\,2} = \left\{1 + \left(\frac{y}{x}\right)^2\right\}(u+x)^2,$$

Qv は RP に平行であるから，勾配は $dy/dx = -(b/a)^2(x/y)$ となり

$$\overline{\mathrm{Qv}}^{\,2} = \left\{1 + \left(\frac{b}{a}\right)^4\left(\frac{x}{y}\right)^2\right\}(X-x)^2.$$

したがって

$$\frac{\overline{\mathrm{Pv}}\cdot\overline{\mathrm{Gv}}}{\overline{\mathrm{Qv}}^{\,2}} = \frac{1 + \left(\dfrac{y}{x}\right)^2}{1 + \left(\dfrac{b}{a}\right)^4\left(\dfrac{x}{y}\right)^2}\frac{x^2-u^2}{(X-x)^2}. \tag{16}$$

他方，

$$\overline{\mathrm{CP}}^{\,2} = x^2 + y^2 = \left\{1 + \left(\frac{y}{x}\right)^2\right\}x^2 \tag{17}$$

であり，CD は PR に平行に引いたので勾配は $-(b/a)^2(x/y)$ であるから

$$\overline{\mathrm{CD}}^2 = \left\{ 1 + \left(\frac{b}{a}\right)^4 \left(\frac{x}{y}\right)^2 \right\} U^2$$

である．ここで

$$\frac{V}{U} = -\left(\frac{b}{a}\right)^2 \frac{x}{y}$$

に注意すれば，(U, V) が楕円の上にあることから

$$\begin{aligned} 1 &= \frac{U^2}{a^2} + \frac{V^2}{b^2} = \left\{ \frac{1}{a^2} + \frac{b^2}{a^4} \left(\frac{x}{y}\right)^2 \right\} U^2 \\ &= \frac{b^2}{a^2 y^2} \left(\frac{x^2}{a^2} + \frac{y^2}{b^2} \right) U^2 = \frac{b^2}{a^2 y^2} U^2 \end{aligned}$$

となる．故に

$$U^2 = \left(\frac{a}{b}\right)^2 y^2$$

となり

$$\overline{\mathrm{CD}}^2 = \left\{ 1 + \left(\frac{b}{a}\right)^4 \left(\frac{x}{y}\right)^2 \right\} \left(\frac{a}{b}\right)^2 y^2. \tag{18}$$

(16) は，(17), (18) により

$$\frac{\overline{\mathrm{Pv}} \cdot \overline{\mathrm{Gv}}}{\overline{\mathrm{Qv}}^2} = \frac{\overline{\mathrm{CP}}^2}{\overline{\mathrm{CD}}^2} \cdot \left(\frac{a}{b}\right)^2 \left(\frac{y}{x}\right)^2 \frac{x^2 - u^2}{(X - x)^2} \tag{19}$$

となる．この式の「・」の後について

$$\left(\frac{a}{b}\right)^2 \left(\frac{y}{x}\right)^2 \frac{x^2 - u^2}{(X - x)^2} = 1 \tag{20}$$

を示そう．これができれば (b) の証明が完結する．

$\overrightarrow{\mathrm{QR}} = (X - r, Y - s)$ は微小であるから

$$X - r = \Delta x, \quad Y - s = \Delta y$$

とおく．これを

$$r = (X - x) + (x - \Delta x), \quad s = (Y - y) + (y - \Delta y)$$

と書いて，$\mathrm{Q}(r,\ s)$ が図 4 の楕円の上にあるという式

$$\frac{r^2}{a^2} + \frac{s^2}{b^2} = 1$$

を書けば

$$\frac{\{(X-x)+(x-\Delta x)\}^2}{a^2}+\frac{\{(Y-y)+(y-\Delta y)\}^2}{b^2}=1 \tag{21}$$

となる．さらに $\overrightarrow{\mathrm{PR}}=(X-x,\,Y-y)$ は楕円の $\mathrm{P}(x,\,y)$ における接線の方向にあるので

$$Y-y=-\frac{b^2}{a^2}\frac{x}{y}(X-x)$$

となり，また $\overrightarrow{\mathrm{vP}}=(x-\Delta x,\,y-\Delta y)$ は $\overrightarrow{\mathrm{CP}}=(x,\,y)$ の方向にあるので

$$y-\Delta y=\frac{y}{x}(x-\Delta x)$$

となることから，(21) は

$$\frac{1}{a^2}\{(X-x)+(x-\Delta x)\}^2+\frac{1}{b^2}\left\{\left(\frac{b}{a}\right)^2\frac{x}{y}(X-x)-\frac{y}{x}(x-\Delta x)\right\}^2=1$$

となる．展開して

$$\left\{\frac{1}{a^2}+\left(\frac{b^2}{a^4}\right)\left(\frac{x}{y}\right)^2\right\}(X-x)^2+2\left\{\frac{1}{a^2}-\frac{1}{b^2}\left(\frac{b}{a}\right)^2\right\}(X-x)(x-\Delta x)$$
$$+\left\{\frac{1}{a^2}+\frac{1}{b^2}\left(\frac{y}{x}\right)^2\right\}(x-\Delta x)^2=1$$

とすれば，左辺の第 2$\{\cdots\}$ は 0 となり，また第 1，第 3 の $\{\cdots\}$ も楕円の方程式を使えば簡単になって

$$\frac{b^2}{a^2y^2}(X-x)^2+\frac{1}{x^2}(x-\Delta x)^2=1$$

となる．この式は，左辺の第 2 項で

$$\frac{1}{x^2}(x-\Delta x)^2=1-\frac{2}{x}\Delta x$$

となることに注意すれば

$$\left(\frac{a}{b}\right)^2\left(\frac{y}{x}\right)^2\frac{2x\Delta x}{(X-x)^2}=1 \tag{22}$$

を与える．さらに，$x-u$ が微小量 $\overrightarrow{\mathrm{vP}}$ の x 成分 Δx であることから

$$x^2-u^2=(x+u)(x-u)=(2x+\Delta x)\cdot\Delta x=2x\Delta x$$

となるので，(22) は (20) が成り立つことを示す．

(c) の証明

F は，$\mathrm{P}(x,y)$ における楕円の接線に平行な CD の延長と P における楕円の法線

の交点であった．F の座標を (ξ, η) とする．法線 FP の勾配は接線の勾配 dy/dx から $-(dx/dy) = (a^2/b^2)(y/x)$ となるので，FP の方程式：

$$\eta - y = \frac{a^2}{b^2}\frac{y}{x}(\xi - x). \tag{23}$$

CD は $\mathrm{P}(x, y)$ における楕円の接線に平行で楕円の中心 C を通るから，CD の方程式：

$$\eta = -\frac{b^2}{a^2}\frac{x}{y}\xi. \tag{24}$$

この方程式を

$$\frac{\eta y}{b^2} + \frac{\xi x}{a^2} = 0 \tag{25}$$

と書き直し，両辺から $(x/a)^2 + (y/b)^2 = 1$ を引く．

$$\frac{y}{b^2}(\eta - y) + \frac{x}{a^2}(\xi - x) = -1.$$

(23) と連立させて解くと交点 F の座標がもとまる．(23) から $\eta - y$ を代入して

$$\left(\frac{y^2}{b^4}\frac{a^2}{x} + \frac{x}{a^2}\right)(\xi - x) = -1.$$

故に

$$\xi - x = -\frac{x}{a^2}\frac{1}{\dfrac{x^2}{a^4} + \dfrac{y^2}{b^4}}.$$

(23) から

$$\eta - y = -\frac{y}{b^2}\frac{1}{\dfrac{x^2}{a^4} + \dfrac{y^2}{b^4}}.$$

故に

$$\overline{\mathrm{FP}}^2 = (\xi - x)^2 + (\eta - y)^2 = \frac{1}{\dfrac{x^2}{a^4} + \dfrac{y^2}{b^4}}. \tag{26}$$

他方，CD の方程式 (24) において，D の座標を (ξ_1, η_1) とすれば，D は楕円の上にあるので，(25) を用い

$$1 = \frac{\xi_1^2}{a^2} + \frac{\eta_1^2}{b^2} = \left(\frac{b^2}{a^4}\frac{x^2}{y^2} + \frac{1}{a^2}\right)\xi_1^2$$

が成り立ち，$\mathrm{P}(x, y)$ が楕円の上にあることから

$$\xi_1^2 = \frac{y^2}{b^2} a^2, \qquad \eta_1^2 = \frac{x^2}{a^2} b^2$$

となる．したがって

$$\overline{\mathrm{CD}}^2 = \xi_1^2 + \eta_1^2 = a^2 b^2 \left(\frac{x^2}{a^4} + \frac{y^2}{b^4} \right). \tag{27}$$

これを用いて，(26) は

$$\overline{\mathrm{FP}}^2 = \frac{1}{\dfrac{x^2}{a^4} + \dfrac{y^2}{b^4}} = \frac{a^2 b^2}{\overline{\mathrm{CD}}^2} \tag{28}$$

と書ける．これが上記の (c) である．

8.4.2.2　逆 2 乗法則を見いだす

(15) の右辺の第 2 因子が一定であることを示そう．この因子を

$$\frac{\overline{\mathrm{QR_1}}}{\overline{\mathrm{QT}}^2} = \frac{\overline{\mathrm{QR_1}}}{\overline{\mathrm{Pv}}} \cdot \frac{\overline{\mathrm{Pv}}}{\overline{\mathrm{Qv}}^2} \cdot \frac{\overline{\mathrm{Qv}}^2}{\overline{\mathrm{QT}}^2} \tag{29}$$

と分解し，それぞれの因子を調べよう．

まず，第 1 の因子は，Q から PR に平行に引いた直線と PS の交点を x とすれば

$$\begin{aligned} \frac{\overline{\mathrm{QR_1}}}{\overline{\mathrm{Pv}}} &= \frac{\overline{\mathrm{Px}}}{\overline{\mathrm{Pv}}} \qquad (\mathrm{QR_1Px}\ \text{は平行四辺形}) \\ &= \frac{\overline{\mathrm{PE}}}{\overline{\mathrm{PC}}} \qquad (\triangle\mathrm{Pxv}\ \text{は}\ \triangle\mathrm{PEC}\ \text{に相似}) \\ &= \frac{a}{\overline{\mathrm{PC}}} \qquad (\text{予備 (a) による}). \end{aligned} \tag{30}$$

第 2 因子は

$$\frac{\overline{\mathrm{Pv}}}{\overline{\mathrm{Qv}}^2} = \frac{\overline{\mathrm{PC}}^2}{\overline{\mathrm{CD}}^2 \cdot \overline{\mathrm{Gv}}} \qquad (\text{予備 (b) による})$$

となるから，(30) とかけあわせ

$$\frac{\overline{\mathrm{QR_1}}}{\overline{\mathrm{Qv}}^2} = \frac{a\overline{\mathrm{PC}}}{\overline{\mathrm{CD}}^2 \cdot \overline{\mathrm{Gv}}} \tag{31}$$

を得る．

第 3 の因子は，$\Delta t \to 0$ の極限では $\overline{\mathrm{Qv}}$ は $\overline{\mathrm{Qx}}$ の極限に一致するので

$$
\begin{aligned}
\frac{\overline{\mathrm{Qv}}^2}{\overline{\mathrm{QT}}^2} &\to \frac{\overline{\mathrm{Qx}}^2}{\overline{\mathrm{QT}}^2} \qquad (\varDelta t \to 0 \text{ の極限}) \\
&= \frac{\overline{\mathrm{PE}}^2}{\overline{\mathrm{PF}}^2} \qquad (\triangle \mathrm{QxT} \text{ と } \triangle \mathrm{PEF} \text{ は相似}) \\
&= \frac{a^2}{\overline{\mathrm{PF}}^2} \qquad (\text{予備 (a) による}) \\
&= \frac{\overline{\mathrm{CD}}^2}{b^2} \qquad (\text{予備 (c) による}). \qquad (32)
\end{aligned}
$$

ここで注意．(32) の第 1 行で時間間隔 $o \to 0$ につれて $\overline{\mathrm{Qv}} \to \overline{\mathrm{Qx}}$ としたが，このとき $\overline{\mathrm{Qv}}$ 自身も 0 となるので，たとえば $\overline{\mathrm{Qv}} \to 3\overline{\mathrm{Qx}}$ となることはないか心配になるかもしれない．その心配はない．それは，予備 (b) から分かるように $\overline{\mathrm{Pv}}$ は $\overline{\mathrm{Qv}}^2$ のオーダーだからである．

(31) と (32) をかけあわせれば

$$
\begin{aligned}
\frac{\overline{\mathrm{QR_1}}}{\overline{\mathrm{QT}}^2} &\to \frac{a \cdot \overline{\mathrm{PC}}}{b^2 \cdot \overline{\mathrm{Gv}}} \\
&\to \frac{a}{b^2} \cdot \frac{\overline{\mathrm{PC}}}{2\overline{\mathrm{PC}}} \qquad (\varDelta t \to 0 \text{ で } \mathrm{v} \to \mathrm{P}) \\
&= \frac{a}{2b^2} = \text{const.} \qquad (33)
\end{aligned}
$$

これで証明が終わった．こうした長い推論を幾何学的に遂行したニュートンの力には頭が下がる．

参考文献

[1] *Encyclopædia Britannica.*

[2] R. Westfall : *Never at Rest — A Biography of Isaac Newton*, Cambridge (1980).

[3] M. Kline : *Mathematical Thought from Ancient to Modern Times*, Oxford (1972). p.357.

[4] M. Kline : 前掲, p.359.

[5] R. Westfall : 前掲, p.535.

[6] ニュートン『光学』，島尾永康訳，岩波文庫 (1983), pp.302–310.

[7] M. Klein : 前掲, p.361.

[8] 伊東俊太郎・原 亨吉・村田 全『数学史』, 筑摩書房 (1975), p.308. この本によると,『無限級数と流率法』は冒頭部分の散逸のために正確な表題は知られていない. 書かれたのも 1670~1671 年であり, 最初に刊行されたのは英訳で 1737 年の由. Kline[3] と 1 年ちがっている.

[9] 伊東俊太郎ほか：前掲, p.284.

[10] 『デカルト著作集』, 1, 白水社 (1973),「幾何学」, 原 亨吉訳, 横書き, p.35.

[11] 伊東俊太郎ほか：前掲, p.286.

[12] ニュートン『自然哲学の数学的諸原理』, 河辺六男訳, 世界の名著 26, 中央公論社 (1971), p.87.

[13] ニュートン：前掲, pp.94–97.

[14] 下村寅太郎『数理哲学・科学史の哲学』, 下村寅太郎著作集 1, みすず書房 (1988),「無限論の形成と構造」, p.377.

[15] マッハ『マッハ力学 ── 力学の批判的発展史』, 伏見 譲訳, 講談社 (1970), pp.214–224. ; なお,『マッハ力学史 ── 古典力学の発展と批判 (上下)』, 岩野秀明訳, ちくま学芸文庫 (2006) も出ている.

[16] ニュートン：前掲, pp.111–112.

[17] 江沢 洋『だれが原子をみたか』, 岩波現代文庫 (2013), pp.165–167 に説明がある.

9. 高校物理に微積分の思想を

9.1 速度と加速度

新幹線の列車には乗客の目につくところに速度計がついているが[1]，何時何分という時刻における速度というのは奇妙なものだ．時の1点は時間の長さを持たないから，列車は進めないではないか!?

新幹線「ひかり号」の速さは200 km/hだという．kmは御存知の距離の単位，hは時間の単位で——「時間」，つまり1日の1/24を表わす．ついでながら「分」はminと書き，「秒」はsと書く．

「速さ」というものは，物体が**走った距離をその所要時間で割って**計算する．

運動のどの一部分をとって速さを計算しても同じ値がでてくるなら——「ひかり号」でいえば新大阪から岡山までの距離を所要時間で割っても，その途中の神戸から明石までの距離をその所要時間で割っても，その他，途中のどんな部分で速さを計算しても，いつも同じ値がでてくるなら，その運動は**一様**であるという．あるいは**等速運動**であるという．一様な運動の速さは「走った距離を所要時間で割る」ことで疑問の余地なく求められる．

しかし，現実の「ひかり号」の運動は決して一様ではない．上り坂では速さが減るだろう．そもそも発車の直後には速さはだんだんに増してゆくのである．そ

1)　これを書いたのは，およそ30年前のことで，今日までに新幹線も国鉄から私営化され分断されたことをはじめ大きく変貌した．p.122に載せた時刻表にしても新大阪発12時05分の「のぞみ」が岡山に着くのは12時50分になった．所要時間45分．平均の速さは4.0 km/minに向上している．速度計はなくなった．だから，この節は書き変えるべきかもしれない．しかし，速度と加速度の説明に例として新幹線を引いたまでで，古いデータでも例としては相変わらず役に立つともいえるだろう．そう考えて，書き変えなしでお許しを願うことにする．p.123には「国鉄」という言葉も出てくるが，これもそのママにしておく．

ういう運動の速さは「走った距離を所要時間で割る」という単純な定義ではとらえられない．

刻々に変わってしまう速さとは，そもそも何なのか？

9.1.1 平均の速さ

表1は「ひかり号」の時刻表の一部である．この「ひかり号」は，新大阪から岡山まで

$$732.9\,\mathrm{km} - 552.6\,\mathrm{km} = 180.3\,\mathrm{km}$$

だけの距離を走るのに

$$13\,時\,10\,分 - 12\,時\,12\,分 = 58\ \mathrm{min}$$

だけの時間をかけている．「その速さは？」といわれたら

$$\frac{180.3\,\mathrm{km}}{58\,\mathrm{min}} = 3.1\,\mathrm{km}/\,\mathrm{min}$$

のように計算するのが普通だ[2]．

表1　運動の時刻表

営業キロ (km)	ひかり 23 号		
552.6	新大阪	発	12 時 12 分
732.9	岡　山	着	13：10
		発	13：12
894.8	広　島	着	14：08
		発	14：10
1108.3	小　倉	着	15：27

2)　これを秒速になおしたいなら

$$3.1\frac{\mathrm{km}}{\mathrm{min}} = 3.1\frac{\mathrm{km}}{\mathrm{min}} \times \frac{1\,\mathrm{min}}{60\,\mathrm{s}}$$

のように計算するのが一法だ．$1\,\mathrm{min} = 60\,\mathrm{s}$ だから $1\,\mathrm{min}\,/60\,\mathrm{s}$ をかけるのは 1 をかけるのと同じことなのである．これをかけると，御覧のとおり min が分母と分子で相殺し

$$3.1\frac{\mathrm{km}}{\mathrm{min}} = \frac{3.1}{60}\frac{\mathrm{km}}{\mathrm{s}} = 0.052\,\mathrm{km/s}$$

が得られる．これは「単位の計算」である．距離の単位を m に変えることも同じようにしてできる．

しかし，これだけでは「速さは？」という問いに対する十分な答にはなっていない．なぜなら「ひかり号」の進み方は新大阪から岡山まで決して一様ではないからだ．上に計算したのは，だから「進み方が仮に一様だったとしたら」という虚構の値にすぎない．しいて名前をつけるなら**平均の速さ**といったところか．

それでは，一様でない運動の速さを，そのものずばりつかまえるには，どうしたらよいか．それを考える前に，1 つ準備をする．

9.1.2 時刻 — 位置の関係，数式表示

「ひかり号」の場合，発車してからの時間を一般に t で表わし，その時間 t の間に走る距離を $x(t)$ で表わせば

$$x(t) = (1.56\,\mathrm{km/min^2})\,t^2 \tag{1}$$

という関係がある (ものとする．国鉄に問い合わせたわけではない)．ただし，t は $0 \leqq t \leqq 1\,\mathrm{min}$ にかぎられる．

図 1　位置を座標で表わす．

たとえば，$t = 0.5\,\mathrm{min}$ なら

$$\begin{aligned} x(0.5\,\mathrm{min}) &= 1.56\frac{\mathrm{km}}{\mathrm{min}^2} \times (0.5\,\mathrm{min})^2 \\ &= 1.56 \times (0.5)^2 \frac{\mathrm{km}}{\mathrm{min}^2} \cdot \mathrm{min}^2 \\ &= 0.390\,\mathrm{km} \end{aligned}$$

という計算により，「ひかり号」は発車してから，$0.5\,\mathrm{min}$ の間に $0.39\,\mathrm{km}$ だけ進むことがわかる．

この計算から同時に「(1) の係数 1.56 になぜ $\mathrm{km/\,min^2}$ がかきそえてあるのか」わかっただろう．これをそえておくと，そしてそうしたときにかぎって，t^2 をかけて計算するときに単位のつじつまがあう．

もちろん，t は秒を単位に $t = 0.3\,\mathrm{s}$ などとしてもよい．その場合，計算は次のように進む：

$$x(0.3\,\mathrm{s}) = 1.56\frac{\mathrm{km}}{\mathrm{min}^2} \times (0.3\,\mathrm{s})^2$$
$$= 1.56 \times (0.3)^2\,\mathrm{km}\left(\frac{\mathrm{s}}{\mathrm{min}}\right)^2$$

ところが

$$\frac{\mathrm{s}}{\mathrm{min}} = \frac{1\mathrm{s}}{1\,\mathrm{min}} = \frac{1\,\mathrm{s}}{60\,\mathrm{s}} = \frac{1}{60} \tag{2}$$

であるから

$$x(0.3\,\mathrm{s}) = 1.56 \times (0.3)^2 \times \left(\frac{1}{60}\right)^2\,\mathrm{km}$$
$$= 3.9 \times 10^{-5}\,\mathrm{km}$$

が得られる．さすがの「ひかり号」も発車してから $0.3\,\mathrm{s}$ の間には $3.9\,\mathrm{cm}$ しか進まないのである．だからといって，速さを

$$\frac{3.9\,\mathrm{cm}}{0.3\,\mathrm{s}} = 13\,\mathrm{cm/s}$$

と計算する人がいたら，それにどれだけの意味があるか？

それはともかく，上の計算からわかるとおり，(1) の係数が $\mathrm{km/min}^2$ を単位に書いてあるからといって t も min 単位にしなければならない，ということはないのである．これは大事なことだから特に注意しておく．

もちろん，t を s 単位で表わすことが多いならば，あらかじめ係数を，(2) により

$$1.56\frac{\mathrm{km}}{\mathrm{min}^2} = 1.56\,\mathrm{km}\left(\frac{\mathrm{s}}{\mathrm{min}} \cdot \frac{1}{\mathrm{s}}\right)^2$$
$$= \frac{1.56}{60^2}\,\mathrm{km/s}^2$$

になおしておくほうがよい．

ところで，(1) の t は「ある定時刻を起点にして」測った時間であって，すなわち「時刻」を表わしている．他方，x は「ある定位置 O を起点にして」測った距離であって，すなわち「ひかり号」の「位置」を表わす (図 2)．だから (1) は，各時刻 t における「ひかり号」の位置を表わす式なのでる．あるいは，「ひかり号」について**時刻 – 位置の関係**をあたえる式といってもよい．この関係をグラフにすれば図 2 のようになる．

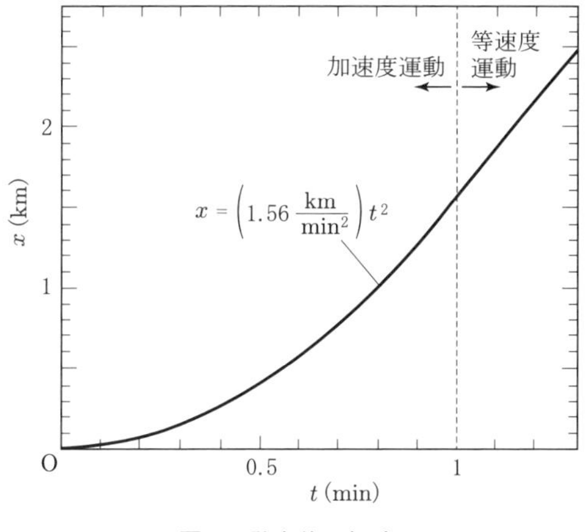

図2　発車後の加速.

9.1.3　短い時間の間なら等速度運動

「ひかり号」の時刻－位置関係が (1) で与えられるものとして，その速度というものをつかまえる工夫をしよう．刻々に変化してゆく速度というのは，そもそも何であるのか？

具体的に計算をしながら考えよう．

$t = 0.5\,\mathrm{min}$ における列車「ひかり号」の位置は，すでに求めてある：

$$x(0.5\,\mathrm{min}) = 0.390\,\mathrm{km}.$$

その $t = 0.5\,\mathrm{min}$ からさらに $\Delta t = 0.1\,\mathrm{min}$ たった後には[3]，すなわち時刻 $t = 0.6\,\mathrm{min}$ には，列車は，位置

$$\begin{aligned} x(0.6\,\mathrm{min}) &= 1.56\frac{\mathrm{km}}{\mathrm{min}^2} \times (0.6\,\mathrm{min})^2 \\ &= 0.562\,\mathrm{km} \end{aligned}$$

まできている．だから，その 0.1 min の間に列車が走った距離は

$$x(0.6\,\mathrm{min}) - x(0.5\,\mathrm{min}) = 0.172\,\mathrm{km}.$$

これを所要時間 0.1 min で割れば，

3)　Δ はギリシア文字．デルタと読む．量 a の差を Δa とかく習慣である．

$$\frac{x(0.6\,\mathrm{min})-x(0.5\,\mathrm{min})}{0.6\,\mathrm{min}-0.5\,\mathrm{min}}=\frac{0.172\,\mathrm{km}}{0.1\,\mathrm{min}}$$
$$=1.72\,\mathrm{km/\,min}\,.$$

これは $t=0.5\,\mathrm{min}$ からの時間 $0.1\,\mathrm{min}$ にわたる平均の速度にすぎない．当の時間の間にも列車の速度は刻々に変わっていたはずなのだ．

実際，平均を考える時間を 10 分の 1 の $\varDelta t=0.01\,\mathrm{min}$ にしてみると，その間の平均の速度は

$$\frac{x(0.51\,\mathrm{min})-x(0.5\,\mathrm{min})}{0.51\,\mathrm{min}-0.5\,\mathrm{min}}=\frac{0.0158\,\mathrm{km}}{0.01\,\mathrm{min}}$$
$$=1.58\,\mathrm{km/\,min}$$

となり，上の $0.1\,\mathrm{min}$ にわたる平均の速度 $1.72\,\mathrm{km/\,min}$ とはずいぶんちがう．

平均を考える時間の長さ $\varDelta t$ によって答えがこんなにちがってくるのでは，とても速度というものを正確に客観的につかまえているとはいえない．$\varDelta t$ のとりかたに入る人間の恣意によって速度の値がちがってしまうのは困ったことだ．

列車の速度は刻々に変わってゆく．それはそうにちがいないが，しかし，ごく短い時間の間なら大して変化しないだろう．

そこで，平均を考える時間 $\varDelta t$ をもう一度 10 分の 1 にして $0.001\,\mathrm{min}$ としてみよう．その間にも速度は変わっているだろうが，その変化は時間 $0.01\,\mathrm{min}$ にわたる変化よりは小さいはずだろう．まして $0.1\,\mathrm{min}$ にわたる変化よりも…….

$t=0.5\,\mathrm{min}$ から $\varDelta t=0.001\,\mathrm{min}$ の間における列車の平均の速度は

$$\frac{x(0.501\,\mathrm{min})-x(0.5\,\mathrm{min})}{0.501\,\mathrm{min}-0.5\,\mathrm{min}}=\frac{0.00156\,\mathrm{km}}{0.001\,\mathrm{min}}$$
$$=1.56\,\mathrm{km/\,min}$$

となる．これは上に計算した $0.01\,\mathrm{min}$ 間の平均の速度 $1.58\,\mathrm{km/\,min}$ とあまりちがわない．

もう一度，時間を 10 分の 1 にしてみると

$$\frac{x(0.5001\,\mathrm{min})-x(0.5\,\mathrm{min})}{0.5001\,\mathrm{min}-0.5\,\mathrm{min}}=\frac{0.000156\,\mathrm{km}}{0.0001\,\mathrm{min}}$$
$$=1.56\,\mathrm{km/\,min}$$

となって，案の定，平均の速度のちがいはなくなっている．

いや，もっと有効数字を増して精密な計算をしたら……という人があれば，次

に示す表2を見ていただきたい.

表2　$t = 0.5\,\mathrm{min}$ から Δt の間の平均の速さ $\Delta x/\Delta t$

Δt (min)	$\Delta x = x(t+\Delta t) - x(t)$ (km)	$\dfrac{\Delta x}{\Delta t}$ (km/min)
0.1	0.171 6	1.716
0.01	0.015 75	1.575 5
0.001	0.001 561 56	1.561 56
0.000 1	0.000 156 016	1.560 16
0.000 01	0.000 015 600	1.560 00

こうして, (1) で表わされる列車の運動に対しては, 時刻 $t = 0.5\,\mathrm{min}$ から時間 Δt の間の平均の速度が Δt を 0.1 min, 0.01 min, $\cdots$ のように短くしてゆくにつれて一定値 1.56 km/ min にどんどん近づいてゆく, ということがわかった. これは**十分に短い時間の間なら速度は一定**とみてよいことを意味している. こうして一定値に落ち着いた速度こそ「速度」の名にふさわしいものであろう. それは時間 Δt にわたる平均の速度にはちがいないが, Δt を十分に小さくとることによって Δt によらない客観性を獲得したのである. それは**時刻 $t = 0.5\,\mathrm{min}$ の「瞬間」における速さ**とよぶにふさわしい. われわれは, 1つの例についてではあるが, ついに「速度」をつかまえた!

この「短い時間の間なら等速度運動」という考えこそ微分・積分の思想である. これを高校物理にとり入れたい.

読者はお気づきだろうか. 前の節では「速さ」という言葉を使い, この節では「速度」を使った. 「速度」は, 物理では運動の方向と向きも合わせた概念として使う. 西南に向かって 80 km/h といえば, これは**速度** (velocity) だ. 単に 80 km/h とだけいうのが**速さ**である. 新大阪から岡山まで通して列車の運動を考えるとき「速度」は使えない. レールがまっすぐだったらよかったのだが.

$\Delta t = 0.1\,\mathrm{min}$ の間に列車が走るくらいの短い距離なら, レールはまっすぐとみてよいだろう.

ついでに, もう一言. 「瞬間の」速度という言葉は味わい深い. 瞬間というのは「まばたきする時間」であって, 短いながら長さをもつ. 決して時の一点ではない. $t = 0.5\,\mathrm{min}$ における瞬間の速度というのは, その時刻のところに「まばたきする時間」Δt をとって，そこでの運動から算出した速度のことである．

9.1.4 瞬間の速度 — 微分法

前節の計算は，代数の力をかりるともっとわかりやすくなる．透明になる．

(1) の運動では，列車の時刻 t における位置を

$$x(t) = at^2 \tag{3}$$

と書くことができる．ただし $a = 1.56\,\mathrm{km/min^2}$ とおいた．列車は，時間 Δt の後には位置

$$x(t + \Delta t) = a(t + \Delta t)^2$$

までくるから，その間に進んだ距離 Δx は

$$\begin{aligned} \Delta x &= x(t + \Delta t) - x(t) \\ &= 2at\Delta t + a(\Delta t)^2. \end{aligned} \tag{4}$$

したがって，時刻 t からの時間 Δt にわたる平均の速度は

$$\begin{aligned} \frac{\Delta x}{\Delta t} &= \frac{2at\Delta t + a(\Delta t)^2}{\Delta t} \\ &= 2at + a\Delta t \end{aligned} \tag{5}$$

と計算される．

時間 Δt は短いほうがよい．Δt が短ければ短いほど，それだけ安心して，その間の速度を一定とみなすことができる．たとえば，$\Delta t = \dfrac{1}{1000}$ min なら [4)]

$$\frac{\Delta x}{\Delta t} = 2at + \frac{a}{1000}.$$

でも，これよりも $\Delta t = \dfrac{1}{100\,000}$ min として得る値

$$\frac{\Delta x}{\Delta t} = 2at + \frac{a}{100\,000}$$

---

4) この式は，正確には

$$\frac{\Delta x}{\Delta t} = 2at + a \cdot \left(\frac{1}{1000}\,\mathrm{min}\right)$$

のように 1/1000 に単位をそえてかくべきものである．不精をして単位をそえないときには，当の式に現れる他の量と同じ単位系を用いるものとする．いまの場合，長さは km，時間は min を単位に使っているので，1/1000 も min を単位としているものと了解される．

のほうが「Δt が短ければ，その間の速度は一定」の理想に近い．そして Δt を短くすればするほど (5) の右辺の $a\Delta t$ の項は小さくなり，平均の速度 $\Delta x/\Delta t$ は $2at$ という値にいくらでも近づいてゆくのである[5]．この事実を

$$\lim_{\Delta t \to 0} \frac{\Delta x}{\Delta t} = 2at \tag{6}$$

と書き表わし，右辺を $\Delta x/\Delta t$ の Δt を 0 に近づけたときの**極限値**という．この極限値を $\dfrac{dx(t)}{dt}$，あるいは $\dfrac{dx}{dt}$ と書く．

この極限値 $2at$ こそ——ゼロに近い時間 Δt にわたる平均の速度だから——時刻 t という「瞬間」における速度というにふさわしい．そして事実，$t = 0.5\,\mathrm{min}$ とおけば，これは前節でそうよんだものに確かに一致している：

$$\begin{aligned} 2at &= 2 \times \left(1.56\frac{\mathrm{km}}{\mathrm{min}^2}\right) \times (0.5\,\mathrm{min}) \\ &= 1.56\,\mathrm{km/\,min}. \end{aligned}$$

このように極限値として**瞬間の速度**をつかまえたのはニュートンであって[6]，17 世紀も末のことだ．一般に，時刻 t とともに変化する量 $A = A(t)$ があるとき，時刻の変化 Δt に応ずる A の変化 $\Delta A = A(t + \Delta t) - A(t)$ から平均の変化率 $\Delta A/\Delta t$ の $\Delta t \to 0$ における極限値として「瞬間の」変化率

$$\lim_{\Delta t \to 0} \frac{\Delta A}{\Delta t}$$

を定義する算法を**微分法**とよぶ．その基盤は，運動の言葉でいえば，「十分に短い時間の中では運動は一様 (等速度運動) とみられる」というところにある．

これからは，瞬間の速度のことを——とくに必要のないかぎり「瞬間の」を省いて——単に**速度** (velocity) ということにしよう．

9.1.5 極限の動的な性格

前節で定義した瞬間の速度を物理量の仲間に入れるためには，その測定法を考えておかなければならない．

---

5) 「$\Delta x/\Delta t$ が限りなく $1.56\,\mathrm{km/\,min}$ に近づく」というと，ある人のいわく：「そのいい方は不十分だ．たとえ $\Delta x/\Delta t$ が $5\,\mathrm{km/\,min}$ からはじまって $3\,\mathrm{km/\,min}$ に近づいていったとしても，$1.56\,\mathrm{km/\,min}$ にかぎりなく近づいていっているにはちがいないのだから！」確かにお言葉のとおりだが，これはアゲアシトリというものだろう．

6) たとえば参考文献［1］を参照．

物体 m の時刻 t における速度が測定したいものとすると，次のようにするのが標準的であろう．

すなわち，まず物体 m の時刻 t における位置座標 $x(t)$ を測り，続いて時間 $\Delta' t$ の後の位置座標 $x(t+\Delta' t)$ を測る．そうして

$$\frac{x(t+\Delta' t)-x(t)}{\Delta' t}$$

を計算する．しかし，これでは時間 $\Delta' t$ にわたる平均の速さにしかならない．

そこで物理学者は m に同一の運動を再現させ，前より短い $\Delta'' t$ をとって，その間の平均の速さを上と同様にして測定する．その結果が上のものと一致しなかったら，さらに短い $\Delta''' t$ をとって測定をくりかえすだろう．そうして，時間 $\Delta' t$, $\Delta'' t$, $\cdots$ をどんどん短くしながら測定をくりかえし，平均の速度 $\Delta' x/\Delta' t$, $\Delta'' x/\Delta'' t$, $\cdots$ がついに一定の値に落ち着くことを確認する．そうして，その落ち着き先を瞬間の速度とするのである．

だから，極限を考えるときの Δt は定まった，いわば static な時間を意味しているのではない．時刻 t における瞬間の速度というものは，いまいった測定のくりかえしから

$$v(t)=\lim_{\Delta t\to 0}\frac{x(t+\Delta t)-x(t)}{\Delta t} \tag{7}$$

によって定義するのだが，この $\lim\limits_{\Delta t\to 0}$ は Δt が 0 に向かってやむことなく動いてゆくことを表わす．あるいは，短い，より短い時間 Δt を測定しようとして測定技術を進歩させてやまない実験家の意欲を表わしているといってもよかろう．

微分法のもつこの動的な性格が十分にとらえられるまでには，しかし，ニュートンのあと長い年月が必要であった．

Δt や $\Delta x \equiv x(t+\Delta t)-x(t)$ は，最初は有限とされながら，あとになって 0 とされるのか？　0 に近づけるのは 0 とすることか？　もし 0 とするならば，(7) は $v=0/0$ となって無意味となりはしないか？　反対に，0 に近づくが 0 にならないとすれば，微分法は近似計算になってしまうのではないか？　(2) という簡単な運動の場合には (7) の Δt によるわり算があからさまにできたからよかったが，一般の場合にも (7) の極限は求められるのだろうか？　こういう疑問がぬぐいきれなかったのである．18 世紀イギリスの哲学者バークリ大僧正は『解析学者，すなわち不信心な数学者に対する説教』(1734) を著わして，こういっている [2]：「Δt とは何か．それは有限な量でもなければ無限小でもなく，しかも無でもない．われ

われは，これを the ghost of departed quantities とよんでよいのではないか？」

ダランベールも $\Delta t \to 0$ の極限として微分法を述べているが，理論づけに十分の自信はなかったのであろう．その方法の基本の考えについて問われるとき「前進，前進，そのうち信念が諸君にやってくるだろう」と答えるほかなかったといわれる [3]．これは，しかし，理論づけの確信を欠いた自棄的な言葉というよりも，むしろ，自己の方法に対する確信の告白であった．当時の数学は基礎づけに関っていられぬほど多忙であり，またこの新方法は十分に偉力を発揮していたからである．

微分法の基礎の問題は，17～18 世紀の方法では処理しきれない内容が，17～18 世紀数学の発展そのものからでてきたときに初めて具体化されることになった．コーシーが『解析教程』を著わして極限の概念を明確にしたのは 1821 年のことである．こういうことだ：

$f(\Delta t)$ の $\Delta t \to 0$ の極限とは，と B に尋ねられて A が答える．十分に小さい $(\Delta t)_1$ に対する値 $f((\Delta t)_1)$ といってもよい．B はいう．「十分に」小さいとは，どういうことだ？　仮に，君が $(\Delta t)_1 = 1/1000$ をとっても，ぼくには十分とは思えない．それなら，と A はいう．もっと小さい $(\Delta t)_2$ をとろう．$(\Delta t)_2 = (\Delta t)_1/1000$ ではどうだ？　極限値は $f((\Delta t)_2)$ だということになる．いや，それでも，と B は満足しない．B の精度への要求と A の答は，限りなく続きそうだ (動く Δt)．そうか，それなら，と A がいう．君が，どんなに小さい ε をいっても，ぼくは，それに対して次の不等式をみたす F が存在するような $\delta = \delta(\epsilon)$ を見つけてみせるよ：

$$|\Delta t| < \delta \quad \text{なら} \quad |f(\Delta t) - F| < \varepsilon. \tag{8}$$

こうなるような F が極限値 $\lim_{\Delta \to 0} f(\Delta t)$ だよ．さあ，どんな精度 ε でも要求してくれたまえ！

砕いていえば，これがコーシーの「極限の定義」である．A と B の間に限りなく続く要求と答を不等式にまとめあげた．簡潔にいえば，こうなる：

任意に与えられた正数 ε に対して適当な正数 δ が存在して上の (8) が成り立つなら，F が極限値 $\lim_{\Delta t \to 0} f(\Delta t)$ である．

9.1.6　曲線の一部は直線である

極限の概念による速度の定義を図 2 の時刻－位置グラフに照らして見直しておくのも教訓的である．これによって，運動が (2) のような簡単な式ではあたえられない一般の場合の速度についても，直観が得られるであろう．

ここでも時刻 $t = 0.5\,\mathrm{min}$ の瞬間における速度をつかまえることを考える．そこで，図 2 のうち $t = 0.5\,\mathrm{min}$ のあたりを拡大しておこう (図 3).

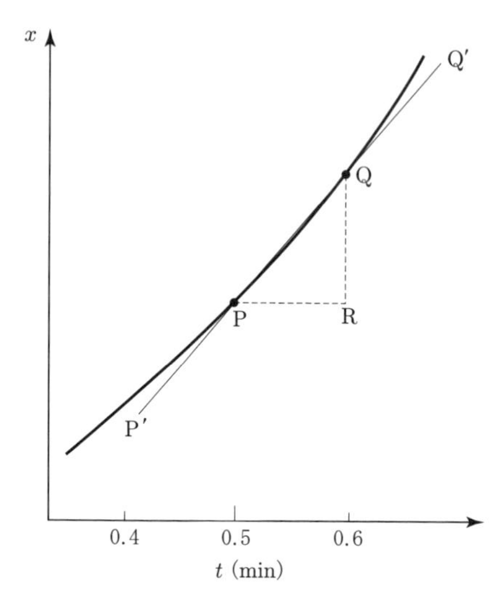

図 3　曲線の一部 (素片) は直線である．瞬間の速度は時刻 – 位置曲線の素片の勾配.

この図 3 でいうと，列車「ひかり号」が $t = 0.5\,\mathrm{min}$ から時間 $0.1\,\mathrm{min}$ の間に走った距離

$$\varDelta x = x(0.6\,\mathrm{min}) - x(0.5\,\mathrm{min})$$

は線分 RQ の長さで表わされる．そして，その時間 $0.1\,\mathrm{min}$ は線分 PR の長さで表わされるのだから，その間の平均の速度は

$$\frac{\varDelta x}{\varDelta t} = \frac{\mathrm{RQ}}{\mathrm{PR}}$$

となり，つまり時刻 – 位置グラフ曲線の割線 PQ の勾配にほかならない.

そこで $\varDelta t \to 0$ とする (すなわち，$\varDelta t$ を 0 にかぎりなく近づける) と，点 Q がグラフ曲線上を滑って点 P にかぎりなく近づき，ついに割線 PQ はグラフ曲線の一部と区別がつかなくなってしまう．つまり，曲線の十分に短い一部分 (手短かに曲線の**素片**) は直線だったのである —— グラフを拡大すれば再び区別がつくようになるという人は，$\varDelta t$ をいっそう小さくすべし．$\varDelta t$ は動く量なのだ.

こうして，瞬間の速度とは，**時刻 – 位置グラフ曲線の素片の勾配**にほかならな

いことがわかる．図3に示すように割線PQを両側に延長して$\mathrm{P'Q'}$としておけば，それは$\Delta t \to 0$とともに曲線の接線に迫ってゆく．だから瞬間の速度とは，時刻–位置グラフ曲線の接線の勾配にほかならない，ともいえるわけだ．

9.1.7　加速度

速度の定義(7)をみると，それは

位置の変化高	$\Delta x = x(t+\Delta t) - x(t)$
の，所要時間	Δt
に対する割合 $\Delta x/\Delta t$ の極限	$(\Delta t \to 0)$

にほかならない．位置の時間的な変化率といってもよい．

速度それ自身が時間とともに変化するなら，その速度の時間的変化率も考えられる．それが**加速度**(acceleration)である．時刻tにおける速度を$v(t)$として，その定義式をかけば

$$\alpha(t) = \lim_{\Delta t \to 0} \frac{v(t+\Delta t) - v(t)}{\Delta t} \tag{9}$$

となる．これが時刻tという瞬間における速度の変化率，すなわち加速度である．速度を$\dfrac{dx}{dt}$と書いたように，加速度を$\dfrac{dv}{dt}$と書く．位置座標$x(t)$までさかのぼって書くなら$\dfrac{d^2x}{dt^2}$とする．この記号の意味は，tで2回微分することを

$$\begin{aligned}
&\lim_{\Delta t \to 0} \frac{\dfrac{x(t+2\Delta t) - x(t+\Delta t)}{\Delta t} - \dfrac{x(t+\Delta t) - x(t)}{\Delta t}}{\Delta t} \\
&\quad = \lim_{\Delta t \to 0} \frac{\{x(t+2\Delta t) - x(t+\Delta t)\} - \{x(t+\Delta t) - x(t)\}}{(\Delta t)^2}
\end{aligned}$$

と書いてみれば分かるように，$x(t)$に関して差を2度とり(d^2)，その結果を$(\Delta t)^2$，すなわちdt^2で割り，そして$\Delta t \to 0$の極限をとるというのである．

たとえば時刻–速度の関係が(6)であたえられる場合，すなわち

$$v(t) = 2at$$

の場合には，(9)において

$$\begin{aligned}
v(t+\Delta t) - v(t) &= 2a(t+\Delta t) - 2at \\
&= 2a\Delta t
\end{aligned}$$

だから

$$\alpha(t) = 2a = 3.12\,\mathrm{km/min^2}$$

となる．a は $1.56\,\mathrm{km/min^2}$ だったのだから，これが時刻 t における加速度 —— といっても，この場合，加速度は t によらず常に一定である．加速度の一定な運動は**等加速度運動**とよばれる．その典型的な例は，地表の近くにおける自由落下である．

なお，上に得た加速度の単位が $\mathrm{km/min^2}$ となっていることに注意しよう．もし長さの単位に m，時間の単位に s を用いていたら，加速度は $\mathrm{m/s^2}$ の単位で出てきたはずだ．地表の近くの自由落下の加速度は，地球上の場所によって多少ちがうが，およそ $9.8\,\mathrm{m/s^2}$ である．

9.1.8　微分する

速度や加速度の定義が明確になったので，以前より少し一般の運動を考えてみよう．

まず，時刻–位置の関係が

$$x(t) = ct^n \tag{10}$$

であたえられるような運動．ただし，c と n は定数で，とくに n は非負の整数としておく．

速度を計算するには

$$x(t + \varDelta t) = c(t + \varDelta t)^n$$

を計算しなければならない．いや，

$$\overbrace{(t + \varDelta t)(t + \varDelta t)\cdots\cdots(t + \varDelta t)}^{n\ \text{個}}$$

というかけ算をすればよいので，t ばかり拾ってかけ合わせると t^n，次に $\varDelta t$ を 1 個含む積は n 個できるから $nt^{n-1}\varDelta t$，そしてその後に $\varDelta t$ を 2 個以上含む積がくる．したがって

$$x(t + \varDelta t) = c \cdot \left[\, t^n + nt^{n-1}\varDelta t + (\varDelta t\ \text{を 2 個以上含む項})\,\right]$$

となり

$$x(t + \varDelta t) - x(t) = c \cdot \left[\, nt^{n-1}\varDelta t + (\varDelta t\ \text{を 2 個以上含む項})\,\right]$$

が得られる．それゆえ速度は

$$v(t) = \lim_{\Delta t \to 0} c \cdot [nt^{n-1} + (\Delta t \text{ を 1 個以上含む項})]$$

となるが，右辺の $[\cdots]$ 内で Δt を 1 個ないしそれ以上含む項は $\Delta t \to 0$ とともに消えてしまうから

$$v(t) = c \cdot nt^{n-1}. \tag{11}$$

これが，(10) という時刻 – 位置関係に従う運動の時刻 t における速度である．いや，時刻 t には任意の値を代入してよいのだから，(11) は (10) という運動の時刻 – 速度関係をあたえるものとみることができる．そうすると，(11) から加速度も計算できることになる．

しかし，その前に次の注意をしておこう．

(11) は，(10) の $x(t) = ct^n$ という関数から

$$v(t) = \lim_{\Delta t \to 0} \frac{c(t + \Delta t)^n - ct^n}{\Delta t}$$

という計算をして導いたのである．このことを手短かに

$$\frac{d}{dt} ct^n = c \cdot nt^{n-1} \tag{12}$$

と書いて「t の関数 $x(t) = ct^n$ を**微分する**と $c \cdot nt^{n-1}$ になる」といい表わす．もちろん関数形が $x(t) = ct^n$ であることがわかりきっている場合には

$$\frac{d}{dt} x(t) = c \cdot nt^{n-1}$$

と書いたり

$$\frac{dx}{dt} = c \cdot nt^{n-1}$$

と書いたりする．この最後の形は $\displaystyle\lim_{\Delta t \to 0} \frac{\Delta x}{\Delta t}$ を思い出させる．いっそ，$\displaystyle\lim_{\Delta t \to 0}$ の命令で 0 に向かってかぎりなく動いてゆく動的な Δt を dt が表現し，それにともなって動く動的な Δx を dx が表現しているといいたくなる．

さて，次に加速度を計算するには，その定義 (9) によれば時刻 – 速度関係 (11) を微分すればよい．

手短かにいえば，位置 $x(t)$ を微分すれば速度 $v(t)$ になり，速度 $v(t)$ を微分すれば加速度 $\alpha(t)$ になる．

ところが，関数 ct^n を微分すると $c \cdot nt^{n-1}$ となることは (12) でみたとおりだ

から，それをもう一度微分すると

$$\frac{d}{dt}c \cdot nt^{n-1} = c \cdot n(n-1)t^{n-2}$$

となるはずだ．ただし，$n \geqq 1$ としておかねばならない．係数 c は常にだまってついてくるので，一時それをはずせば，要するに公式

$$\frac{d}{dt}t^n = nt^{n-1} \tag{13}$$

をくりかえし使っていることになる．これは便利な公式だ．

上では n を $\geqq 0$ にかぎってきたが，実は，この公式は $n < 0$ でも ($t \neq 0$ 以外では) そのまま成り立つのである．たとえば $n = -1$ として関数 $x(t) = 1/t$ を考えると —— これは $t = 0$ では定義されないから，そこだけは別として

$$x(t + \Delta t) - x(t) = -\frac{\Delta t}{(t + \Delta t)t}.$$

したがって

$$\begin{aligned} \lim_{\Delta t \to 0} \frac{x(t + \Delta t) - x(t)}{\Delta t} &= \lim_{\Delta t \to 0} -\frac{1}{(t + \Delta t)t} \\ &= -\frac{1}{t^2} \end{aligned}$$

となり，$n = -1$ でも (13) の成り立つことがわかる．$n = -2, -3, \cdots$ の場合については読者が考えてください．

もう 1 つ，読者が自分で確かめておいてくれると，次の節の話がしやすい．それは

$$\begin{aligned} &\frac{d}{dt}(c_0 + c_1 t + c_2 t^2 + \cdots\cdots + c_N t^N) \\ &\qquad = c_1 + 2c_2 t + \cdots\cdots + Nc_N t^{N-1} \end{aligned} \tag{14}$$

という公式である．ただし，N は非負の整数とし，$c_0, \cdots, c_N$ は定数とする．

9.1.9 積分する

これまでは，物体の時刻 – 位置関係が知れているとして速度，加速度を求めることを考えてきた．

しかし，その反対に，時刻 – 加速度関係のほうが知れていて，そこから時刻 – 位置関係を求めなければならない場合もある．

たとえば，地表の近くでの自由落下においては，加速度が一定なことがわかっ

ている．では，自由落下する物体はどんな運動をすることになるのだろうか？

それを考えるために座標軸を設けることからはじめよう．鉛直方向に z 軸をとり，上向きを正としよう．すると，物体の加速度は下向きだからマイナスになって $\alpha = -9.8\,\mathrm{m/s^2}$．この加速度の絶対値を g と書く習慣だから

$$\alpha = -g.$$

では，速度はどうなるか？　この物体の時刻–速度関係が $v(t)$ であれば，それを微分すると加速度になるのだから

$$\frac{d}{dt}v(t) = -g. \tag{15}$$

つまり，$v(t)$ は微分すると $-g$ になるような関数である．

そのような関数は，前節で用意した公式 (14) によればただちに求まる．(15) の右辺は，(14) の右辺で

$$c_1 = -g,\ \ c_2 = 0,\ \ \cdots,\ \ c_N = 0$$

としたものだから，左辺同士を比べて

$$v(t) = c_0 - gt$$

を得る．ただし，c_0 は定まらない——任意の定数である．

ここで $t = 0$ とおけば

$$v(0) = c_0$$

となり，c_0 が時刻 $t = 0$ における物体の速度という物理的意味をもつことがわかる．(15) は物体の (上向きの) 速度が g という割り合いで減ることをいうばかりで，はじめの速度までは指定していないのだから，c_0 が任意のまま残ったのは当然である．時刻 $t = 0$ の物体の運動を指定する条件を**初期条件** (initial condition) という．

いま，時刻 $t = 0$ の物体の速度 (**初速度**) を v_0 としよう．そうすると，$c_0 = v_0$ ときまり，

$$v(t) = v_0 - gt \tag{16}$$

が得られる．これが時刻 $t = 0$ に初速度 v_0 ではじまった自由落下の時刻–速度関係である．この速度は，時刻–位置関係 $z = z(t)$ を微分して得られるものだから

$$\frac{d}{dt}z(t) = v_0 - gt. \tag{17}$$

つまり，$z(t)$ は微分すると $v_0 - gt$ になるような関数だということである．再び前節の公式 (14) と右辺同士を比べて

$$c_1 = v_0, \ \ 2c_2 = -g, \ \ c_3 = 0, \ \ \cdots, \ \ c_N = 0.$$

したがって

$$z(t) = c_0 + v_0 t - \frac{1}{2}gt^2$$

が得られる．ここでも c_0 が任意のまま残る．$t = 0$ とおけば

$$z(0) = c_0$$

となり，今度の c_0 は時刻 $t = 0$ における物体の位置 (**初期位置**) という物理的意味をもつことがわかる．これも初期条件の 1 つとしてあたえるべきものだ．いま，それを z_0 としよう．

これで $c_0 = z_0$ ときまり

$$z(t) = z_0 + v_0 t - \frac{1}{2}gt^2 \tag{18}$$

が得られる．これが時刻 $t = 0$ に初期位置 z_0，初速度 v_0 という初期条件ではじまった自由落下の時刻－位置関係である．

(15) から (16) を求め，(17) から (18) を求めたように，微分した結果を知って微分する前のもとの関数を求めることを**積分する**という．そして，(17) から (18) を求める場合なら

$$z(t) - z(0) = \int_0^t (v_0 - gs)ds \tag{19}$$

と書く．刻々の速度 $dz(t)/dt$ を時刻 0 から t まで積分すると，その間に走った距離になるというわけだから

$$\int_0^t \frac{dz(s)}{ds}ds = z(t) - z(0) \tag{20}$$

という計算をしていることになる．これは，いっそ ds を約し

$$\int_0^t dz(s) = z(t) - z(0)$$

と書きたくなるような式だ．

積分の計算法は，ここでは説明しないが，積分の定義の核心は次の区分求積法

にある．それは，時刻 0 から t までに物体が進む距離 $z(t)-z(0)$ を求めるのに「短い時間の間なら等速度運動」の原理を使う方法である．すなわち時間 $[0,t]$ を Δs ずつに細分し，各 Δs の間では速度を一定とみて，時刻 s から $s+\Delta s$ までに物体の進む距離を

$$v(s)\Delta s=(v_0-gs)\Delta s$$

とする．各 Δs ごとにこのような積を計算して総和すれば，その $\Delta s\to 0$ の極限として物体の進む距離が求まるではないか！　(19) の記号 $\int$ は sum の s を引き伸ばしたもので，そのような和をとることを象徴している．Δs のかわりに ds がかいてあるのは $\Delta s\to 0$ とすることの象徴である．

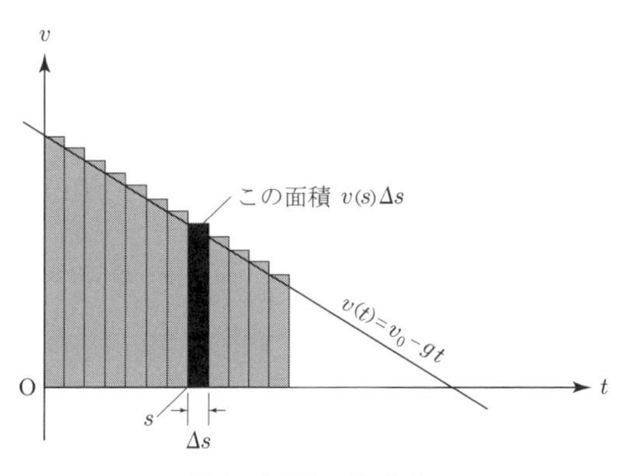

図 4　分割して加える．

この区分求積は，図 4 でいえば細い短冊の面積 $v(s)\Delta s$ を総和することにほかならない．$\Delta s\to 0$ の極限では台形 O-t-$v(t)$-v_0 の面積を求めることになるから，

$$\int_0^t (v_0-gs)ds=\frac{1}{2}\left[v_0+v(t)\right]t$$

$$=v_0t-\frac{1}{2}gt^2 \tag{21}$$

となって，これは確かに (18) に一致している．(18) のところでは，こうした区分求積の手続きを経ないでも微分法の公式 (14) を利用することで簡単に答が得られるということを説明したわけである．

9.2 拡がる世界

微分・積分の思想を高校物理にもちこむと，扱える世界がグッと拡がる．その例としてバネにつけた質点の振動と弦の振動の話をしてみよう．そのためには，sin 関数の微分が必要になる．三角関数が微分，積分できるようになると，世界がまた一層拡がるだろう．

9.2.1 sin 関数の微分

$$y(x) = \sin kx$$

という関数 (図 5) を微分することを考えよう．x はラジアンを単位に測った角度である．

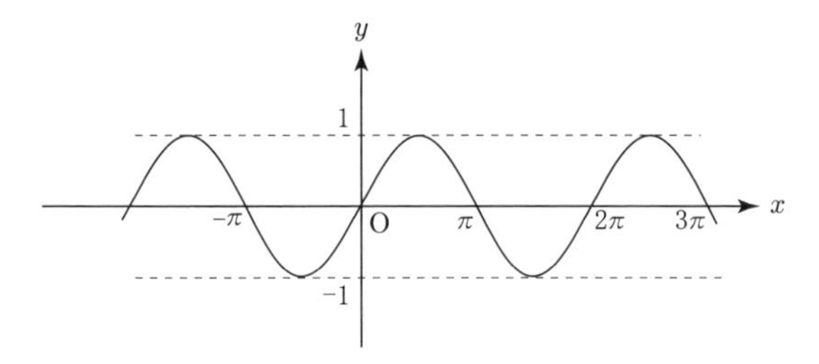

図 5　$y = \sin x$ のグラフ．x はラジアン単位で測った角度．

9.1 節の速度と加速度の (7) 式でしたように

$$\frac{y(x+\Delta x) - y(x)}{\Delta x}$$

の $\Delta x \to 0$ の極限を考えるのである．

三角関数の加法定理により

$$\sin(x + \Delta x) = \sin x \cos \Delta x + \cos x \sin \Delta x$$

であるから

$$\frac{\sin(x+\Delta x) - \sin x}{\Delta x} = \sin x \frac{\cos \Delta x - 1}{\Delta x} + \cos x \frac{\sin \Delta x}{\Delta x}$$

となる．ここで図 6 において

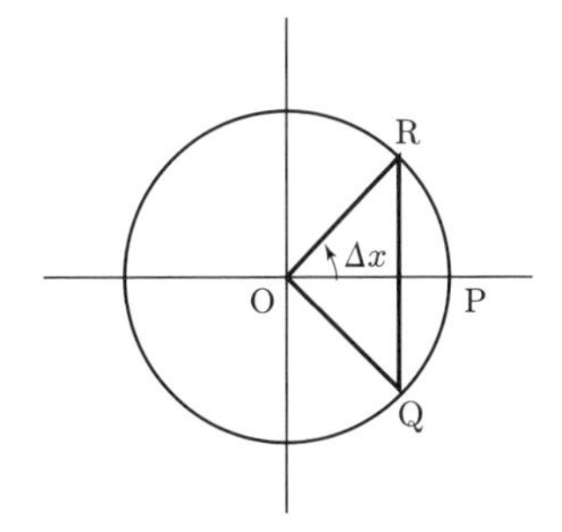

図6　$\dfrac{\sin \Delta x}{\Delta x}$ が $\Delta x \to 0$ のとき 1 にゆくことの証明.

$$\frac{\sin \Delta x}{\Delta x} = \frac{\text{弦 RQ の長さ}}{\text{弧 QPR の長さ}}$$

は，角 Δx が 0 にゆくとき，右辺の分子，分母が等しくなるから

$$\lim_{\Delta x \to 0} \frac{\sin \Delta x}{\Delta x} = 1 \tag{22}$$

が知れる．また

$$\frac{\cos \Delta x - 1}{\Delta x} = -\frac{1-\cos^2 \Delta x}{\Delta x}\frac{1}{1+\cos \Delta x} = -\frac{\sin^2 \Delta x}{\Delta x}\frac{1}{1+\cos \Delta x}$$

は，$x \to 0$ のとき，最右辺の分子は (22) により $(\Delta x)^2$ となり，分母は $2\Delta x$ になるから

$$\lim_{\Delta x \to 0} \frac{1-\cos \Delta x}{\Delta x} = 0$$

となる．したがって

$$\lim_{\Delta x \to 0} \frac{\sin(x+\Delta x) - \sin x}{\Delta x} = \cos x$$

が知れる．すなわち

$$\frac{d \sin x}{dx} = \cos x. \tag{23}$$

同様にして

$$\frac{d \cos x}{dx} = -\sin x \tag{24}$$

が知れる．

k が定数のとき，これらから，あるいは x を kx でおきかえて直接の計算をすることにより

$$\frac{d\sin kx}{dx} = k\cos kx, \qquad \frac{d\cos kx}{dx} = -k\sin kx \tag{25}$$

が得られる．

9.2.2 単振動

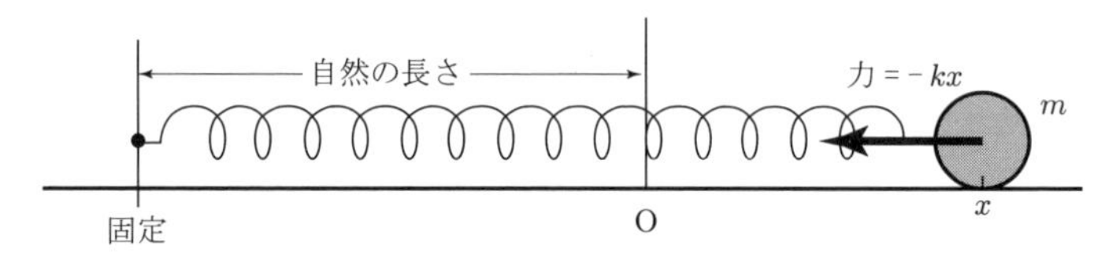

図 7　バネと質点と座標軸．バネを自然の長さから x だけ引き伸ばすと $-kx$ の引き戻し力が生ずる．$x<0$ のときには押し戻し力になる．

自然長 l のバネを平らなテーブルの上に置き，その一端を固定し，他端に質量 m の質点をつける．バネに沿ってバネを引き延ばす向きに x 軸をとり，固定端から距離 l の位置に座標原点をとる (図 7)．質点を長さ x だけ引き伸ばすと m には引き戻しの力 $-kx$ がはたらき，押し縮めると $+kx$ の押し戻しの力がはたらく．質点の位置を時間の関数として $x(t)$ とすれば，質点の加速度は $\dfrac{d^2x(t)}{dt^2}$ となるから，質点の運動方程式は，微分方程式

$$m\frac{d^2x(t)}{dt^2} = -kx(t) \tag{26}$$

となる．

この微分方程式をみたす関数 $x(t)$ は，すぐに見つかる．$x(t)=\sin\omega t$ を運動方程式に代入してみると，

$$-m\omega^2\sin\omega t = -k\sin\omega t$$

となるから，

$$\omega = \sqrt{\frac{k}{m}} \tag{27}$$

にとれば，この $x(t)$ は微分方程式をみたす．また，$x(t)=\cos\omega t$ も，同じ ω で運動方程式をみたす．さらに，この 2 つの解に任意の定数 A, B をかけて重ね合わせた

$$x(t) = A\sin\omega t + B\cos\omega t \tag{28}$$

や，α を任意の定数とした

$$x(t) = A\sin(\omega t + \alpha)$$

などが運動方程式をみたすことも容易に確かめられる．

ここに現われた定数 A, B はどうしたら定められるのだろうか？　その１つの方法は**初期条件**を与えることである．すなわち，

$$\begin{aligned}&\text{時刻 } t=0 \text{ における } m \text{ の}\\ &\quad\text{位置}\ \ x(0)=x_0 \quad\text{および}\quad\text{速度}\ \ \left.\frac{dx(t)}{dt}\right|_{t=0}=v_0\end{aligned} \tag{29}$$

を条件として与えるのである．実際，そうすると

$$x(0)=x_0 \ \text{から}\ \ B=x_0, \qquad \left.\frac{dx(t)}{dt}\right|_{t=0}=v_0 \ \text{から}\ \ A=\frac{v_0}{\omega}$$

が定まる：

$$x(t) = \frac{v_0}{\omega}\sin\omega t + x_0\cos\omega t. \tag{30}$$

ここで，エネルギーの保存

$$\frac{m}{2}\left(\frac{dx(t)}{dt}\right)^2 + \frac{k}{2}x(t)^2 = \text{const.} \tag{31}$$

の成立を確かめることを読者への宿題としよう．

9.2.3　弦の振動

長さ L の細い弦の両端を力 $-T, T$ で引っ張りピンと張って両端を固定し，その１点をはじくと，弦は振動をはじめる．その振動を調べてみよう．ただし，簡単のために，はじく力は弱く，振動は微小であるとしよう．

弦が $y = y(x)$ という振幅を保ったまま，弦の各点 x が x 軸に垂直に角振動数 ($2\pi\times$ 振動数) で図８のように微小振動するとして (このような振動がありうるか否かは，もうすこし計算してみなければ分からない)

$$y = y(x)\sin\omega t \tag{32}$$

に対する運動方程式をたてよう．弦の微小部分 $(x, x+dx)$ を考える [7]．その部分の質量は，弦の単位長さ当たりの質量を ρ とすれば，ρdx である．加速度は

---

7)　この $x+dx$ の dx は，本当は Δx と書いて $\Delta x \to 0$ と書き添えるべきところだが，それらを一緒にして dx と書く習慣になっている．

$$y(x)\frac{d^2 \sin\omega t}{dt^2} = y(x)\cdot\omega\frac{d\cos\omega t}{dt} = -\omega^2 y(x)\sin\omega t$$

となる.

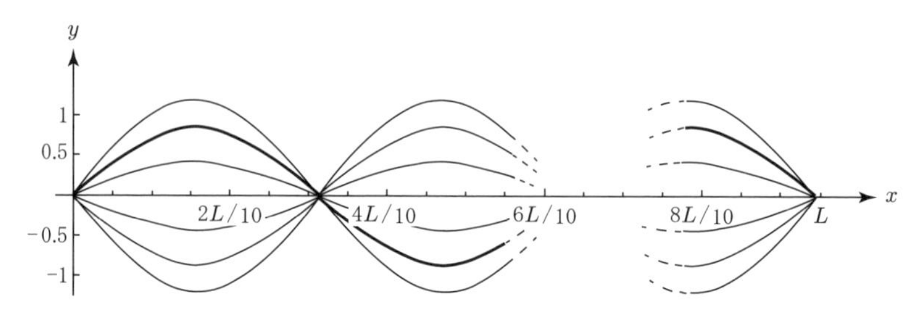

図8　弦の微小振動 $y(x)\sin\omega t$ の様子. 縦横の長さの比は正しくない. この形の式で表わされる振動では, 弦の各点は "足並みそろえて" 運動する.

弦は左右から張力 T で引っ張られている. 弦の振幅 $y(x)$ は微小としているので, 弦の張力は, 振動にともなう弦の伸縮にもかかわらず, 一定と見てよい. いま考えている弦の部分 $(x, x+dx)$ の両端にはたらく張力は, 図9に示すように, 左端では勾配 $\left.\dfrac{dy(x)}{dx}\right|_x \sin\omega t$ で左下向きにはたらき, 右端では勾配 $\left.\dfrac{dy(x)}{dx}\right|_{x+\Delta x} \sin\omega t$ で右上向きにはたらく. それらの合力は——x 軸方向の成分は左右で相殺するので, x 軸に垂直に y 軸の正の向きに

$$T\left\{-\left.\frac{dy(x)}{dx}\right|_x + \left.\frac{dy(x)}{dx}\right|_{x+\Delta x}\right\}\sin\omega t = T\frac{d^2y(x)}{dx^2}dx\cdot\sin\omega t$$

となる. この左辺は, $\dfrac{dy(x)}{dx}$ の x における値から $x+dx$ における値を引くという形をしている. これを dx で割れば $-\dfrac{d^2y}{dx^2}$ になる.

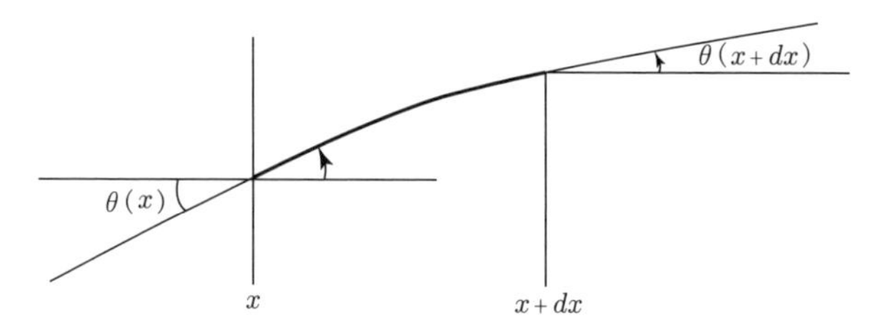

図9　弦の部分 $(x, x+dx)$ にはたらく力. $\dfrac{dy(x)}{dx}$ は点 x における弦の接線の勾配 (傾き角 $\theta(x)$ の $\tan\theta$) を与える. 微小振動では $\sin\theta$ はほぼ $\tan\theta$ に等しい.

よって，考えている弦の部分 $(x, x+dx)$ に対する運動方程式は

$$T\frac{d^2y(x)}{dx^2}dx \cdot \sin\omega t = -\rho dx\omega^2 y(x)\sin\omega t$$

となる．$dx\sin\omega t$ を両辺から落とし，両辺を T で割れば，運動方程式として

$$\frac{d^2y(x)}{dx^2} = -\frac{\rho}{T}\omega^2 y(x) \tag{33}$$

が得られる．振幅関数 $y(x)$ は，この微分方程式を満たさねばならないのである．

いま，弦の長さを L とし，その両端，$x=0$ と $x=L$ は $y=0$ に固定してある．だから振幅関数 $y(x)$ は

$$y(0) = y(L) = 0 \tag{34}$$

もみたさねばならない．

運動方程式 (33) と条件 (34) をみたす関数 $y(x)$ はすぐに見つかる．定数 k を導入して

$$y = A\sin kx \tag{35}$$

とおいて，運動方程式 (33) に代入してみると

$$\frac{d^2}{dx^2}\sin kx = -k^2 A\sin kx$$

だから

$$-\frac{\rho}{T}\omega^2 A\sin kx = -k^2 A\sin kx$$

となるので，定数 k を

$$k = \sqrt{\frac{\rho}{T}}\,\omega \tag{36}$$

のように選べば，(35) は運動方程式を満足する．

条件 (34) のうち $y(0)=0$ は (35) を $\sin kx$ としたことで満足されている．もう 1 つの $y(L)=0$ は

$$\sin kL = 0$$

であって

$$kL = n\pi, \qquad n = 1, 2, \cdots$$

を要求する．(36) を思い出せば

$$\sqrt{\frac{\rho}{T}}\,\omega L = n\pi, \qquad n = 1,\, 2,\, \cdots$$

である．いま，弦の密度 ρ，長さ L，張力 T は与えられているから，この条件は弦の角振動数 ω を定めることになる：

$$\omega = \frac{1}{L}\sqrt{\frac{T}{\rho}}\,n, \qquad n = 1,\, 2,\, \cdots . \tag{37}$$

n に応ずる ω を ω_n と書くことにしよう．そうすると，弦の振動は——$y(\ )$ にも番号 n をつけて

$$y_n(x)\sin\omega_n t = A_n \sin\frac{n\pi x}{L}\sin\omega_n t, \qquad \omega_n = n\frac{1}{L}\sqrt{\frac{T}{\rho}},\ \ n = 1,\, 2,\, \cdots \tag{38}$$

と定まった．A_n は任意の——いや，われわれは微小振動に限って考えてきたのだから，微小な定数である (図 10)．このように弦の各微小部分が一斉に足並みそろえて振動する型の振動を**固有振動**という．固有振動の角振動数は (したがって振動数も)(37) に見るようにトビトビである．

固有振動の**重ね合わせ**，例えば

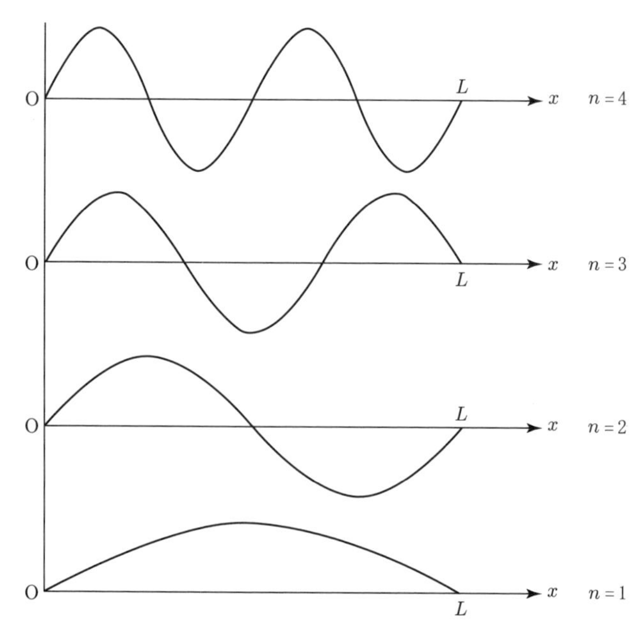

図 10　弦の固有振動．固有振動する弦の形を固有振動のモードという．

$$A_1 \sin \frac{n_1 \pi x}{L} \sin \omega_{n_1} t + A_2 \sin \frac{n_2 \pi x}{L} \sin \omega_2 t$$

がまた運動方程式 (33) と条件 (34) を満たすことは容易に確かめられる．$\sin \omega_n t$ を $\cos \omega_n t$ でおきかえてもよい．このような重ね合わせも，また弦の振動であり得るが，固有振動ではない．

参考文献

［1］ 中村幸四郎『近世数学の歴史 —— 微積分の形成をめぐって』，日本評論社 (1980).

［2］ 下村寅太郎『数理哲学・科学史の哲学』，下村寅太郎著作集 1，みすず書房 (1988)，「無限論の形成と構造」, p.377.
M.Klein : *Mathematical Thoughts from Ancient to Modern Times*, Oxford (1972), p.427.

［3］ 近藤洋逸『数学思想史序説』，近藤洋逸 数学史 著作集 2，日本評論社 (1994), p.93.

10. 力とは何か
—— その歴史と原理

10.1 運動を持続させる力

力については，そして，それと運動とのかかわりについては，ギリシアの昔からその原理が探求されてきた．

ギリシア科学を集めて分類し，博物学的に整理したアリストテレスは，『自然学』のなかにこう述べている：

> 動くものは，すべて何かによって動かされる．動かすものと動かされるものは接触していなければならない[1]．

すなわち，物体は，他の物体に接触されたときはじめて動くのであり，接触を受けなければ静止したままでいる，というのである．

日常経験の総括として，これは，まことに正しいと多くの人々に納得されたにちがいない．車は，だれかが引かなければ動かない．引いたとき，はじめて動くのである．石は，だれかが投げなければ飛んでいかない．投げたときに，はじめて飛ぶのである．いずれの場合にも人の手が接触する．

では，飛び出した石は，どうなるか？　アリストテレスは，いう：

> 押し飛ばされた物体が飛んでゆくのは，ほかならぬその動きのために物体の後に真空ができそうになるので，それを防ぐべく周囲の空気が流れ込み物体を後から押すことになるか，あるいは押された空気が押し飛ばされた物体を押すか，いずれかのためである[2]．

これを読むと，最初の引用に

> 動かすものと動かされるものは接触していなければならない．

とあった一節の重大な意味に気づく．この「動く」は，「動きだす」でもあるだろうが「動き続ける」でもあるのだ．実際，彼は，こういっている：

> 押し進みは，動かされるものに付いてゆきながら押す場合である．押しやりは，いったん押したあと付いてゆかない場合である．

だから，「接触していなければならない」という第1の引用は，「物体は他の物体の接触から離れると，そのとたんに運動をやめてしまう」ことをも含意しているにちがいない．

だからこそ，アリストテレスは，上の第2の引用において「投げられた物体が——投げた人の手を離れた後も——飛びつづける」ことの理由を説明しなければならなかったのである．

上の第1の引用で，もうひとつ気づくことは，そこに「力」という言葉がでてこないことだ．その代わりに「接触」がある．これは，観察に忠実な記述をめざした結果なのだろう．

しかし，第2の引用にくると「接触」ではすまなくなっている．接触は方向性をおびて「物体を押す」ことになっている．この「押す」という擬人的な表現のなかに人の筋肉感覚がこめられているとすれば，ここには「力」が登場しているといえるだろう．

力の概念を入れていえば

$$力 = 運動 \tag{1}$$

が運動にかかわるアリストテレスの原理である．すなわち，力のないところに運動はなく，力があれば運動が持続する．

アリストテレスは観察と経験を重んじ，それらを論理的に整序して説を立てた

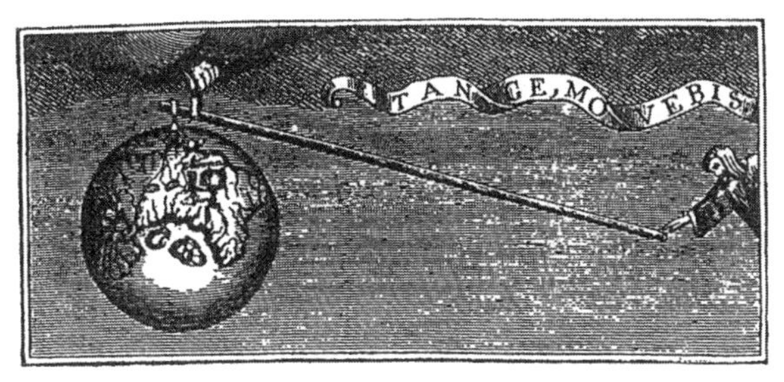

図1　われに支点をあたえよ．しからば地球を動かしてみせよう．——アルキメデス

ので，『自然哲学』等々の彼の大部の著作は大きな力をもった．2千年の後までも強い影響力をもちつづけ，ついに教條(ドグマ)と化すにいたった．

しかし，彼の経験は限られていたし，力や運動を量としてとらえるところまでは達しなかった．たとえば，「機械学」のなかで，建物をたてるとき重い物をテコや輪軸をつかって持ち上げることを記述しているが，そこにもテコの原理はでてこない．

10.2 重さで測る力

テコの原理を述べたのは，3世紀も後のアルキメデスである (図2)．いわく：
天秤の両腕に1つずつかけたオモリ A, B がつりあうのは

(A の重さ)：(B の重さ) = (支点と B の距離)：(支点と A の距離)

という反比例の関係がなりたつときである．このテコの原理を，対称の理から導き出したアリストテレスの「アプリオリな証明」は有名である．

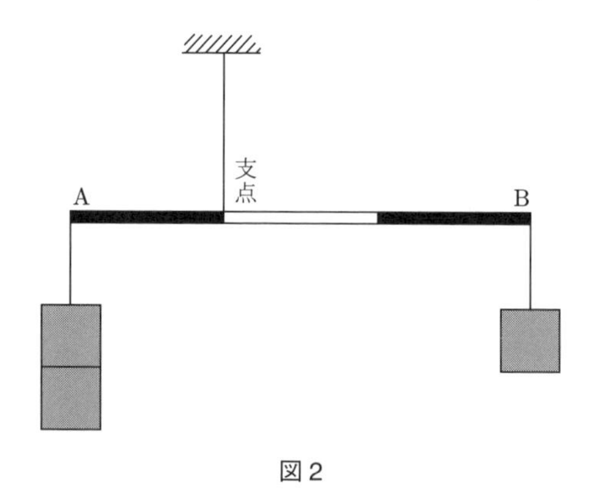

図2

いま，天秤の支点から左右に等距離のところに等しい重さのオモリをつるせば，左右対称になるので，どちらが下がる理由もないから，どちらも下がらない．すなわち，つりあう —— これが彼の出発点である．つぎに，支点の真下に，前のものと等しいオモリをつっても，左右の対称は破れず，したがってつりあいも破れない．

そこで，この天秤の左腕が実は図3のような構造をもっていた，としてみる．すなわち，左腕から小天秤がつってあり，オモリはその小天秤の両端につられて

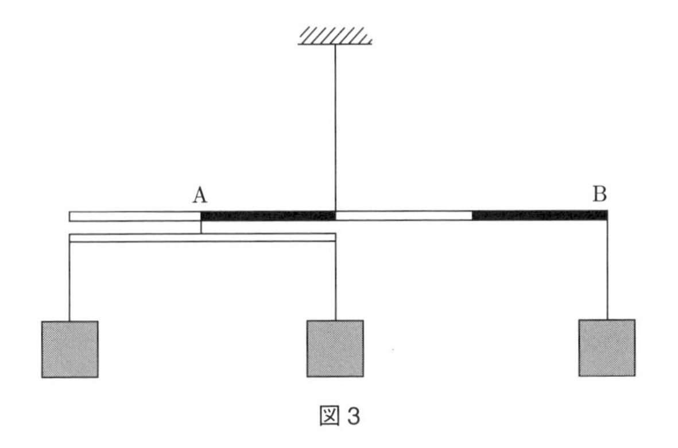

図3

いた，とするのである．いや，小天秤の支点Aをつっている糸は，はじめ長さゼロで，小天秤の両腕は大天秤の左腕と接し一体になっているとする．この天秤もつりあうはずである (天秤のサオに重さはないとしている)．

このとき，小天秤もつりあっているから，小天秤の腕と大天秤の左腕との間には——接触があるにはちがいないが——押し合いの力はない．

したがって，両者を離しても，すなわち，小天秤の支点Aのつり糸を徐々に延ばしていっても，全系のつりあいは破れないはずである．このとき，2つの天秤は1本のつり糸でしかつながっていない．

その上で，こんどは小天秤の左右のオモリを，支点Aから等距離という関係は保ちながら，徐々に支点Aに近づけて，ついに一体化する．この過程でもつねにつりあいは保たれるから，最終の状況でもつりあいにあり，つまり図2の天秤のつりあいが導かれたことになる！

「この演繹は」といって後にマッハが批判をしたことも有名である[3]．「天秤のつりあいが，オモリの重さと腕の長さとだけで決定されるという重大な仮定を，こっそりと忍び込ませている！」

われわれは，アルキメデスにおいて

$$力 = 重さ \tag{2}$$

であり，「力」が「重さ」を通して量的にとらえられたことに注目したい．現代にとんでいえば，質量1 kgの物体にはたらく重力の大きさを1 kgf (1キログラム重) とよぶ．

10.3 力には方向がある

一気に 16 世紀にとぶと，そこにステヴィンがいる．

彼は，底面を水平においた直角三角柱に図 4 のように曲りやすい鎖をかけたものとして，鎖のつりあいから考えを発展させた [4]．

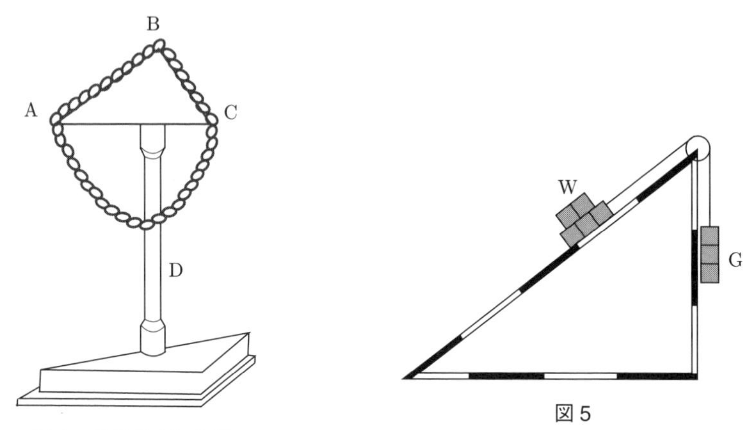

図 4　ステヴィンの鎖．

ステヴィンの「永久運動は不可能」という仮定を後のマッハは「まったく本能的認識だった」としている．

図 5

この鎖が斜面を滑って回りだすことはない．つりあっている．もし回りだしたら永久運動になるからだ．鎖に多少のオモリを結んでも回りつづけ，オモリを上に運び上げて限りなく仕事をすることになるではないか！

このつりあいは，三角柱の下に左右対称に垂れている鎖の部分を取り除いても破れないだろう．

残った鎖を三角柱の 2 つの面それぞれの上で 1 つにまとめても，両者が糸で結ばれていればつりあいは保たれているだろう (図 5)．このとき，W と G と 2 つの重さが糸で結ばれてつりあっており，

$$\frac{(\text{斜面の上の重さ } W)}{(\text{鉛直に垂れた重さ } G)} = \frac{(\text{斜面の長さ})}{(\text{鉛直面の長さ})} \tag{3}$$

という関係がある．

ここで，さらに W に糸をつけて斜面に垂直に引き上げ，かすかに斜面から離してみる．こうしても，斜面がオモリを支えていた力を糸の張力が肩がわりしただ

けで，つりあいが破れることはない (図 6).

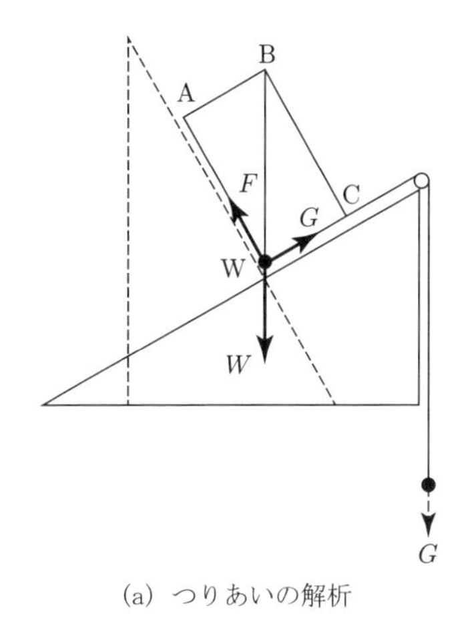

(a) つりあいの解析

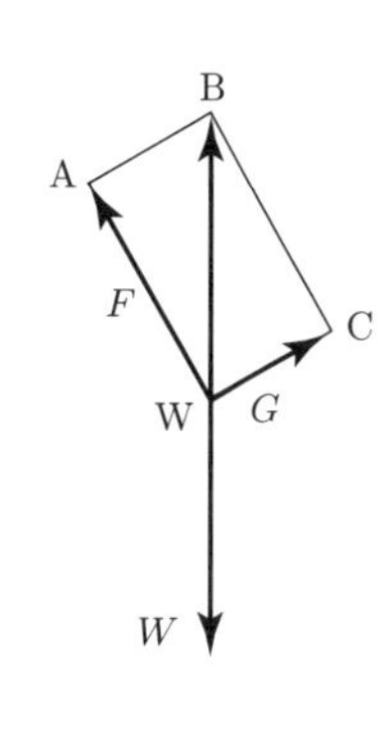

(b) 平行四辺形の法則

図 6　力 W と F は図 4 の斜面および高さのところにある鎖の長さにそれぞれ比例する.

こうして，オモリ W に 3 つの力がはたらいてつりあっているという状況が得られた．その力とは

①　オモリ W の重さ W，鉛直下向き.

②　斜面に沿ってオモリ G が —— 糸を介して —— 引く力 G.

③　斜面に垂直にオモリを引き上げる力，その大きさは未知だが，とにかく F と書いておく.

ここで重要なのは，オモリ W にはたらく 3 つの力がてんでに異なる方向をむいていること．アルキメデスのテコにはたらく力が互いに平行であったのに比べて大ちがいである！

3 つの力のうち ① と ② の大きさの間には (3) の関係がある．ところが，W から鉛直上方に線分 WB を引き，その先端 B から斜面に下ろした垂線の足を C とすれば，三角形の相似から

$$\frac{\overline{\mathrm{WB}}}{\overline{\mathrm{WC}}} = \frac{(\text{斜面の長さ})}{(\text{鉛直面の長さ})}$$

が知れる．したがって，(3) は

$$\frac{W}{G} = \frac{\overline{\mathrm{WB}}}{\overline{\mathrm{WC}}} \tag{4}$$

と書きかえることができる.

もうひとつの力 ③ について考えるには，その方向に沿った斜面 (図 6 の点線) を想像するとよい．この斜面に B から下ろした垂線の足を A とすれば，上と同様にして

$$\frac{W}{F} = \frac{\overline{\mathrm{WB}}}{\overline{\mathrm{WA}}} \tag{5}$$

のなりたつことがわかる．未知だった F の大きさも，これで知れたわけである [図 6(b)]．

このFの定まり方は次のように要約される：

- F, G の方向に引いた線分が
  平行四辺形の隣り合う 2 辺をなし
- W と反対方向に引いた線分が
  その平行四辺形の対角線をなす

ようにすると，

各線分の長さが対応する力の大きさに比例する．平行四辺形というのは，図 6 の WCBA のことで，力の大きさの比が

$$F : W : G = \overline{\mathrm{WA}} : \overline{\mathrm{WB}} : \overline{\mathrm{WC}} \tag{6}$$

となっているのである．

そこで，力を 1 つの線分で表すことにして

- その長さを力の**大きさ**に比例するようにとり
  (1 kgf あたり 1 cm というように)[1)]
- その方向を力の**方向**とし，
- 力の**向き**にあわせて線分に矢印をつける．

と便利である．矢印つきの線分を**ベクトル**という．もっとも，歴史の上でこの言葉が現われるのは，ずっと後のことである．

実際，上の状況でオモリ W にはたらく 3 つの力 ①, ②, ③ がつりあっているというのだが，これを

②と③が力を合わせて①とつりあっていると見ることにすれば，

他方，図 6 から明らかに

ベクトル $\overrightarrow{\mathrm{WB}}$ の表わす力は①とつりあうので，

1) くりかえすが，質量 1 kg の物体にはたらく重力の強さを 1 kgf という．

これら 2 つの事実から

②と③が力を合わせた結果は力 $\overrightarrow{\mathrm{WB}}$ に等価である.

という結論が得られる. さらにいえば

ベクトル $\overrightarrow{\mathrm{WA}}$ とベクトル $\overrightarrow{\mathrm{WC}}$ の表わす 2 つの力は, それらを隣り合う 2 辺とする平行四辺形の対角線 $\overrightarrow{\mathrm{WB}}$ の表わす 1 つの力に等価である.　(7)

これは, ステヴィンの鎖 (1605) という特殊な例について見たことであるが, やがて一般的になりたつことが認識され, 力に関する**平行四辺形の法則**とよばれるようになる. ヴァリニョンは図 7 の装置を考察して, この法則を実験にかけた. ステヴィンの鎖のような思考実験ではなくて, 本当の実験!　ここでも力の大きさはオモリの重さで測られている.

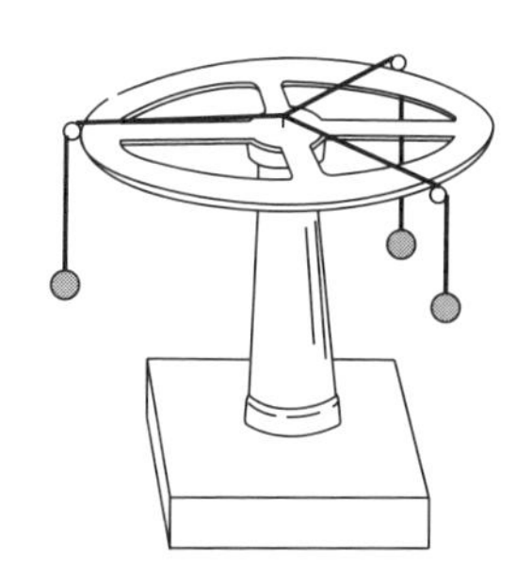

図 7　ヴァリニョンが平行四辺形の法則を実験した装置.

10.4　運動の量をめぐる論争

ここまでの話では, アリストテレスの (1) のような, 力の “運動にかかわる側面” がお留守になった.

14 世紀にさかのぼると, ビュリダンがインペートゥスの概念を立ててアリストテレスに反対している. いわく:

投げられた物体には, 投げられたというそのことによって「運動を続ける性質」(インペートゥス) が内にこめられる.

こうして, (1) で結びついていた運動と力とが切り離された. ビュリダンがこう考えた根拠は, コマが回りつづけるときにはアリストテレスのいった真空のできる場所がないという観察にあった.

運動が独自の存在になると，その量が問題になる．

デカルトは『哲学原理』のなかで次の意味の主張をした：

> 物質は運動と静止とともに原初に神がつくり賜うた．全宇宙にある運動の総量は一定不変であって，物体のもつ**運動の量はその速さに比例する**ものだから，一部の物体の速さが小さくなるようなときには他の物体の速さが大きくなるのでなければならない[5]．

これに対して，1686 年，「自然法則に関するデカルトらの驚くべき誤謬の簡単な証明」という論文がでた．いわく：

> 1 の重さの物体を上方に投げたときは，4 の重さの物体に等しい量の運動をあたえて投げ上げたときに比べて 4 倍の高さまで上がる．これは哲学者や数学者なら誰でも知っている (図 8)．それらの物体が，それぞれの最高点から落下に移って，一方は 4 の距離を，他方は 1 の距離を落ちたとき得ている運動の量 (Menge der Bewegung) は互いに等しいと仮定してよいだろう[6]．

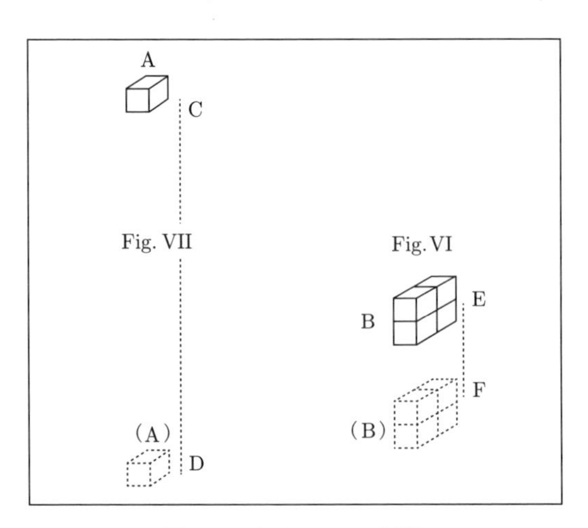

図 8　ライプニッツの証明．

ところが，ガリレオによれば「落体の得る速さは落下距離の平方根に比例する」から，いまの場合，速さは 2 : 1 の比をなす．

したがって——2 物体の重さの比は 1：4 であることを思い出せば——両者の運動の量が等しくなるためには

$$(\text{運動の量}) \propto (\text{重さ}) \times (\text{速さ})^2$$

でなければならない.

デカルトが「運動の量は速さに比例する」と主張したのは誤である.

ライプニッツのこの論文が出たとき，デカルトはすでに世を去っていた．彼の死後，すでに三十数年がたっていたが，デカルトの信奉者は少なからずおり，彼等とライプニッツ派の人びととの間に激しい論争がくりかえされることになった.

10.5 運動を変化させる力

ここでニュートンが登場する．力と運動の関係を論じて宇宙の構造におよぶ『プリンキピア』の刊行 (1787)[7] である．この本のはじめに，ニュートンは，デカルトの側に立って

物体の「運動の量」は，その物体の質量と速さの積で測る

と宣言した．彼はあからさまには述べていないが，物体の速さには，その瞬間の運動の方向と向きを添えて $\overrightarrow{\text{速度}}$ というベクトルとしてとらえるのがよい．そうすると，運動の量も

$$\overrightarrow{\text{運動量}} = (\text{質量}) \times \overrightarrow{\text{速度}} \tag{8}$$

というベクトルになる．**運動量**は quantity of motion，今日の momentum である.

ニュートンは，言葉こそちがうが，実質的には

$$\overrightarrow{\text{力}} = \overrightarrow{\text{運動量}}\ \text{の時間的変化率} \tag{9}$$

を**運動の法則**として『プリンキピア』に掲げた.

いま，物体にある時間のあいだ力がはたらいて，その物体がある速度を得たとすれば

$$\text{物体の}\ \overrightarrow{\text{運動量}}\ \text{の変化} = (\text{物体の質量}) \times (\text{物体の得た}\ \overrightarrow{\text{速度}})$$

であり，運動量の時間的変化率 (この場合，率 (rate) = 速さ，変化率は変化の速さ) とは変化高を所要時間で割った商のことだから，ニュートンの運動の法則 (8) は，この場合

$$(\text{力}) = \frac{(\text{質量}) \times (\text{速さの変化高})}{(\text{時間})} \tag{10}$$

となり,

$$(\text{力}) \times (\text{時間}) = (\text{質量}) \times (\text{速さの変化高}) \tag{11}$$

をあたえる．ただし，ここでは物体の運動は一直線上・一方向きとし，速さも一様に変化してゆくものとした．それで $\vec{\text{力}}$ などの方向も向きも気にかける必要がないから，矢印をとってしまったのである．

他方，物体の速さ 0 から出発してある速さまで加速される場合について言えば，速さの変化高は，すなわち到達した速さのことになるから

$$(\text{その間に走る距離}) = \frac{1}{2} \times (\text{速さ}) \times (\text{時間}) \tag{12}$$

となる．ニュートンの運動の法則 (10) の両辺に (12) を辺々乗ずれば，もうひとつの関係

$$(\text{力}) \times (\text{距離}) = \frac{1}{2} \times (\text{質量}) \times (\text{速さ})^2 \tag{13}$$

が得られる．

(11) も (13) も物体が一般に曲線に沿って運動し，速度の変化も一様でない場合に拡張されるが，それを行なうためには，しかし，ニュートンの発明した微分・積分法を説明する必要がある．いまは割愛しよう．

(13) の右辺にはライプニッツのいった，(重さ) × (速さ)^2 に相当する量がある．「相当する」といったのは重さが質量に変わっており，さらに因子 $\frac{1}{2}$ がついているからだが (ライプニッツの表式に因子 $\frac{1}{2}$ を補ったのはコリオリである [8])，いま，その詮索はしないことにすれば，(13) は，ライプニッツ流の運動の量は

$$\left(\text{力の大きさ}\right) \times \left(\begin{matrix}\text{力がはたらいている間に}\\ \text{物体が移動した距離}\end{matrix}\right) \tag{14}$$

で力の効果を測るものである，ということを示している．

これに対して，(11) の右辺は (速さ) に比例しており，デカルト流の運動の量は

$$(\text{力の大きさ}) \times (\text{力のはたらいた時間}) \tag{15}$$

で力の効果を測るものであることを示している．

こうして，運動の量をめぐって激しく争われた対立は，力の効果を距離に着目して見るか，時間で見るかの立場のちがいにすぎなかった．このことを明らかにしたのはベルヌーイで，1726 年のことであるという [9]．『プリンキピア』が出てから 39 年がたっている．いや，このベルヌーイの解決が一般に知られたのはダラ

ンベールの『力学要論』を通してだというから，それが出た1742年までの56年ほどを，論争がおさまるまでの年月とすべきであるかもしれない．

ところで，力を運動の変化に等置したニュートンの運動の法則 (9) は，運動そのものに等置したアリストテレスの (1) とは革命的にちがっている．

日常の経験は，車は引くのをやめれば止まってしまうなど，まったくアリストテレス的なので，ニュートンの運動の法則はのみこみにくい．車にはもうひとつ**マサツ力**というものがはたらいていて，これが車の運動量を減らし，ついには止めてしまうのだ——これがニュートン派の主張であるが，車の運動にマサツ力で抵抗する当の地面のガンバリは目に見えないから始末がわるい．せめて地面のキシミなり聞こえたら納得がゆくだろうに——．

力は，速度の大きさのみならず速度の方向も変える．速度の方向を変えるのは，物体がいまいる位置で速度に垂直な力の成分である．速度に平行な力の成分は速度の大きさを変える．等速円運動は，力が速度の大きさは変えず方向のみを変える例である．ニュートンは，力が常に不動の中心に向かって物体にはたらく場合には，物体の面積速度が一定になることを証明した．面積速度とは，力の中心と物体を結ぶ線分が単位時間あたりに掃く面積のことである[10]．

10.6 遠隔作用

アリストテレスも書いていたが，その後もずっと，力というものは，ひとつの物体が他の物体に接触しておよぼすものと考えられていたのである．

だから，ニュートンの万有引力は異端であった．太陽が遠く離れた地球を引く，というのだから．

この点では，ニュートンはデカルト的でなかった．

デカルト派は，力の原因を知りたがった．太陽が地球に力をおよぼすのが事実なら，太陽と地球の間にはその力を伝える何かがあるにちがいない．その何かは，しかし，地球の運動をさまたげてはいけないのである．

デカルト自身，太陽のまわりを公転する惑星たちの運動を論じたとき，太陽を運動の源泉と考え，そこから湧き出す力を地球なり火星なりといった惑星に伝える媒質が必要だと考え，宇宙空間を隅々までスキマなく埋めつくす微粒子の大群を想定した．これが太陽の力で渦をまき，渦が隣の微粒子に渦を伝え，隣から隣へと伝わって，最後に地球に触っているエーテルの渦が地球に力をおよぼすのだ，というのである[11]．このように接触によって媒介される力を**近接作用** (英 action through medium, 独 Nahewirkung) とよぶ．

ニュートンは「私は仮説をつくらない」といって『プリンキピア』には万有引力の事実だけを述べた．太陽は各惑星を，それぞれまでの距離の 2 乗に反比例し，それぞれの質量に比例する大きさの力で引っぱっている．そう書いただけで，どうしてそうなるのかを説明しようとはしなかった．これは**遠隔作用** (英 action at a distance, 独 Fernwirkung) の考えである．デカルト派は，だから，『プリンキピア』は数学の本だ，これを読んでも物理はすこしもわからない，といって批判した[12]．

10.7 近接作用 — 場

変革は思わぬ方角からくることになった．電気を帯びた物体が互いに引き合い，あるいは反撥し合うことに注目したファラデーは，もしやと思って，2 つの物体の間に導体や絶縁体の板をはさみ，それで力が遮れるかどうかを調べてみた．導体ならともかく，絶縁体の板の場合，力を完全に遮ることはできなかったが，影響は現われた．してみると，とファラデーは考えた．力は途中の空間を伝わってゆくのにちがいない．眼には見えないが，微粒子が空間に満ちていて，+ に帯電した物体に接している粒子では，その接している側に − の電気が集まり，他端に + が残る．その粒子に接している粒子にも + に接した側に − が，他の側に + が現われて，$\cdots$, +−, +−, $\cdots$ の連鎖がもうひとつの物体まで続き (図 9)，これによって 2 物体が引き合い，あるいは反撥する力は生ずるのだ．このように想像して，ファラデーは電気力を伝える連鎖を**力線**とよんだのである[13]．

力線は，やがて，電気を帯びた物体が単独でいる場合にも，そこから出て四方八方に延びていると考えられるようになった．そのような空間に微小な帯電物体をもちこむと，それにはたらく電気力の方向は，もちこんだ位置を通っている電気力線の密度できまる．この場合，空間に張られていた電気力線がその微小帯電体のもちこみで乱されることはないとしている．そのくらい微小帯電体の電気量は小さいとして考えているのである．

空間に隅々まで力線が張られているということは，そのどの点に微小帯電体をもちこんでも，そこでこれにはたらく力が定まっていることを意味している．こ

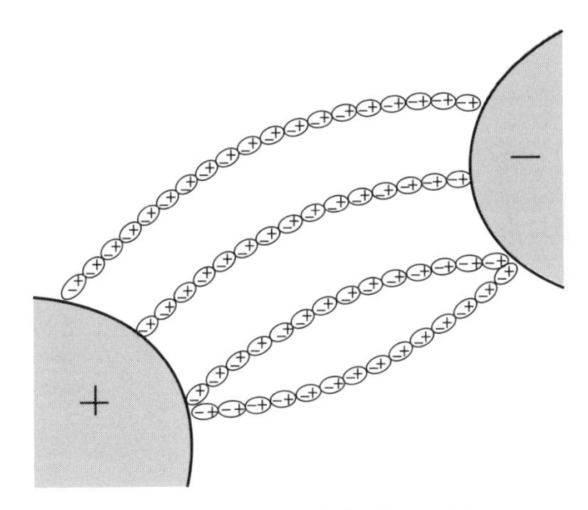

図 9　ファラデーの力線 (連接粒子).

れは力の**場** (field) である．空間に何か物理量が分布しているとき，そこを，その物理量の場というのである．場という言葉を物理にもちこんだのはマクスウェルである．

力の場の場合，空間の各点ではたらく力が力として備わっているわけではないかもしれないが，重力の場なら，そこに物体がきたらはたらくであろう力が各点にあらかじめ書きこまれているのである．太陽のまわりにも各点にあらかじめ力が書きこんであるから，地球は太陽までの距離をいちいち測って力の大きさをきめるということをしないでよい．いまきた位置に書きこまれている力の強さを読んで自分の質量をかければ［正確には (自分の質量)/(単位質量) という数をかければ］たりる．力の方向についても同じである．

10.8 渦なしの場，渦のある場

人びとの関心が力の場に集中すると，場は 2 つの型に大別されることになった．その 1 つは**渦のある場**で，図 10 に典型を示すように閉曲線 Γ に沿って物体を 1 周させるとき場のする仕事が総量において 0 でない所があるもの．もう 1 つは，場のする仕事の総量が —— どこにどういう閉曲線 Γ をとっても —— いつも 0 になってしまう図 11 のような場で，これは**渦なしの場**と呼ばれる．

渦なしの力の場に 1 点 O を固定する．そこから他の点 A まで物体を運んでゆくとき「場が」する仕事は，A の位置だけで定まり，O から A まで物体を運ぶ

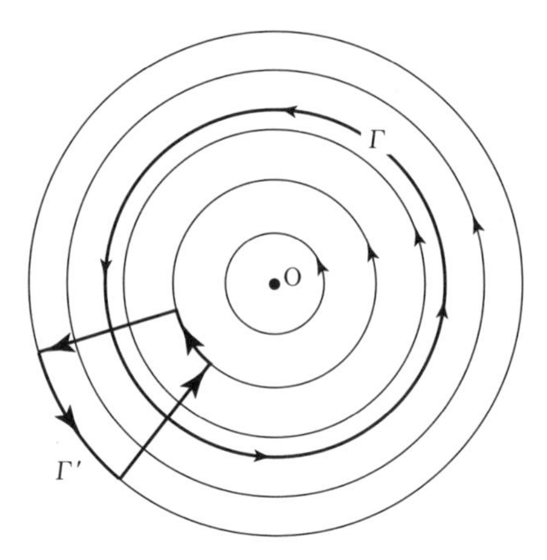

図 10　渦のある場の力線．閉曲線 Γ に沿って 1 周するときの場のする仕事は 0 でない．閉曲線 Γ' に沿って 1 周する場合はどうか？　力の強さは O からの距離によらず，どの力線上でも同じであるとする．

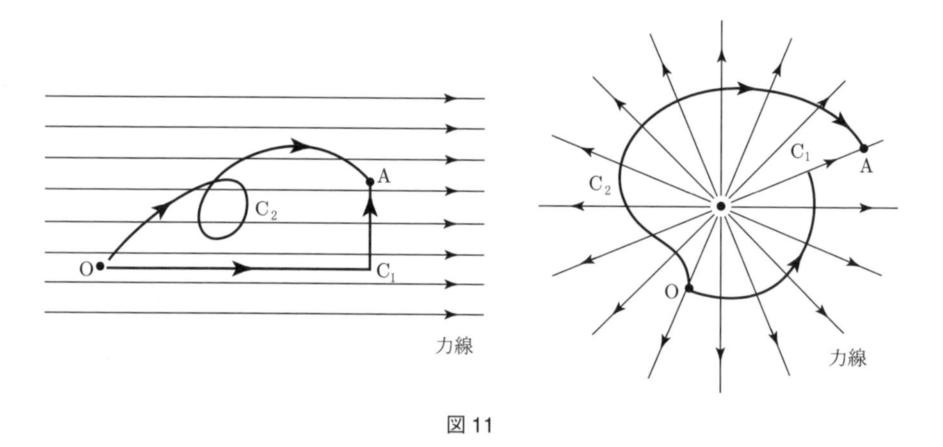

図 11

道筋が「どこを通り，どんな形であるか」にはよらない．もしそうでなかったとしたら，途中に $\mathrm{C_1}$ を通る道筋 $\mathrm{OC_1A}$ と $\mathrm{C_2}$ を通る道筋 $\mathrm{OC_2A}$ とで場のする仕事がちがうという事態がおこることになる．これは，2 つの道筋をつないだ閉曲線 $\mathrm{OC_1AC_2O}$ に沿って物体を運ぶときに場のする仕事が 0 でないこと意味し，場が渦なしであることに矛盾する．

こうして，「渦なしの力の場」では，定点 O から他の点 A まで物体を運ぶとき「場が」する仕事は A の位置のみの関数となる．この関数を普通 $-V(\mathrm{A})$ と書いて，$V(\mathrm{A})$ をこの場において物体のもつ——O を基準点として測った——**ポテン**

シャル・エネルギーとよぶ．

マイナス符号をつけて $-V(\mathrm{A})$ とするのは次の理由による．場のなかで物体に手で力を加えて定点 O から点 A まで静かに運ぶとき，「手の」する仕事がちょうど $V(\mathrm{A})$ になるのである．「静かに」というのは，物体を運ぶだけで，これに運動エネルギーなどあたえない，余分の仕事はしない，ということで，手は，場が物体におよぼす力と向きが反対で大きさは等しい力を物体に加えるのである．力の向きが反対だから，「手の」する仕事は「場の」する仕事と符号が反対になる．

上に説明したとおり，渦なしの力の場があたえられると，そこに基準点 O さえ定めてやれば，その各点 A にポテンシャル・エネルギー $V(\mathrm{A})$ が定まる．これもひとつの場である．逆に，ポテンシャルの場があたえられると，それから対応する力の場を再構成することができる．点 A で物体にはたらく力が知りたければ，物体を A からその近くの点 A' まで運ぶとき「場の」する仕事が次の 2 通りに計算されることに注意すればよい：

① 定点 O から A を経て A' まで運ぶときの仕事 $-V(\mathrm{A}')$ と，O から A まで運ぶ仕事 $-V(\mathrm{A})$ との差としてもとめる．

② A' は A に近いので，その間で物体に場のおよぼす力 F は一定とみて，A から A' まで物体を直線に沿って運ぶとき $\overrightarrow{F}$ のする仕事としてもとめる．

こうして，力の場は，力線を描き，あるいは各点に力のベクトルを描いておく代わりに，各点にポテンシャル V の値を描きこんでおくことによっても記述できることになった．ただし，その場が渦なしならば，である．

10.9 量子力学における力

原子や分子の内部は，ニュートンの力学でなく，量子力学が支配する世界である．この世界の運動方程式ともいうべきシュレーディンガーの波動方程式には「力」は現われない．その代わりに，力の場の「ポテンシャル」$V(x,y,z)$ が現れる．ここに x, y, z は，上で点 A と書いたところに A の座標を書いたままでで，同じことである．

この世界では，粒子の運動も，ある意味で波動 $\psi(x,y,z,t)$ によって表現される．シュレーディンガーの方程式は，

$$i\hbar\frac{\partial}{\partial t}\psi(x,y,z,t)$$
$$= \left[-\frac{\hbar^2}{2m}\left(\frac{\partial^2}{\partial x^2}+\frac{\partial^2}{\partial y^2}+\frac{\partial^2}{\partial z^2}\right)+V(x,y,z)\right]\times\psi(x,y,z,t) \qquad (16)$$

という形をしている.

この世界では，力はポテンシャルで表わさなければならないので，それが不可能なマサツ力のような力の現われる余地はない．場をなさない力はアウトである．場ではあっても，渦のある場の力もアウト，といいたいところだが，これはベクトル・ポテンシャルというものを通してシュレーディンガー方程式に入ることになる.

とにかく，基本法則に立ち現われる力が制限されることは，それだけ深い世界に踏みこんだことを意味しているように思われる．基本法則に現われる力は基本的(あるいは第1次的，primary) なものとみなされ，それ以外のマサツ力のような力は，第1次的な力から何かの過程を経て結果として生ずる第2次的なものとみなされるのである．こうして，さまざまな力の間に階級ないし秩序が導入される.

力の概念は，素粒子の世界に踏み込むとさらに変革される．たとえば，電子の間の力は光子の量子力学的な意味の交換によって媒介されることになる．ここで「近接作用」が新しい装いで登場するのだが，その説明は，しかし，別の機会にゆずることにしよう.

参考文献

[1] アリストテレス『自然学』，出 隆・岩崎胤共訳，アリストレス全集3，岩波書店 (1968), 第7巻，第1章，第2章.

[2] アリストテレス：前掲，p.152，および p.428 の注 (8).

[3] マッハ『力学──力学の批判的発展史』，伏見 譲訳，講談社 (1969), pp.9–20.

[4] マッハ：前掲，pp.23–31.

デフレーゼ–ベルヘ『科学革命の先駆者　シモン・ステヴィン──不思議にして不思議にあらず』，山本義隆監修，中澤 聡訳，朝倉書店 (2009), 第12章.

なお，ステヴィンについては，山本義隆著の次も参照：

『磁力と重力の発見』，2「ルネサンス」，みすず書房 (2003).

『一六世紀文化革命』，1, 2，みすず書房 (2007).

『世界の見方の転換』，2「地動説の提唱と宇宙論の相克」，3「世界の一元化と天文学の改革」，みすず書房 (2014).

また，かつて“蘭学”で学ぶところの多かったオランダの科学史について：
K. ファン・ベルケル『オランダ科学史』，塚原東吾訳，朝倉書店 (2000).
K. van Berkel, A. van Helden, L. Palm, *A History of Science in the Netherlands*, Brill. Leiden (1999).

[5]　デカルト『哲学原理』，桂 寿一訳，岩波文庫 (1964), pp.124–25.
実は，デカルトは『哲学原理』のなかで「運動の量」という言葉は使っていない，単に「運動」といっている．B は C に衝突するとき運動の一部を C にあたえるというように——．force de mouvoir といっている個所があることを次の本が注意している．
近藤洋逸『デカルトの自然像』，岩波書店 (1959), p.52；近藤洋逸数学史著作集 4, 日本評論社 (1994), p.50 を見よ．また 5–3 節も参照.

[6]　István Szabó: *Geschichte der mechanischen Prinzipien*, Birkhäuser Verlag (1977), pp.60–64.

[7]　ニュートン『自然哲学の数学的諸原理』，河辺六男訳，世界の名著 26，中央公論社 (1971).

[8]　F. Cajori : *A History of Physics*, Dover (1962), p.59.

[9]　I. Szabó : 前掲，pp.71–2.
エイトン『ライプニッツの普遍計画』，渡辺正雄・原 純夫・佐藤文男共訳，工作舎 (1990), pp.187–191.

[10]　ニュートンによるその証明が，つぎに説明されている：
江沢 洋『だれが原子をみたか』，岩波現代文庫 (2013), pp.165–167.

[11]　『デカルト著作集』，4，白水社 (1973),「宇宙論」，野沢 協・中野重伸共訳，第 8–10 章.

[12]　山本義隆『重力と力学的世界』，現代数学社 (1981).

[13]　ファラデー『電気実験』，（下），矢島祐利・稲沼瑞穂共訳，田中豊助監修，内田老鶴圃 (1980), 第 11 章，18 節.

11. 自動車を走らせる力は何か

自動車が走るのは，タイヤと路面との間にマサツがあるからだ，とよくいわれる．まったく，そのとおりである．マサツがなかったら自動車は進まない．これは，雪の日に痛いほど思い知らされる．

では，タイヤと路面とのマサツ力は，どちら向きにはたらくのか？

11.1 マサツ力が自動車を走らせる？

いま，自動車をもちあげてタイヤを路面から離して回転させる——時計の針の回転とは反対向きに回転させるものとしよう．

自動車を下ろしてタイヤを地面につけると，問題のマサツ力がタイヤの回転を止めようとする．そのマサツ力は地面から「タイヤに」「左向きに」はたらくはずだろう (図 1).

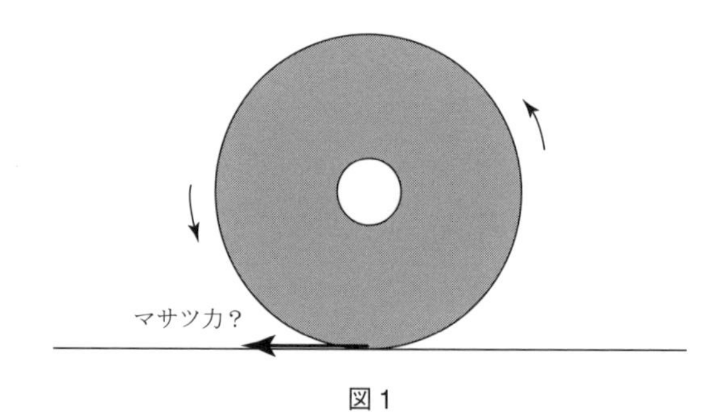

図 1

そして，この向きは，タイヤの回転によって自動車が進む向きに一致している．

自動車にはたらく力という観点からすれば，地面がマサツのためタイヤを——し

たがって 自動車を ―― 左向きに 押す から，自動車は左向きに走るのだ．そう考えられる．

11.2 駆動力とは？

ところが，自動車についての説明[1]を読むと，まず「駆動力」という言葉がでてくる．これが，わかりにくい．

駆動力というのは，自動車のエンジンがタイヤを回そうとする力のことだろう，と考えてみる．でも，それは自動車の全体から見れば内力にすぎない．内力が自動車を動かすことはないはずである．なぜなら，自動車の部品 A が部品 B に力 $\boldsymbol{F}$ をおよぼすとき，作用・反作用の法則により部品 B は部品 A に力 $-\boldsymbol{F}$ をおよぼす．この $\boldsymbol{F}$ も $-\boldsymbol{F}$ も自動車の部品にはたらくのだから，自動車の全体にはたらく力を見るときは両者を加え合わせることになる．そして $\boldsymbol{F} + (-\boldsymbol{F}) = 0$ である．

ところが，自動車についての別の説明[2]を読むと，駆動力が自動車を前に押してマサツ力がそれに抵抗する (後向きにはたらいて自動車を止めようとする) と書いてある．駆動力とは，何なのか？

11.3 ころがり抵抗

自動車についての説明を読むと，「ころがり抵抗」という言葉もでてくる．少し引用をしよう：

> タイヤの駆動の際には，接地面での前方部分が強く路面に押しつけられているので，ここに粘着域が生じ，さらに変形によるつぶれのために後方部分ですべり域が生じている．だから，タイヤを駆動しようとすると，接地面の前方では，いわば踏みとどまってふんばる形で，後半ではずるずるとすべりつつという形で，駆動力に抵抗する．これらが**ころがり抵抗**なのである．

これを読むと，ころがり抵抗はタイヤの回転を止めようとする力だということだから，これは地面がタイヤにおよぼす力だということになる．

しかし，そうすると，上の文章に続けて

「それらの反作用でタイヤは前進する」

と書いてあるのは解せない．この 1 行は，さしあたり，無視することにしよう．

11.4 地面がタイヤにおよぼす力

とにかく，エンジンか何かの力でタイヤを回そうとすると地面がブレーキをかける．このことは確実である．

そこで，タイヤと地面との間でおこることを子細に見てみよう．

いま，車軸に図 2 の力 $\boldsymbol{K}$ を加えてタイヤを回転させようとする．

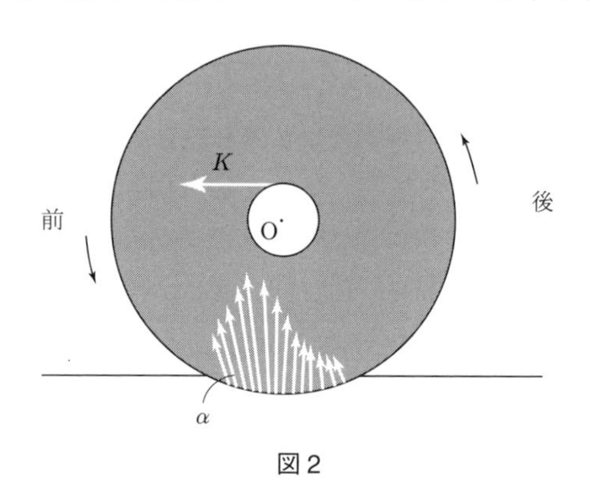

図 2

そうすると，タイヤの前方の接地部分 α は地面の抵抗にあって縮むだろう．地面の方も多少は変形してタイヤの下に引きずり込まれることになるだろう．

タイヤの後方の接地部分では，タイヤと地面の緊張関係は前方ほどではないだろう．

そうだとすると，地面の部分部分がタイヤにおよぼす力は，およそ図 2 のようになると考えられる．「地面が」「タイヤに」およぼす力の矢印たちが大勢において上向きなのは，これらの力が，自動車の重さを支えるためである．これらの力の矢印たちが，タイヤの前方の接地部分で前倒しになっているのは，タイヤの回転を止めようとして頑張っているためである．(もしタイヤが円形を保ち，地面からの力が静水圧のようにはたらくのだったら，その力の矢印たちの延長は，すべて車軸の中心 O を通る．)

地面がタイヤにおよぼす力の矢印たちを加え合わせよう．そうして得られる合力は，図 3 の矢印 $\boldsymbol{R}$ のようになるはずである．詳しくいえば：

(1)　$\boldsymbol{R}$ の作用点 P は，車軸の中心 O の直下の点より前方に移動している．その移動距離を l としよう．移動の理由は，図 2 の‘矢印たち’がタイヤの接地面の前方に集まっているところにある．

(2)　$\boldsymbol{R}$ の矢印は前倒しになっている [1]. 前倒しの角度を ϕ としよう. 前倒しの理由は, 図 2 の '矢印たち' が大勢において前倒しだからである.

この力 $\boldsymbol{R}$ が**ころがり抵抗** (別名, ころがりマサツ) にほかならない.

さらにいえば,

(3)　$\boldsymbol{R}$ の鉛直成分の大きさは, 自動車の重さ Mg に等しい. M は自動車の質量, g は重力加速度である.

「自動車には車が 4 つある！」と読者はいうだろう. そのとおり！　しかし, ここでは話を簡単にするために '一輪' 自動車を考えることにするのである. 乞, 御了解！

四輪自動車の場合を考えてみるのは, 読者の宿題とする. この手を, ぼくは教室でしばしば使う.

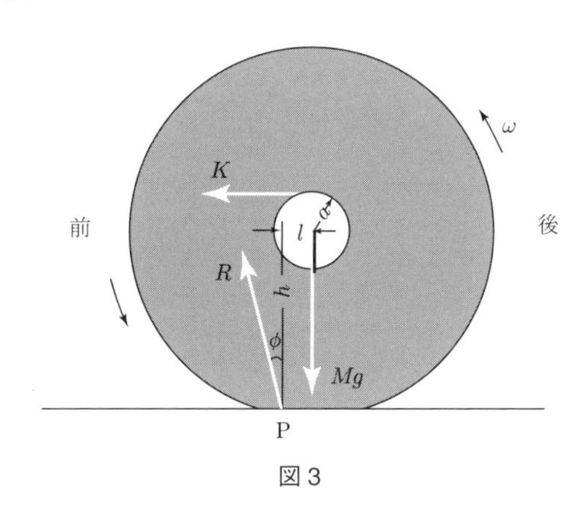

図 3

11.5 自動車の運動方程式

自動車のタイヤにはたらく力がよくわかったので, われわれは自動車の運動方程式を書き下すことができる.

自動車の速度を v としよう. ゆきがかり上, 左向きを正とする. そうすると, 自動車の (全体としての) 運動方程式は

1)　$\boldsymbol{R}$ は, 前倒しになりきらず, 後倒しだとしている本もある. 実は, 前倒しか後倒しか ($\phi > 0$ か $\phi < 0$ か) は, われわれの最後の結論 (3) には関係がない. 重要なのは, 力の作用点が前方 ($l > 0$) に移動することである.

$$\begin{pmatrix}\text{自動車の}\\ \text{質量 } M\end{pmatrix}\cdot\begin{pmatrix}\text{自動車の } \dfrac{dv}{dt}\\ \text{加速度}\end{pmatrix}=\begin{pmatrix}\text{ころがり抵抗}\\ \boldsymbol{R}\text{ の前向き成分}\end{pmatrix}-\begin{pmatrix}\text{車体にはたらく}\\ \text{空気抵抗 } D\end{pmatrix}$$

となる.

ここにエンジンがタイヤを回そうとする力 $\boldsymbol{K}$ が入らないのは，これが内力だからである．エンジンにつながった歯車かなにかが車軸に力 $\boldsymbol{K}$ をおよぼすと，車軸は歯車に $-\boldsymbol{K}$ の力をおよぼし返す．これが作用・反作用の法則の主張であって，そのため自動車にはたらく力を総和するとき 2 つが一緒になって帳消しになってしまうのである.

ころがり抵抗 $\boldsymbol{R}$ の前向き成分は，図 3 で $\boldsymbol{R}$ の鉛直成分の大きさが Mg に等しいことに注意すれば,

$$Mg\tan\phi$$

であたえられることがわかる．したがって，上の運動方程式は

$$M\frac{dv}{dt}=Mg\tan\phi-D \tag{1}$$

となる.

これを見ると，**自動車を動かすのは，ころがり抵抗である**ということがわかる.

しかし，この式にはエンジンが顔を出していない．エンジンが力をだすと自動車が加速される，ということが，この式では言い表わされていない．でも，それは仕方がないことだ．上に説明したとおり，作用・反作用の法則の不可避の帰結なのだから——.

11.6 エンジンは何をする？

エンジンにものをいわせるには，自動車の全体としての運動を考えていたのではダメだ．自動車の部分に注目しなければならない.

そこで，タイヤの回転の運動方程式を書いてみよう．タイヤの，反時計まわりの回転の角速度を ω とすれば

$$\begin{pmatrix}\text{タイヤの}\\ \text{慣性能率 } I\end{pmatrix}\cdot\begin{pmatrix}\text{タイヤの } \dfrac{d\omega}{dt}\\ \text{角加速度}\end{pmatrix}=\begin{pmatrix}\text{タイヤにはた}\\ \text{らく力の能率}\end{pmatrix}$$

ただし：

タイヤの慣性能率といったのは，正確には「タイヤの中心のまわりの慣性能率」

のこと，これを知らない人は，回転の運動方程式において「回転の慣性の大きさ」を表わす量と思ってくださればよい．

角速度というのは，単位時間あたりの回転角のことであり，角加速度とは角速度の時間的変化率をいう．

力の能率 (モーメント) とは，テコの理に現われる

(力の大きさ) × (回転中心から力の作用線までの距離)

のことで，それがひきおこす回転の向きが反時計まわりかその反対かに従って正・負の符号をつける．

まず，エンジンがタイヤをまわそうとする力 $\boldsymbol{K}$ についていうと，回転中心 O から $\boldsymbol{K}$ の作用線までの距離は a としたから (車軸の半径が a)，この力の O のまわりの能率は Ka，そしてこの力は角速度 ω を正とした反時計まわりの回転を起こすから符号を正とする．つまり，力 $\boldsymbol{K}$ の，O のまわりの能率は Ka である．

ころがり抵抗 $\boldsymbol{R}$ については，これを鉛直成分と前向き成分に分けて考えるのが便利である．前者が O のまわりにもつ能率は，$-Mgl$ である．後者が O のまわりにもつ能率は，$(-Mg\tan\phi)\cdot h$ である．ここに，h は地面から測った車軸 O の高さである．

したがって，タイヤの回転の運動方程式は

$$I\frac{d\omega}{dt} = Ka - (Mg\ \tan\phi)\cdot h - Mgl \tag{2}$$

となる．

ここでは，**ころがり抵抗**は右辺にマイナスの寄与をしている．たしかに，**タイヤを回そうとするエンジンの頑張り Ka に抵抗している！**　(1) 式において，ころがり抵抗が自動車を前に進めようとしたのとは大違いである！

11.7 結論

自動車屋さんは，(1) 式と (2) 式から $Mg\tan\phi$ を消去する．ϕ の大きさがわからないからだ．

タイヤは，図 2 のように多少つぶれているが，ほとんど円形だとすれば，自動車の進む速度 v とタイヤの回転角速度 ω の間に (よい近似で)

$$v = h\omega$$

の関係がある．ただし，タイヤと地面の間に滑りがないとしての話である．このとき，h は一定だから

$$\frac{dv}{dt} = h\,\frac{d\omega}{dt}$$

となる．

そこで，(2) 式の両辺を h で割って (1) 式に辺々加えれば，右辺で $Mg\tan\phi$ が相殺して

$$\left(M + \frac{I}{h^2}\right)\frac{dv}{dt} = \frac{a}{h}K - \left(\frac{l}{h}Mg + D\right) \tag{3}$$

となる．

自動車屋さんは，この式を——(1) 式でなく，この式を——**自動車の運動方程式**とみるようだ．そして，右辺の

$\frac{a}{h}K$　を　**駆動力**とよび

$\frac{l}{h}Mg + D$　を　**走行抵抗**とよぶ

ようである．なるほど，これは直観にピンとうったえるところのある見方である．

この見方においては

自動車の**有効質量**が　　$M + \frac{I}{h^2}$

となって，本来の質量 M より $\frac{I}{h^2}$ だけ増していることを忘れてはならない．

このように，自動車の駆動力という概念は，自動車の並進運動の運動方程式 (1) とタイヤの回転運動の運動方程式 (2) を折衷して作り上げた「実効的な式」(3) で定まるものであった．素人が素手で考えて第 1, 2 節のように難儀したのも無理からぬことだった——そう思って自らをなぐさめる．

いや，まだ安心はできない．上に書いてきたことも大部分は素人考えにちがいないのだから——．読者の御叱正をお願いする．

参考書

[1]　江沢 洋ほか監修『科学の事典』第 3 版，岩波書店 (1985).「自動車」の項.

[2]　たとえば，福島 肇『物理の ABC——光学から相対性理論まで』，ブルー・バックス B606，講談社 (1985).

12. 世界像を組み上げてゆくために
——物理学のすすめ

12.1 はじめに

物理の，どこがおもしろいか？　それは人によってちがう．

君たちの中には，物理学の応用の広さ，力強さに魅力を感じ，将来，自分でも新しい応用を開拓しようと張り切っている人がいるだろう．

意外な，あるいは珍しい現象に興味をもつ人もいる．その現象を自分の手でおこす実験ができたら，なお楽しい．

相対性理論や量子論のエキゾティックな物語にひかれて本格的な勉強を志す人もいる．原子の構造からはじめて原子核の内部に踏み込み，そこに，そしてまた宇宙線のなかにさまざまの素粒子(そりゅうし)を見いだしてきた物理学は，ついにそれらを人の手で創(つく)りだして研究するところまできた．そこには美しい調和の世界が開けていた．

宇宙でも新発見がつづいている．ブラックホールが見つかったという．星の誕生が観測された．星の死を意味する大爆発 (すなわち超新星！) の経過も手にとるように見えるようになった．それらも，つきつめれば素粒子の相互作用がもたらした結果である．素粒子の理論と宇宙論が結びついて，ビッグ・バンにはじまる壮大な宇宙の歴史を描きだした．いや，夢物語ではない．そのシナリオにもとづいて宇宙の現在の姿を計算し観測と比べてみると，よく合うのである．そうした研究に自分も参加したいという人もいるだろう．

物理学は，今日，化学を学ぶために必須の基礎になっている．物理と化学なしには生物も地学も研究できない．理解すらできない．だから，化学の力で新しい有用な物質をつくりだしたいという願いから物理を勉強している人もいるはずだ．生命の本質に迫るために，という人もいるにちがいない．また，物理学と数学との交渉がかつてなく緊密になってきたというところに将来を見ている人もいるだろう．

原子の存在は，いまでこそ当たりまえのように受け入れられているが，二〇世紀のはじめまではそうではなかった．そこから今日までの物理学の発展史を究(きわ)めたいという人もいるだろう．その物理学は，そして物理学者は社会に対して何をしてきたか，何をしなければならないか．反対に社会は，また政治は物理学をどう処遇(しょぐう)してゆくべきか？　それこそが関心事だ，という人もいるだろう．

物理の，どこがおもしろいか？　すぐに思いつくだけでも，こんなにいろいろある．人さまざまだから，もっと別の興味もあるにちがいない．

これからお話するのも，物理の別の面である．物理で新しいことを学んだら，それまでに学んだこととの関係や，その先に何があるかなど考えてみよう．自由な発想で自ら理解を深めることができる —— これも (これこそ！) 物理の楽しさだと私は思っている．

物理学の研究をジグソー・パズルになぞらえた人がある [1]．自然に問いかけて，そのときどきに得る知識は断片的である．それを加えて自然の姿の組み立てを一歩すすめる．新発見は，それまでに組み上げてきた絵のどこにかみあうか，不足している断片はどういうものか，考える．勉強だって同じだと思う．物理を学ぶことは世界像を少しずつ組み上げてゆくことである．自分の中の世界像を常に検証して，矛盾はできるだけ直し欠落はできるだけ補(おぎな)って，筋のとおったものに仕上げてゆこう．

12.2 光の反射と干渉

衛星放送用のお椀(わん)型パラボラ・アンテナの受信面は，放物線 (parabola) を軸のまわりに回転した形 (回転放物面(かいてんほうぶつめん)) になっている．この面は軸の方向からくる平行光線 (電波) を 1 点に集める．その点のところに受信装置がおいてあるのだ．

12.2.1　放物面鏡による反射

回転放物面のこの性質は，次のようにして証明することができる．これをとり上げる理由は間もなく明らかになるが，物理現象を読み解くのに便利な「無限小」という考え方のよい例になるからでもある．

回転放物面の断面に，図 1 のように直角座標系 O–xy を入れる．放物線の方程

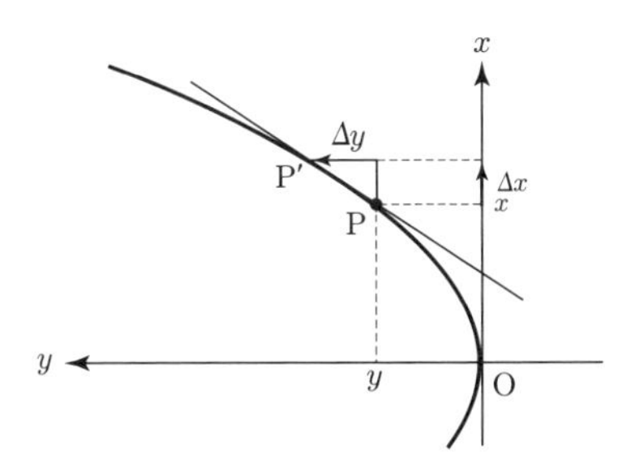

図 1　回転放物面鏡の断面.

式を

$$y = \frac{a}{2}x^2 \tag{1}$$

としておこう．a は定数である．放物面での反射を調べるには，断面の放物線の接線を知る必要がある．それを求めるため，ひとまず放物線と 2 点 —— 任意の 1 点 $\mathrm{P}(x, y)$ とその近くの $\mathrm{P}'(x + \Delta x, y + \Delta y)$ —— で交わる直線を考える．後者の点も放物線の上にあるのだから

$$y + \Delta y = \frac{a}{2}(x + \Delta x)^2$$

が成り立っている．式 (1) と辺々引き算すれば $\Delta y = ax\Delta x + \dfrac{a}{2}(\Delta x)^2$ が得られる．これを

$$\frac{\Delta y}{\Delta x} = ax + \frac{a}{2}\Delta x$$

と書いてみよう．左辺の比は，2 点 PP' の間隔 (正確には，x 座標の差) Δx をどんどん小さくしてゆくと，右辺で第 2 項が消えてゆくため，ax に限りなく近づいてゆく．ところが，図 1 によれば，この式の左辺は幾何学的な意味をもっていて，放物線上の点 $\mathrm{P}(x, y)$ における接線の勾配 (図を横にして x 軸を水平と見たとき) に限りなく近づいてゆく．こうして，その接線の勾配は ax で与えられることがわかった．

接線というのは，与えられた曲線と 1 点しか共有しない直線である．それを求めるのに，1 点ということを否定して 2 点で交わる直線から考え始めたのがミソである．考えてみれば，定規をあてて接線を引くときにも同じことをする．

ここで出てきた「限りなく小さくなってゆく量」を「無限小」とよぶのである．Δx は一万分の一でもない，1 億分の 1 でも 1 千億分の 1 でもない．そういった固定した量ではない．なぜなら，Δx が 0 でなかったら P と P' は別の点だ．2 点で曲線と交わる直線は接線ではない．かといって $\Delta x=0$ だったら勾配は $\dfrac{0}{0}$ となり意味をなさない．

アヤフヤだ，と思う人もあろうか．0 に向かって動く「無限小」という量をとらえるため，数学は対話方式を生み出した．「Δx を $\dfrac{1}{1000}$ にする」と A がいう．すると B は「もっと小さくしてごらんよ．勾配の値が変わってしまうじゃないか」と応じる．A は「では，$\Delta x=\dfrac{1}{1000000}$．これなら Δx をさらに小さくしても勾配の値は $\dfrac{1}{1000000}\times\dfrac{a}{2}$ ほども変化しない．こんなに精度よく勾配は定まった」という．でも，「だめ，だめ，もっと精密に」と B．これでは，きりがない．そこで，B がどんなに厳しい精度の要求をだしても，A は相応の Δx をとってその要求に応じることができる —— これを「確かめて」終わりにする．巧(たく)みな裁(さば)きではないか．

さて，接線の勾配が ax だから，ベクトル $\boldsymbol{t}=(1,ax)$ は接線の方向をむいている．括弧内の 1 が $\boldsymbol{t}$ の x 成分，ax が y 成分である．

いま，入射光線が放物面の点 P で反射して点 $\mathrm{F}(0,y_0)$ に向かうとしよう (図 2)．点 $\mathrm{P}(x,y)$ から点 F にむかう単位ベクトルは $\boldsymbol{r}=\left(\dfrac{-x}{\sqrt{x^2+(y-y_0)^2}},\ \dfrac{y_0-y}{\sqrt{x^2+(y-y_0)^2}}\right)$ である．同じ大きさだが入射光線の進行方向をむいた単位ベクトル $\boldsymbol{k}=(0,-1)$ も定義しておく．

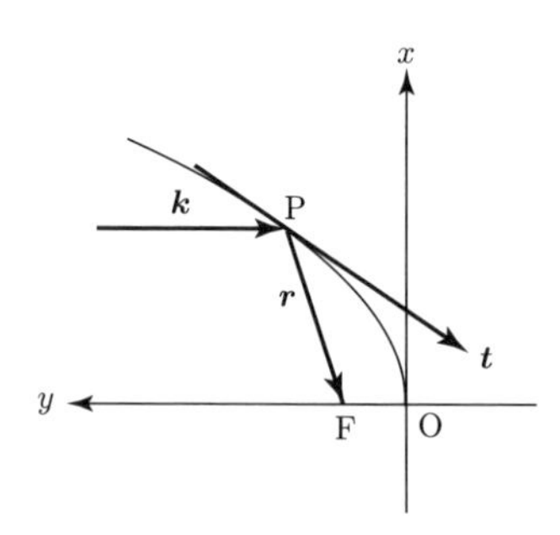

図 2　放物面鏡の軸に沿って入射した平行光線の反射．

さて，入射光線が放物面で反射して点 F に向かうとき，反射の法則は，図 2 から見て 2 つのベクトル $\boldsymbol{r}$, $\boldsymbol{k}$ が放物線の接線ベクトル $\boldsymbol{t}$ と等しい角をなすことである．その条件は，ベクトルのスカラー積を用いて $\boldsymbol{t}\cdot\boldsymbol{r}=\boldsymbol{t}\cdot\boldsymbol{k}$ と書き表すことができる．$\boldsymbol{r}$ と $\boldsymbol{k}$ は同じ長さにしてあるからである (p.188 の注を参照)．内積を各

ベクトルの成分で書けば

$$\frac{-x-ax(y-y_0)}{\sqrt{x^2+(y-y_0)^2}}=-ax \tag{2}$$

となる．この式が放物線 (1) 上の任意の $\mathrm{P}(x,y)$ に対して成り立つように $\mathrm{F}(0,y_0)$ が，すなわち y_0 がきめられることを示したい．この条件は $x\neq 0$ を含むから，x で割り算してもよい．両辺を x で割り，$\sqrt{\quad}$ を両辺に掛けて 2 乗し整理すれば

$$1+2a(y-y_0)=a^2x^2$$

となる．$y=\dfrac{a}{2}x^2$ を代入し

$$(1-2ay_0)+a^2x^2=a^2x^2.$$

したがって

$$y_0=\frac{1}{2a}$$

が，(2) が任意の $\mathrm{P}\left(x,\dfrac{a}{2}x^2\right)$ に対して成り立つための，つまり鏡に入射した平行光線が反射されてすべて 1 点 F に集まるための必要条件であることがわかる．これは十分条件でもあるだろうか？　その検討は読者におまかせしよう．

こうして，放物面鏡の一断面上でいえば，放物線の軸に平行に入射した光線は，放物線のどの点にあたって反射しても，1 点 $\mathrm{F}\left(0,\dfrac{1}{2a}\right)$ に集まる，ということが証明される．このことは，いま考えた断面を y 軸のまわりに回転させれば，放物面についても正しいことがわかる．点 F を放物面鏡の「焦点（しょうてん）」という．

12.2.2　光の干渉

光には「干渉（かんしょう）」という現象もある．2 つの細い平行なすき間 (スリット) を近接してあけた衝立（ついたて）を壁の前におく．2 つのスリットを通った光は壁面で出会って重なり合い，ある場所では強め合い，ある場所では弱め合う．その結果，壁面には明暗の縞（しま）模様ができる．いわゆる「干渉縞（かんしょうじま）」である．

このことを習った後では，こんなことが気にならないだろうか？　放物面鏡のどの点で反射された光も焦点に集まるというが，集まった光が干渉して弱め合うことはないか？　消えてしまうことはないか？——これは，物理で 2 つのことを知ったとき両者の関係がおもしろい問題になるという例である．この例を示すのが，いまの話の目的の 1 つであった．

放物面鏡のあちこちの点で反射して焦点Fに集まった光は干渉する．強め合うか，弱め合うかは，各点からFにいたる光の道すじ(光路)の長さを比べてみればわかる．

鏡の軸に沿って入射する光は，図2でいって平面 $y = C$ 上のどの点でも同じ位相(いそう)であるとしよう．この面を入射面とよぶことにする．点Fでの干渉を調べるには，入射面上の点Qを通り，鏡面の点Pで反射してFにいたる光の道すじの長さを計算する．そのうち $\overline{\mathrm{PF}} = \sqrt{x^2 + \left(y - \dfrac{1}{2a}\right)^2}$ であるが，放物線の方程式(1)を用いれば

$$x^2 + \left(y - \frac{1}{2a}\right)^2 = \frac{2}{a}y + y^2 - \frac{y}{a} + \frac{1}{4a^2} = \left(y + \frac{1}{2a}\right)^2$$

となるので，鏡面のどの点でも $y \geqq -\dfrac{1}{2a}$ であることに注意して $\overline{\mathrm{PF}} = y + \dfrac{1}{2a}$ を得る．これに $\overline{\mathrm{QP}} = C - y$ を加えて

$$(\text{光路 QPF の長さ}) = \overline{\mathrm{QP}} + \overline{\mathrm{PF}} = C + \frac{1}{2a}.$$

これは入射点Qに(同じことだが反射点Pにも)よらず，一定である．よって，入射面で同じであった光波の位相は焦点Fにきても同じであり，焦点では強め合いの干渉がおこる！

12.2.3 反射と干渉

放物面鏡のことはよくわかった．しかし，それだけではつまらない．もっと一般的に反射と干渉の関係は議論できないものか？　レンズにおける屈折はどうか？そう思う人もいるだろう．

いま，レンズの話はおいて，一定点からいろいろの方向に出た光線が曲面で反射して他の定点に集まる場合をもう少し考えてみよう．光の干渉を考えると，1つの光線 $\mathrm{FPF'}$ と，わずかに方向の異なる光線 $\mathrm{FP_1F'}$ との光路の長さは同じでなければならない．すなわち，$\overline{\mathrm{FPF'}} = \overline{\mathrm{FP_1F'}}$.

これから図3のようにして光の入射角と反射角の等しいことが導かれる．一定点から出て鏡面で反射して定点にいたる光線が干渉して強め合うのは，反射の法則をみたすときである．

証明　FPの延長上に $\overline{\mathrm{FQ}} = \overline{\mathrm{FP_1}}$ となるようにQをとり，$\mathrm{F'P}$ 上に $\overline{\mathrm{F'R}} = \overline{\mathrm{F'P_1}}$ となるようにRをとる．2本の光線がF, F′でなす角は極めて小さくしてあるの

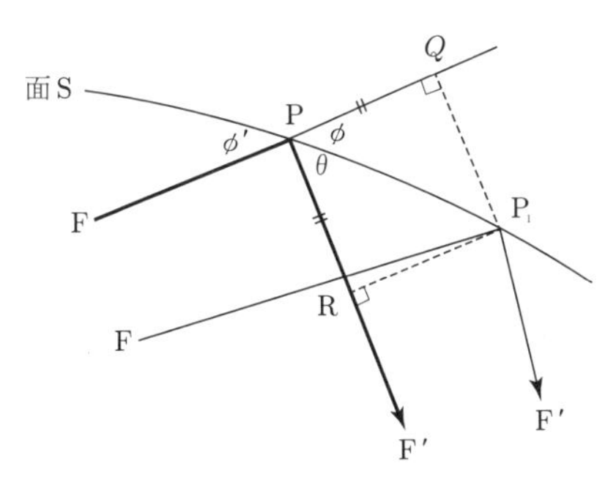

図 3　強め合いの干渉と反射の法則.

面 S の反射点の近くだけを拡大して示した．F, F′ は，それぞれ遠方にある 1 点を表わしている．$\overline{\mathrm{FPF'}} = \overline{\mathrm{FP_1F'}}$ (強め合い条件) から $\theta = \phi'$ (反射の法則) が導かれる．

で (またも「無限小」の出番！) $\angle \mathrm{PQP_1} = \angle \mathrm{PRP_1} = 90°$ とみなすことができ，他方で光線の長さの条件から $\overline{\mathrm{P_1Q}} = \overline{\mathrm{PR}}$ となるので，$\triangle \mathrm{P_1PQ}$ と $\triangle \mathrm{P_1PR}$ は共通の斜辺 $\mathrm{PP_1}$ をもつ合同な直角三角形である．よって，図の $\theta = \phi$ が知れる．ところが $\phi = \phi'$(対頂角) だから，$\theta = \phi'$ が結論される．反射の法則が成り立っている．これは，点光源 F から出た光が面で反射され点 F′ に集まって強め合いの干渉をするとして導いた結論である．

放物面鏡での平行光線の反射は，光源が無限遠にいった場合に当たる [2]．これも 2 つのものに関係をつける例の 1 つである．世界像を組み上げてゆく一歩である．

12.3 惑星運動の解析へ

これは，楕円(だえん)に関する幾何の問題から円が立ち現われ，連想によって惑星の運動の解析(かいせき)に導かれる話である．物理あるいは地学で，惑星は太陽のまわりに楕円軌道を描くと習う一方，学校の力学は等速円運動(とうそくえんうんどう)までで，楕円軌道には手を触れない．これを不満に思っている人もいるだろう．問題を背負って歩いていると手掛かりにぶつかることもある．

12.3.1 幾何の問題

ある幾何の本 [3] に次のような練習問題がのっていた．

問題 1　楕円において，焦点の 1 つから接線におろした垂線の足の軌跡(きせき)をもとめよ．

楕円というのは，「一平面上，二定点からの距離の和が一定な点の軌跡」である．その二定点を「焦点」という．焦点を F, F′，一定の長さを $2a$ とすれば，$\overline{\mathrm{PF}}+\overline{\mathrm{PF'}}=2a$ であるような点 P の全体がつくる曲線のことである．もちろん，$2a>\overline{\mathrm{FF'}}$ とする．「軌跡」は点 P が動いて残す「足跡」といった感じの言葉である (図 4)．

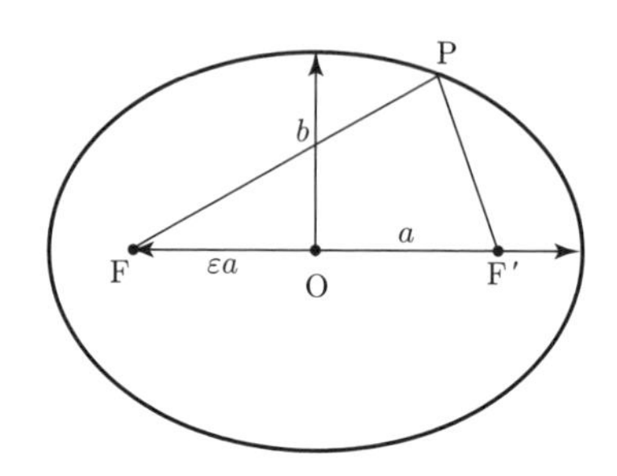

図 4　楕円を描く．2 点 F, F′ に針を立てて長さ $2a$ の糸の両端を結び，鉛筆を，芯の先 P で糸をピンと張りながらグルッと一まわり動かして描いた曲線が楕円である．a は，その楕円の長半径になる．$\overline{\mathrm{FF'}}/(2a)$ を離心率とよび，普通 ε で表わす．短半径 b は $\sqrt{1-\varepsilon^2}\,a$ となる．

焦点の 1 つを F としよう．与えられた楕円の上の任意の点 P における接線に F から垂線をおろし，その足を N とする (図 5)．P を楕円の周に沿って動かすと接線も動き，点 N も次々に新しい位置をとる．P が楕円を 1 周するとき生ずる点 N の全体がつくる曲線が求める軌跡である．それは，どんな形か？

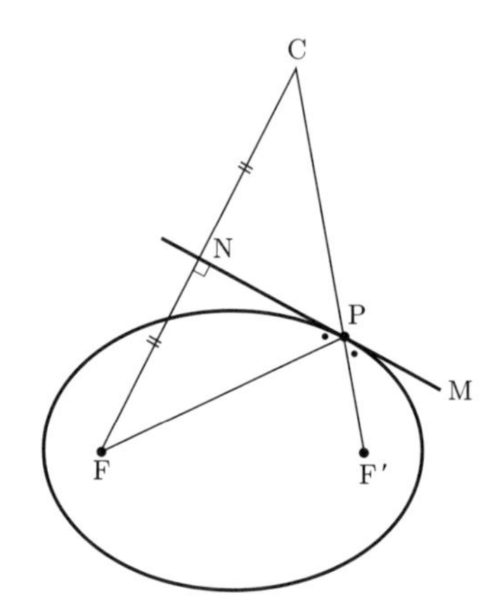

図 5　楕円の焦点の 1 つ F から接線に下ろした垂線の足 N の軌跡は？

この問題は幾何の本にのっていた，といったが，それは解析幾何学の本で，問題は式の計算で解くことになっていた．しかし，次のようにして図を描いて解くこともできる．

図5を見よ．楕円の上の点Pにおける接線に焦点Fからおろした垂線FNを延長し，その上に$\overline{\mathrm{FN}} = \overline{\mathrm{NC}}$となる点Cをとる．そして，CとP，FとPを結べば$\triangle\mathrm{PNF}$と$\triangle\mathrm{PNC}$は合同になるから，第1に$\triangle\mathrm{FPC}$は二等辺三角形であり，第2に$\angle\mathrm{NPF} = \angle\mathrm{NPC}$が成り立っている．

ところが，楕円の上の任意の点Pと焦点F，F′を結ぶ直線はPにおける接線と等しい角をなす．すなわち$\angle\mathrm{NPF} = \angle\mathrm{MPF'}$が成り立つ．これは，$\overline{\mathrm{FP}} + \overline{\mathrm{F'P}}$が一定という楕円の定義から出ることで，前節の最後にみたとおりである．一方の焦点からでた光線は楕円で反射すると他方の焦点に向かう．

角度に関するこれらの2つの関係から

$$\angle\mathrm{NPC} = \angle\mathrm{MPF'} \tag{3}$$

が得られる．したがって，3点C，P，F′は一直線上にある！

さて，楕円においては$\overline{\mathrm{FP}} + \overline{\mathrm{F'P}}$は一定である．その一定値を$2a$と書いておこう．$\triangle\mathrm{FPC}$は二等辺三角形であったから

$$\overline{\mathrm{PF'}} + \overline{\mathrm{PC}} = 2a \tag{4}$$

も成り立つことがわかる．

点Pは任意であったから，式(4)は点Cが —— Pの位置によらず —— 焦点F′から一定の距離$2a$にあることを示している．

定点から一定の距離にある点の軌跡は円である．点Pが楕円を1周するとCはF′を中心とし半径が$2a$の円を描く．

しかし，問題はCの軌跡ではなかった．Nの軌跡である．Nは定点FからCにいたる線分の中点(ちゅうてん)だから，図6のように補助線GC, HNを引けば，Nの軌跡はCの軌跡に相似であることが明らかになる．ここにHは線分FGの中点であって，楕円の長径の端にある．

Cの軌跡は円である．Nの軌跡は，それに相似だというのだから，やはり円である．この円は楕円に外接する．Nは楕円の接線から定めるのだったが，その接点が楕円の長径の端にきたときには，Nもそこに重なるからである．

これで問題は解けた！　物理の反射の法則と干渉の関係から考えたことが幾何

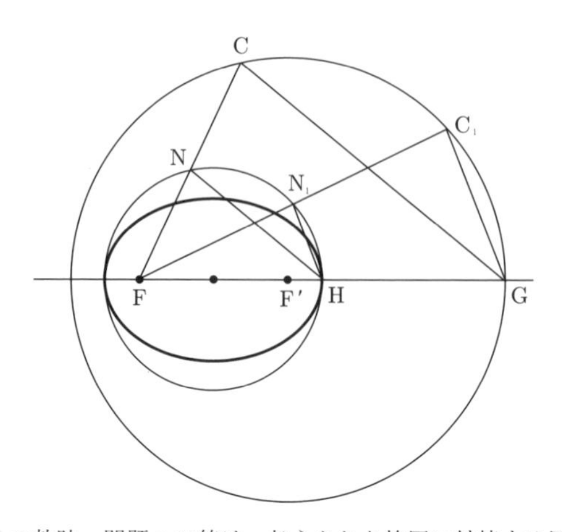

図6　N の軌跡．問題 1 の答は，与えられた楕円に外接する円である．

の問題を解くのに役立ったのだ．

12.3.2　円から楕円へ

1 つの問題が解けたら，その変形を考えてみよう．たとえば

問題 2　二定点 F, F′ がある．点 C が一方の F′ を中心とする半径 $2a\,(>\overline{\mathrm{FF'}})$ の円の上を動くとき，FC の垂直二等分線を接線とする曲線をもとめよ．

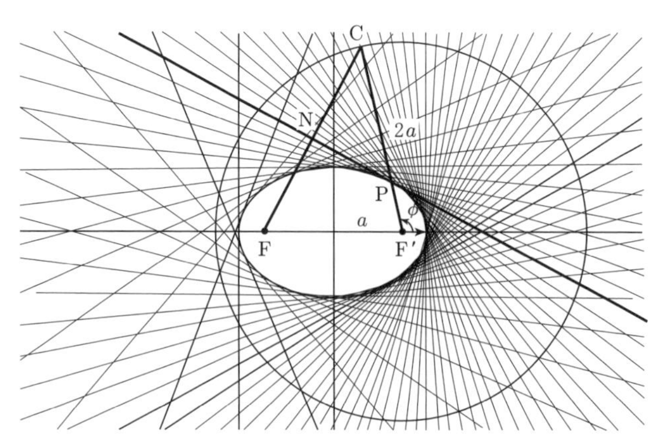

図7　円から楕円が生まれる．与えられた円周上を動く点 C を定点 F に結ぶ線分 CF の垂直二等分線の包絡線（ほうらくせん）．一定の規則にしたがう連続的な変化で生じた無数の直線すべてに接する曲線を，その直線群の包絡線という．

その答は，図 7 にみるとおり F, F′ を焦点とし，長半径が a の楕円である．それを，きちんと証明する仕事は読者のお楽しみに残しておこう．

12.3.3　円と楕円からの連想

あるとき，ふと思い出したのが，太陽のまわりを公転する惑星の刻々の速度ベクトル $\boldsymbol{v}(t)$ のことである．刻々の速度ベクトルを，尻尾（しっぽ）を 1 点に集めて描くと，先端の軌跡は円になる (図 8)．美しいといおうか，印象的な性質である．以前，ある本 [4] に書いてから記憶に焼きついている．そのとき以来，計算なしの直観的な証明はできないものか，と考えつづけてきた．もっとも，その本で説明したレンツ・ベクトルをつかう惑星運動の解析も，なかなかおもしろい．

速度ベクトルの，尻尾を定点に集めたときの先端の軌跡をホドグラフとよぶ．

惑星の軌道は楕円だ．速度ベクトルは軌道の接線をなす．そして，速度ベクトルはホドグラフにすると円になるのだ．この楕円，接線，円の 3 つが図 7 で 1 つにつながったような気がした．ここには何かあるのではなかろうか？

いや，だめだ，とすぐ気づいた．つながりがついたというには 1 つ具合のわるいことがある．図 7 の円を惑星運動のホドグラフ (図 8) と見ると，惑星の速度 $\boldsymbol{v}$ に当たるのは $\overrightarrow{\mathrm{FC}}$ である．他方，速度の方向を与えるはずの接線は PN で，FC に直交している．これは困った．

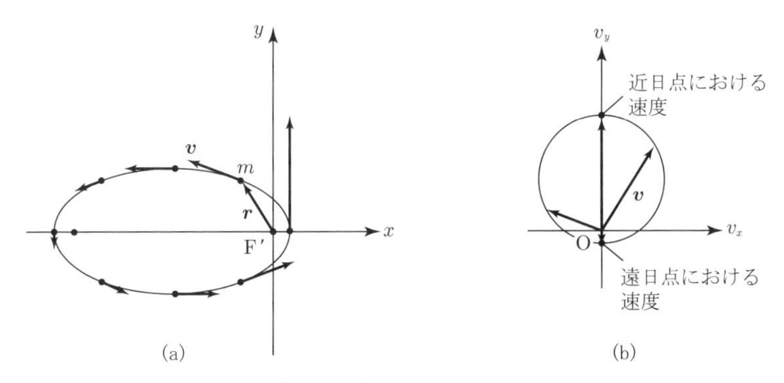

図 8　惑星の運動．(a) 軌道上の各点 $\boldsymbol{r}$ における速度と，(b) ホドグラフ．

いや，いや，図 7 の円をホドグラフそのものと思ったのが，いけない．そう思い直した．FC は常に速度の方向を与える接線 PN に直交しているのだから，円と $\overrightarrow{\mathrm{FC}}$ とを透明なシートに写しとって F を中心に反時計まわりに 90° 回転させたらどうか？　回転してできる図形こそがホドグラフだとすれば (図 9)，速度ベクトル $\boldsymbol{v} = \overrightarrow{\mathrm{FC'}}$ は軌道の接線 PN の方向をむく！　この P が楕円軌道上の惑星の位置だ.

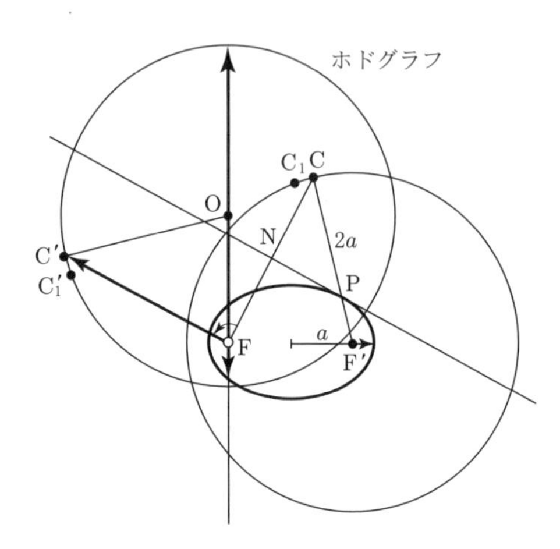

図 9　惑星の軌道とホドグラフ．惑星は F, F′ を焦点とする長半径 a の楕円の上を反時計まわりに運動する．そのとき，楕円のもとになった中心 F′ の円を 90° まわして得た円 O をホドグラフと見れば，惑星の速度の方向はよく表される．

図をつくってみると，おお，これは，うまい話だ，と気づく．ここまでは，図 9 の円 O が惑星の速度の方向をよく表わすという話だった．その考えが先に伸びてゆく．時間 $\varDelta t$ がたつと点 C は円周に沿って少し動いて $\mathrm{C_1}$ にくる．すると，C′ も動いて $\mathrm{C_1'}$ にくるが，$\mathrm{C'C_1'}$ はちょうど PF′ の方向にむく．もちろん，$\varDelta t$ は極めて短いとしての話だが (またまた「無限小」の出番！)，$\mathrm{CC_1}$ も極めて短く (無限小で)，したがって $\mathrm{CC_1}$ は円の半径 F′C に直交する．$\overrightarrow{\mathrm{C'C_1'}}$ は $\overrightarrow{\mathrm{CC_1}}$ を反時計まわりに 90° 回転させたものだから，円の半径 F′C に平行で，しかも F′ に向かう．

「うまい」と思ったのは，こういうことだ．円 O は惑星運動のホドグラフだとしたのだから，$\overrightarrow{\mathrm{FC'}} = \boldsymbol{v}$ は惑星の速度ベクトルである．それが無限小時間 $\varDelta t$ の後に $\overrightarrow{\mathrm{FC_1'}} = \boldsymbol{v}_1$ になるのだ．

$$\overrightarrow{\mathrm{C'C_1'}} = \boldsymbol{v}_1 - \boldsymbol{v} \tag{5}$$

は時間 $\varDelta t$ の間におこった速度変化である．これを $\varDelta t$ で割れば惑星の加速度ベクトルになる．それが定点 F′ の方に向いていることがわかったのである．

点 C を円周上にグルッと 1 周させると，惑星の位置 P は楕円軌道を 1 周する．そのあいだ常に惑星の加速度は定点 F′ に向かうことがわかった！

惑星の加速度に惑星の質量をかけると惑星にはたらいている力がでる (ニュートンの運動の法則)．惑星の加速度ベクトルが常に点 F′ の方に向いていることは，惑星に刻々にはたらいている力も同じく常に F′ の方に向いていることを意味する．

この定点 F′ には太陽がいるはずだ．

12.3.4　引力の逆 2 乗法則

前節では，惑星運動のホドグラフが円であるとして出発し，惑星にはたらく力が常に円の中心に向かうことを導きだした．

さらに進んで，その力の大きさが「力の中心から惑星までの距離の 2 乗に反比例する」ことまで導きだせないものだろうか？

力の大きさを調べるには，時間の流れの速さを考えに入れなければならない．図 9 の点 C が円周上を速くまわれば惑星の速度の変化も速いことになり，加速度も大きいことになる．円周上に C の動きが特に速いところがあれば，そこで加速度も特に大きいことになろう．

惑星が軌道上を走る速さは一様ではない．ケプラーの第二法則によれば，「惑星の面積速度 (図 10) が一定」なのである [5]．惑星が動くと動径 F′P は回転する．時間 Δt のあいだに動径が回転する角度を $\Delta\phi$ とすれば

$$(\text{面積速度}) = \frac{1}{2}\overline{\mathrm{F'P}}^{\,2}\Delta\phi \times \frac{1}{\Delta t} \tag{6}$$

と書ける．

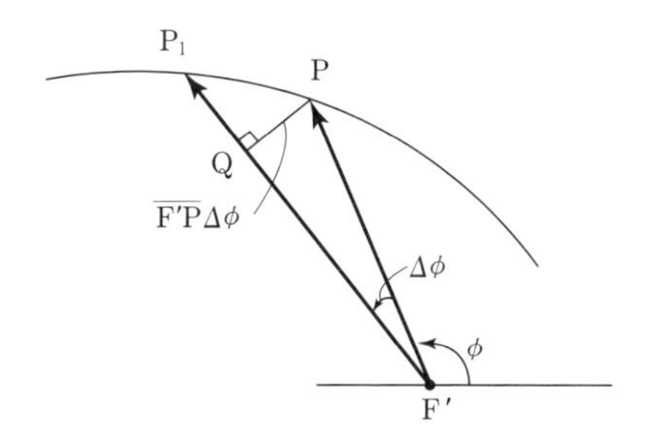

図 10　面積速度．定点 F′ から惑星 P まで引いたベクトル $\overrightarrow{\mathrm{F'P}}$ が P の運動につれて掃く面積で表わした P の速度．すなわち，$\overrightarrow{\mathrm{F'P}}$ が無限小時間 Δt のあいだに掃く面積を Δt で割った値．無限小にとった時間は普通 dt と書く．

動径が掃く面積なら $\frac{1}{2}\overline{\mathrm{F'P}}^2 \Delta\phi$ と P のところの $\triangle \mathrm{PP_1Q}$ の面積の和だ，と君たちはいうだろう．そのとおりである．しかし，面積速度は，その和を Δt で割って Δt を例の無限小にしたものだ．面積速度への $\triangle \mathrm{PP_1Q}$ の寄与は無限小で 0 と同じなのである．正確にいえば，Δt を短くしてゆくと ($\triangle \mathrm{PP_1Q}$ の面積)/Δt はいくらでも 0 に近づく．

いま，惑星の刻々の位置 P を軌道上にマークし，対応する C の位置を円周上にマークしたい．時刻 t における P の位置，それから $(\Delta t)_1$ 後の P の位置．さらに $(\Delta t)_2$ 後の P の位置，……というふうにマークしてゆきたい．わかりやすくするには，刻々というその時間間隔 Δt を，その時々の $\overline{\mathrm{F'P}}^2$ に比例するようにとるとよい．そうすれば，面積速度［式 (6)］が一定であることから

$$\text{動径の回転角}\quad \Delta\phi\ :\ \text{一定} \tag{7}$$

になる．すると，C が図 9 の円周上を一定の歩幅で進むことになる．すなわち

$$\overline{\mathrm{CC_1}}\ :\ \text{一定} \tag{8}$$

ということは $\overline{\mathrm{C'C_1{}'}}$ が一定であることで，式 (5) によれば，時間 Δt のあいだの惑星の速度変化の大きさが一定になるということである．

では，等加速度運動？　いや，ちがう．いま，時間間隔 Δt は一様でないのだ．惑星の太陽からの距離の 2 乗に比例して変えている．太陽に近いときは短く，太陽から遠いときには長い．そのように長短のある Δt のあいだの速度変化が同じ大きさなのである．だから，$\overline{\mathrm{F'P}}$ が短いときの加速度は，それだけ大きい．長いときの加速度は，それだけ小さい．式で書けば

$$(\text{惑星の加速度}) = \frac{\overline{\mathrm{C'C_1{}'}}}{\Delta t} \propto \frac{1}{(\text{太陽から惑星までの距離})^2} \tag{9}$$

となる．式 (7) と (8) からの結果である．こうして，惑星の加速度は，大きさが太陽までの距離の 2 乗に反比例して変わることもわかった！

3.3 節の結論とあわせれば，惑星の加速度ベクトルは常に太陽の方に向き，大きさは太陽までの距離の 2 乗に反比例する，という結論が得られる．これが，太陽が惑星を引く力の性質である．ケプラーの法則はすべての惑星に対してなりたつので，太陽は，どの惑星も同じ性質の力で引いていることが結論できる．

12.3.5　宿題

興味はつきない．おもしろい推論は，まだいくらでもできる．ケプラーの第三法則には，まだ触れてもいない．

ここまでは，惑星運動のホドグラフが円であることから，そのような運動を惑星にさせる力の性質を推論したのである．では，ホドグラフが円であることは，ケプラーの法則から導けるのか？

また，惑星にはたらく力の性質がわかったとして，それから逆に惑星の運動を演繹(えんえき)しケプラーの法則を導きだすことはできるか？

図 9 などでは惑星軌道の楕円がホドグラフの中に収まっているが，両者の大きさの関係はこれでよいのか？

じつは，太陽から距離の 2 乗に反比例する強さの引力を受ける物体も放物線や双曲線の軌道を描くことがある．これは上の考察のどこで抜け落ちてしまったのだろう？

こうした問題は微分や積分の計算をすれば難なく解くことができる．それをしないで，図を描いて幾何学的に解こうとするのはムダだ，という向きもあろうか．ここでは，ただ，これもおもしろい，とだけ答えておこう．ぼくにとっては，基本的な，簡単な問題が直観的に解けないと，世界像にトゲが刺さったようで痛いのだが——．

話はつきないが，与えられた紙数はすでに超えてしまった．日本の本は宿題を残して終わることになっている．

同様の問題を故ファインマン先生も楽しんだようだ[6]．先生も幾何の時間に問題 1 の類に出会ったのだろうか？　ちなみに，最初にあげた解析幾何の本[3]は，旧制の —— といってわかりにくければ，前大戦後の教育改革まえの東京の武蔵高校で行なわれた講義をまとめたものだという．高校とはいっても，これは今の中学校と高校を合わせた「七年制高校」だった．この幾何の講義は，説明の調子からみて中学レヴェルだったと思われる．

この小文の表題を「世界像…」とした．世界像とは，世界 —— われわれ自身から宇宙まで —— が，何から，どのようにできていて，どうはたらいているかについてわれわれが組み上げる像のことである．世界といっても学問によって見る角度がちがうので，物理からみた像は物理的世界像ということがある．

だれでも新しい土地に引っ越せば，まわりを見て歩くだろう．物理を学ぶ目的の 1 つは物理的世界像を組み上げることだと言えるのではなかろうか？　世界像に1つ，また1つと新しい要素を加え，あるいは像のこの部分とあの部分の間に新しいつながりを見いだす．互いに矛盾するかに見えた部分どうしが，実はしっくりゆくことがわかる．世界像を組み上げる作業は，このようにドラマに満ちている．

注　ベクトルのスカラー積(図11を参照のこと)

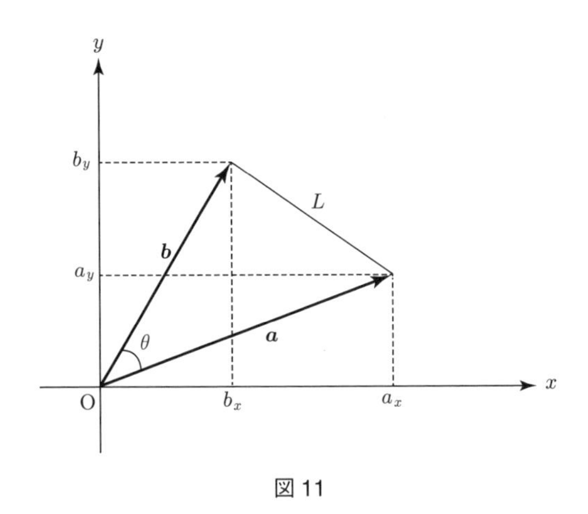

図11

ベクトル $\boldsymbol{a} = (a_x, a_y)$，$\boldsymbol{b} = (b_x, b_y)$ の張る三角形の斜辺の長さ L は，ピタゴラスの定理によれば

$$L^2 = (a_x - b_x)^2 + (a_y - b_y)^2 = a^2 + b^2 - 2(a_x b_x + a_y b_y)$$

から計算される．ここに a, b は，それぞれベクトル $\boldsymbol{a}$，$\boldsymbol{b}$ の長さである：$a = \sqrt{a_x{}^2 + a_y{}^2}$，$b$ も同様．

また，ベクトル $\boldsymbol{a}$, $\boldsymbol{b}$ のはさむ角を θ として，余弦定理を用いれば，同じ量が

$$L^2 = a^2 + b^2 - 2ab\cos\theta$$

から計算される．

よって，$ab\cos\theta = a_x b_x + a_y b_y$ が成り立つ．この量をベクトルのスカラー積とよび $\boldsymbol{a} \cdot \boldsymbol{b}$ と書く．すなわち

$$\boldsymbol{a} \cdot \boldsymbol{b} = ab\cos\theta = a_x b_x + a_y b_y$$

スカラー積 $\boldsymbol{a}\cdot\boldsymbol{b}$ は，2 つのベクトルの長さとなす角を用いて $ab\cos\theta$ と書き表わしてもよいし，ベクトルの成分を用いて $a_x b_x + a_y b_y$ と表わしてもよいのである．

参考文献

[1] ファインマン『物理法則はいかにして発見されたか』，江沢 洋訳，ダイヤモンド社 (1968)；岩波現代文庫 (2001).「ジグソー・パズル」という言葉を避けて「物理法則を発見するのは，ちぎれた絵をもとどおりに組み立てるようなものです」と訳した．

[2] 黒田孝郎『円の兄弟』，大日本図書 (1976). 円，楕円，放物線，双曲線の関係がやさしく説明してある．

[3] 秋山武太郎『解析幾何早わかり』，春日屋伸昌校訂，日新出版 (1977)，引用は第 6 章「楕円」の章末にある演習問題から．

[4] 江沢 洋『物理は自由だ 1 力学』，日本評論社 (1992).

[5] 江沢 洋『だれが原子をみたか』，岩波科学の本 17(1976)；岩波現代文庫 (2013). 物体が常に定点に向かう力を受けて運動する場合には面積速度が一定になるというニュートンの議論が 144 ページに紹介してある．[4] にもある．

[6] D. L. グッドスティーン，J. R. グッドスティーン『ファインマンさん，力学を語る』，砂川重信訳，岩波書店 (1996).

13. 海王星大接近の力学

1989年8月25日にアメリカの無人惑星探査機ヴォイジャー2号が海王星に最接近した．12年前に地球を出て，44億kmの旅をして遂に目的地に達したのである(図1)．

8月15日の朝日新聞夕刊によれば，最接近のとき

海王星の北極上空の雲までの距離は　4850 km,

速さは　50000 km/h　以上

とのこと．

なぜ「雲まで」の距離をいうのか，ぼくにはわからない．しかし，この数字を信じると，速さの見積もりのほうは低すぎることになる．

それは，こういうわけである．

『理科年表』(国立天文台編，丸善，1989)によれば海王星は

赤道半径 = 24 300 km,　　(地球の 3.81 倍)

極 半 径 = 23 700 km

の回転楕円体であって，

質量 $M = 1.030 \times 10^{26}$ kg　　(地球の 17.22 倍)

をもつ．

海王星は，回転楕円体といっても球に近い．以下では

$$\text{平均半径} = \sqrt[3]{(\text{赤道半径})^2 \times (\text{極半径})} = 24\,100\,\text{km}$$

をもつ球とみなすことにしよう．

ヴォイジャー2号(その質量を m とし，ヴ…という代りに m とよぶ)は，最接近のとき海王星の北極上空の雲まで 4850 km のところを通った．雲の高さ h はわ

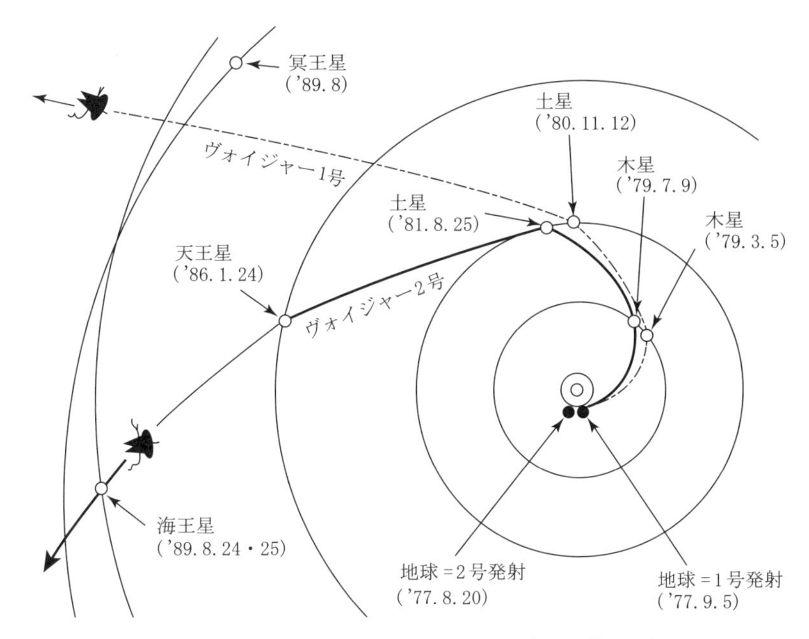

図1　ヴォイジャー1号・2号の飛行経路 (括弧内は最接近の年月日).

からないが, 10 km とはあるまい. そこで, m は海王星の中心から

$$r_0 = (\text{平均半径}) + 4\,850\,\mathrm{km} + h = 2.90 \times 10^7\,\mathrm{m}$$

のところを通ったとしてよかろう. そのときの重力の位置エネルギーは

$$V(r_0) = -G\,\frac{Mm}{R_0}$$

である. G は重力定数で $6.67 \times 10^{-11}\,\mathrm{kg}^{-1}\cdot\mathrm{m}^3\cdot\mathrm{s}^{-2}$. 数値をいえば

$$\begin{aligned} V(r_0) &= -\,(6.67 \times 10^{-11}\,\mathrm{kg}^{-1}\cdot\mathrm{m}^3\cdot\mathrm{s}^{-2}) \times \frac{m \times (1.030 \times 10^{26}\,\mathrm{kg})}{2.90 \times 10^7\,\mathrm{m}} \\ &= -\,m \times 2.37 \times 10^8\,\mathrm{m}^2\cdot\mathrm{s}^{-2} \end{aligned} \tag{1}$$

太陽の重力場における位置エネルギーは m の行動に関しては一定としよう.

最接近のときの m の速さを v_0 とし, そのときの運動エネルギー $\frac{1}{2}m{v_0}^2$ を $V(r_0)$ に加えて

$$E = \frac{1}{2}m{v_0}^2 + V(r_0) \tag{2}$$

とすれば，これは m が海王星から遠く離れていたときの運動エネルギーに等しいとみてよかろう．途中でロケットの噴射など多少の制御はあっただろうが，m の力学的エネルギーを大きく変えるほどではなかったろうと考えられる．これが正しければ，上の E は正になるべきだ．

新聞のいう「速さ 50 000 km/h 以上」を，仮に

$$v_0 = 50\,000\,\mathrm{km/h} = \frac{5.00 \times 10^7\,\mathrm{m/h}}{60 \times 60\,\mathrm{s/h}} = 1.389 \times 10^4\,\mathrm{m/s}$$

と読んで m の運動エネルギーを計算してみると

$$\frac{1}{2} m{v_0}^2 = m \times 9.65 \times 10^7\,\mathrm{m}^2 \cdot \mathrm{s}^{-2}$$

にしかならない．これでは

$$E < 0$$

である．新聞は，すこし計算をすれば，もっと大きい v_0 を報じて読者の印象を強くすることができたことになる．雲の高さを奮発してもこの結果は変わらない．

上に引用した新聞はヴォイジャー 2 号の海王星最接近の日より前に出たものである．

大接近のあとの 9 月 4 日に出た Newsweek によれば，m はそのとき

within 3,000 miles of the globe's cloudtops を速さ 61,148 miles an hour

で通りすぎた，という．

$$1\,\mathrm{mile} = 1.609\,344\,\mathrm{km}$$

だから，

雲の上の高さは 4,828 km で ‘朝日’ の値に近いが速さは 98,400 km/h で ‘朝日’ の値の 2 倍に近い

この速さを採用して

$$v_0 = \frac{98\,400\,\mathrm{km/h}}{60 \times 60\,\mathrm{s/h}} = 2.73 \times 10^4\,\mathrm{m/s} \tag{3}$$

から m の運動エネルギーを計算すれば

$$\frac{1}{2} m{v_0}^2 = m \times 3.73 \times 10^8\,\mathrm{m}^2 \cdot \mathrm{s}^{-2}$$

となり，今度は

$$
\begin{aligned}
E &= \frac{1}{2}m{v_0}^2 + V(r_0) \\
&= m \times (3.73 \times 10^8 - 2.37 \times 10^8)\,\mathrm{m}^2 \cdot \mathrm{s}^{-2} \\
&= m \times (1.36 \times 10^8\,\mathrm{m}^2 \cdot \mathrm{s}^{-2})
\end{aligned}
\tag{4}
$$

は正である.

ついでに，もうすこし計算をしてみようか.

ヴォイジャー2号が，海王星のこんなに近くを通ると，海王星の引力のために進行方向が大きく変えられるだろう．実際，上に引いた朝日新聞には図2のように m の軌道が示されている.

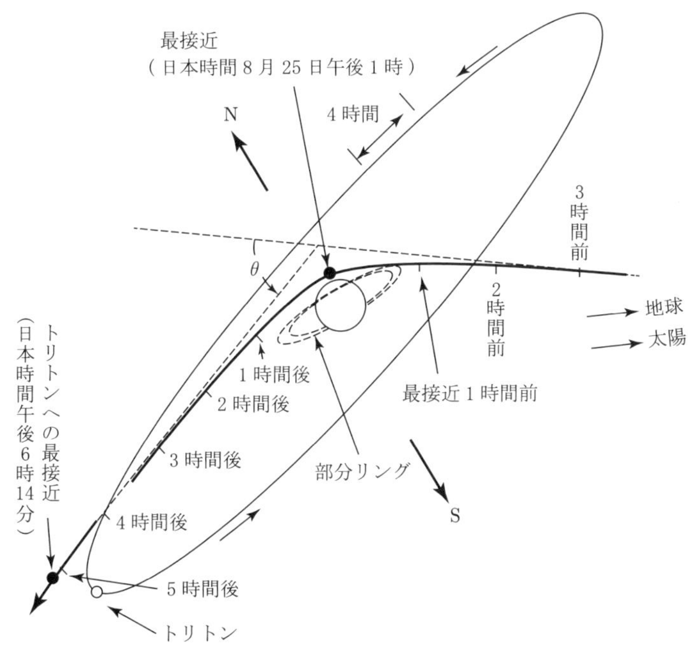

図2　ヴォイジャー2号の海王星最接近.

重力のために軌道の曲がる角 θ は

$$
\cot\frac{\theta}{2} = \frac{2E}{A}\,p \tag{5}
$$

という公式で計算できることが知られている[1]．ここに，

$$A = GMm \tag{6}$$

は海王星がその中心から距離 r のところにある質点 m を引く万有引力の強さを A/r^2 としてあたえる係数である．p は衝突径数とよばれ，m が海王星から遠く離れているときの速度ベクトルを延長した直線と海王星の中心との距離である (図 3)．そして，角運動量の保存則というものをつかうと

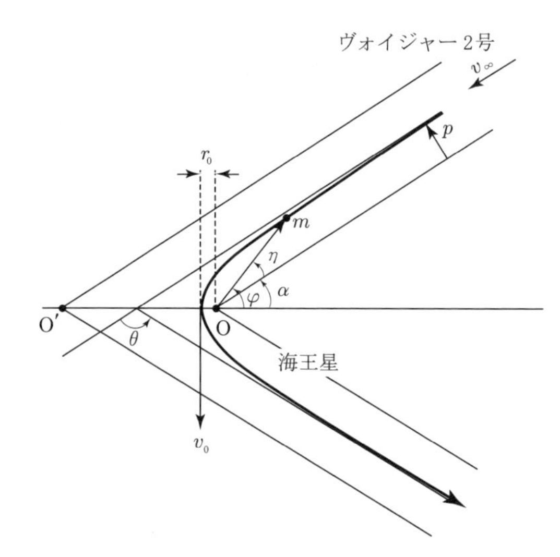

図 3　海王星の進行方向の変化と衝突径数．
ヴォイジャーの軌道は海王星を 1 つの焦点とする双曲線．O′ はもう 1 つの焦点．

$$p = \frac{r_0 v_0}{\sqrt{2E/m}} \tag{7}$$

のように表わされる．

ここで $\sqrt{2E/m}$ は，m が引力中心 (海王星の中心) から無限に離れた位置でもつ速さ v_∞ にほかならない．一般に，位置 P を速度 v で通過する質点 m が引力中心 O に関してもつ角運動量とは，P を通る速度ベクトルの延長線と引力中心との距離

1)　江沢 洋『現代物理学』，朝倉書店 (1996), p.204．ただし，これは図 3 の m が O から斥力を受ける場合である．結果の式は変わらない (A の符号は別)．

$r_\perp$ と速さ v をかけ，さらに質点 m をかけた $mvr_\perp$ をいう．これが――いわゆる中心力をうけて運動する質点の場合 (球体間の万有引力は中心力である)――軌道上のどの点でも同じ値に保たれることをいうのが角運動量保存則である．(7) はそのことを無限遠 ($v = v_\infty = \sqrt{2E/m}$, $r_\perp = p$) と最接近の地点 ($v = v_0$, $r_\perp = r_0$) とについて書いた

$$mv_\infty p = mv_0 r_0 \tag{8}$$

にほかならない．

(7) を (5) に代入すれば

$$\cot\frac{\theta}{2} = \frac{r_0 v_0}{GM}\sqrt{\frac{2E}{m}}$$

(3) の v_0，(4) の E などを用いて

$$\begin{aligned}\cot\frac{\theta}{2} &= \frac{(2.90\times 10^7\,\mathrm{m})\times(2.73\times 10^4\,\mathrm{m\cdot s^{-1}})}{(6.67\times 10^{-11}\,\mathrm{kg^{-1}\cdot m^3\cdot s^{-2}})\times(1.030\times 10^{26}\,\mathrm{kg})}\\ &\quad\times\sqrt{2\times(1.36\times 10^8\,\mathrm{m^2\cdot s^{-2}})}\\ &= 1.901\end{aligned}$$

故に

$$\theta = 55.5^\circ \tag{9}$$

これは新聞の図解 (図 2) から測りとった θ によく合っている！　とても偶然とは思えないくらい，よく合っている．新聞が意味のある図をのせてくれるのは，うれしいことだ．

補注　余白を利用して (5) 式を導く．エネルギーと角運動量の保存則から

$$r_c = \frac{p^2}{r_0} - r_0, \qquad \left(r_c = \frac{A}{E}, \quad E = \frac{m}{2}v_\infty^2\right) \tag{10}$$

が得られる．他方，m の軌道は双曲線で，方程式 $\overline{\mathrm{O}m} = r = \dfrac{a}{\cos\alpha - \cos\varphi}$ で表わされる (図 3 を見よ)．これから $\varphi = \pi$ として $r_0 = \dfrac{a}{\cos\alpha + 1}$ となる．また

$$p = \lim_{\eta\to 0}\frac{a\sin\eta}{\cos\alpha - \cos(\alpha+\eta)} = \frac{a}{\sin\alpha}.$$

よって $r_0 = \dfrac{p\sin\alpha}{\cos\alpha + 1}$．これを (10) に代入すれば $r_c = \dfrac{2p}{\tan\alpha}$ となり，$\theta = \pi - 2\alpha$ とすれば (5) が得られる．

---

14. 小谷－朝永のマグネトロン研究

小谷正雄先生は，朝永振一郎先生とともに「磁電管[1]の発振機構と立体回路の理論的研究 (共同研究)」に対して 1948 年度の学士院賞を受けておられる．その御業績が「日本物理学会誌」1994 年 6 月号の〈小谷先生の物理学への貢献をふりかえって〉特集にとりあげられていないとの御注意が牧 二郎さん等から寄せられた．大野公男さんのおすすめにより拙い試みを敢てする．

14.1 経緯

小谷先生をマグネトロンに向かわせたのは，第二次大戦中の戦時研究であった．先生の回想[1]：

> 島田は静岡から東海道線で少し西へ行って，大井川の手前にある町ですが，そこに海軍技術研究所の分室がありました．戦争中，ここでは強力な電波源をつくる研究が行なわれ，その発生に磁電管を改良強化する努力がはらわれていたようです．戦争の半ば頃になって，磁電管の発振の基礎的問題を研究するために，朝永振一郎さん，私，それに天文学の萩原雄祐さんの 3 人が島田に呼ばれました．

この場所が選ばれた理由は「島田のある会社がもっていた大井川の発電所をほとんど専有できること」だったようだ[2]．

軍の側から見た経緯は，当時の海軍大佐・伊藤庸二が戦後，朝永・小谷著『極超短波磁電管の研究』[3]に寄せた序文に詳しい (参考文献 [4]，[5] も参照)．か

1) 磁電管＝マグネトロン，どちらも使う．

いつまんで引用すれば：

日本海軍が極超短波の研究を正式に始めたのは1931年の初めであった．海軍技術研究所は敵味方識別装置の更新を目標とし …… 発振装置としては初めにはB-K管[2]が活用されようとしたのであったが，これを磁電管に代うべしとする考えが実行に移されたのは1933年であった．

当初には，磁電管はその性能複雑，不安定なるの故に，その発振機能が極めて強力らしいにも不拘，実用性は兎角疑われていたのである．併し極超短波を軍用に用いようとする熱意と，性能が複雑なるが故に面白しとする期待とは研究者としての我々に異常な魅力を喚起していた．

第二期研究として此処に分類する島田実験所開設までの9年間，…… 電探用磁電管M312およびM60は完成し，その量産が新たな問題として台頭，終戦までの3年間を …… 研究者は奔命甚だ疲れたのである．

1942年，第二次世界大戦の緒戦時に当たって，日本海軍は革新兵器の実現に新たな着想を求めた．…… 私は物理懇談会なるものを組織し，長岡半太郎博士，仁科芳雄博士，渡辺 寧博士，日野寿一氏，ほか数氏の学者に出席を乞うて最近の物理学から見た新兵器の出現について懇談を重ねたのである．その結果は当面の問題として強力極超短波の発生とその利用が示唆され，1943年の夏，…… 一大緊急研究の発足をみた．島田実験所の開設がこれである．

島田実験所の研究は先ず強力な磁電管の研究試作に主力が注がれ …… 大学関係の物理学者の協力を得た．これは兎角従来工学的研究のみに立て籠り勝ちだった真空管の研究に理学的研究のメスを入れんがための動きであった．

島田の研究に関与した主な者は概ね次の如くである．

海軍　水間正一郎 (少佐), [7]
高尾磐夫，伊藤庸二 (大佐)，［など (他の氏名省略)　8名］[3]．
東京芝浦電気株式会社［(氏名省略)　5名］
大学関係　渡辺 寧 (東北大)，日野寿一 (東大，医学士)，小谷正雄，萩原雄祐，朝永振一郎，宮島龍興，菊池正士，渡瀬 譲，蜂谷謙三，小田 稔

物理学者の参加の発端は宮島龍興の回想[8]に詳しい：

---

2)　3極管の陰極と陽極を0または負の電位にしグリッドを正電位にしたとき発生する振動 (Barkhausen－Kurzの振動) を利用した発振管．参考文献［6］を参照．

3)　［　］は江沢の挿入．以下同様．

［理研の朝永］先生の研究室に入れていただいたのは1940年であって，卒業後1年あまりたってからと思う．…… 1941年になって，文理科大学の藤岡由夫先生にさそわれて朝永先生が文理大に移られ，私も十月から同大学に入ることになり，早速やらされたのが電磁気学の講義であった．

やがて戦争が始まる．…… ある日，仁科先生からマグネトロンのことをきかされた．マグネトロンが日本で発明された真空管であることくらいしか知らなかった[4]．軍の研究として強力なマグネトロンの研究が行なわれて相当に成功していたが，その動作の機構について物理的な問題にわからぬ点が多く，それについて仁科先生が相談を受けられたらしい．…… 電気工学の人たちに会うために仁科先生につれられて軍の研究所に出かけた．ところが …… 言葉が通じなくて …… このときほど目を白黒させたことはないように思う．…… しかし，何回か根気よく話し合っているうちに，何となく言葉が通じるようになってきた．…… 電気屋さんと話をしてくるたびに，朝永先生のまえで，どのようにわからなかったかをくりかえししゃべっていたようである．…… ある日，朝永先生はひょっくりと「宮島君，こんなことを考えてみたんだけどね」といって，マグネトロン内の電子集団の運動について話をされた．…… 私はそれをきいて，少なくとも原理的にはすべて解決されたと感じて，そのようにいったのを記憶している．……

そうはいっても，仕事はむしろそれからであって，莫大な実験データをその考えの下で眺め直して …… 電気振動の型にもいろいろあることを明らかにし，それぞれの振動発生の機構を理解するためには，その後精力的な研究が必要であった．……

マグネトロンの研究には，私のもう一人の先生である東大の小谷正雄先生も加わられることになり，朝永先生の理論の本質的な部分を初等的な方法で取り扱う可能性を指摘され，電気屋さんにも一段とわかりやすくなってきた．こうして，…… 物理屋と電気屋との協力が順調に行なわれるようになった．…… その後，天文学の萩原雄祐先生も加わられ，すぐれた実験物理の方々も協力されて，マグネトロンの研究は画期的に進歩したといってもよい

---

4)　磁場の中の電子の運動による発振管を発明しマグネトロンと名付けたのはA.W.Hullで1921年のことである．それは，円筒型陽極と同心の陰極をもつ2極管に，軸に平行な磁場をかけたもの．1929年，岡部金次郎は円筒電極を2分割するとHullのものより短い波長が得られることを発見した．

と思う．……

研究はさらに進んで，立体回路の問題へと移ってゆき，特性行列の理論が生まれた．私は，これをアンテナなどの輻射の一般論へと応用した．[10]

参考文献［2］,［11］も参照.

14.2 電子の運動

図1に最も普通の型のマグネトロンの陽極を示す．中央の大きい孔 (半径 a) が電子の運動する空間 A で，周囲に大小何個かの孔 B がくりぬかれ，狭い間隙で A に通じている．その間隙で A の円筒面は分けられて「分割陽極」をなす．その中心軸に陰極を張る．両極間の電位差は $U_a =$ 数千 V (参考文献［4］の当時)，加えて軸に平行に磁束密度 B の磁場をかける．ここでは陽極の分割数は偶数 $2p$ とする．

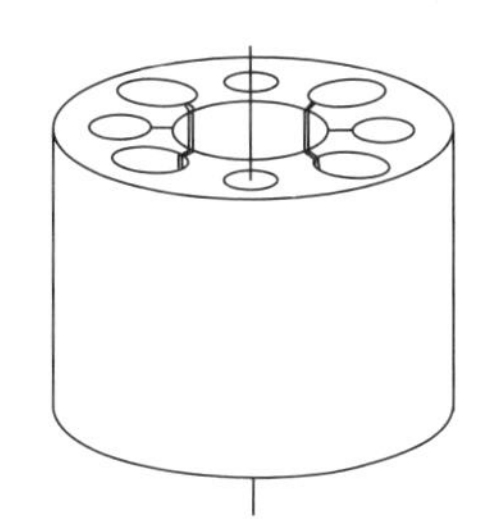

図1　マグネトロンの電極．中心を上下に走る直線が陰極で，それをとりかこむ円形断面の壁が陽極である．(M.Kotani：*J.Phys.Soc. Jpn.* **3** (1947) 86 より転載．) p.203 の図 2 を参照.

熱陰極から出た電子は電場と磁場から力を受けて一般には多重周期の振動をするだろうが，電子は後から後から放射されてくるので，それらが位相の異なる振動をするかぎり A 内の多数の電子による電荷分布は時間的に変化しない．これでは電極につないだ外部回路に電気振動はおこらない．発振がおこるためには，多数の電子の間に位相の調整を行なう機構が必要である．

小谷は，持ち前の謙虚さで，こう述べている[12]：

我々は島田で研究に入る前に従来得られていた実験的理論的成果についていろいろ聞いたのであるが，私自身はどう手をつけてよいかわからなかった．しかし，朝永さんの主導で，磁電管内の電子の運動を質点力学的に調べれば

> 役に立つであろうという考えに集約されてきた．しかも，分割された陽極にかかる交番電位による振動電磁場［が電子の運動におよぼす影響］は摂動的に扱ってよさそうである．

つまり，問題を2つに分けようというのである．第一に，陽極の電位に時間的に周期的な変化が生じたとき，これは電子の運動にどう影響するか？　第二に，そのような電子の集団としての運動は，電極とそれに接続された外部回路にどう影響するか？　それが最初に仮定した陽極電位の振動を助長するようなものであれば，発振がおこることになる．(参考文献［11］は，この分離を不満としている．p.304.)

小谷は，続けて言う：

> この段階で朝永さんはBornの原子力学に解説されているような前期量子力学の手法——作用変数，角変数を用いる方法——を駆使して，理論を展開された[13]．萩原教授は同じ問題を天体力学の摂動論を使って，とくに空間電荷分布に関心をもって研究された[14]．私は，朝永さんが使われた前期量子論的手法を，もっと一般になじみやすい微分方程式で置き換え簡単化するような仕事をしただけである[15]．

ここでは，小谷の考えを説明しよう[6], [15]．いま，陽極片の電位が

$$V_a = U_a + (-1)^{n-1}\psi_a \cos\omega t \quad (n = 1,\, 2,\, \cdots,\, 2p) \tag{1}$$

のように交互に逆位相で振動したとする (push-pull 型)．n は反時計まわりにつけた陽極片の番号である．陰極に沿って z 軸をとり，A 内の電位を

$$V(x, y) = \varphi(x, y) + \psi(x, y)\cos\omega t \tag{2}$$

とおこう．x, y 平面上の極座標を $(r,\, \theta)$ とする．

電位の直流分 φ は，A 内に空間電荷がなければ $\log r$ 型になるが，陰極付近では電子密度が大きいため陰極が太くなったのと同じで電位は平坦になる．朝永は

$$\varphi = \frac{U_a}{a^2} r^2 \tag{3}$$

と仮定した．これには実測の裏付けもあったが‘間接的にではあるが実験事実を種々綜合してみると，だいたい中心からの距離の2乗に比例する電位分布が存在すると考えざるを得なくなるのである’(参考文献［3］, p.85)．電位の振動分の振幅は，境界条件を (1) としラプラスの式 $\Delta\psi = 0$ が成り立つとすれば

$$\psi = \frac{2\psi_a}{\pi} \tan^{-1} \frac{2a^p r^p \sin p\theta}{a^{2p} - r^{2p}} \tag{4}$$

となる．ただし，分割陽極の間隙の幅を無視した．

実際には，A 内には密度変調を受けた空間電荷が存在するからラプラスの式が成立するはずはない．併し，この変調は余り大きくないであろうから，第一近似として (4) をとることは許されるであろう (参考文献 [3], p.92).

電位 (2) と磁場 $(0, 0, B)$ のもとで，電子の運動方程式は

$$\left.\begin{aligned} m\frac{d^2x}{dt^2} &= -eB\frac{dy}{dt} + e\frac{\partial}{\partial x}(\varphi + \psi\cos\omega t), \\ m\frac{d^2y}{dt^2} &= +eB\frac{dx}{dt} + e\frac{\partial}{\partial y}(\varphi + \psi\cos\omega t) \end{aligned}\right\}$$

となる．z 方向には，電子は力を受けず，熱陰極から出たときの速度の z 成分で緩慢な運動をするだけである．複素座標 $\zeta = x + iy$ を用いれば，運動方程式は

$$\frac{d^2\zeta}{dt^2} + \frac{ieB}{m}\frac{d\zeta}{dt} - \frac{2e}{m}\frac{\partial\varphi}{\partial\bar{\zeta}} = \frac{2e}{m}\frac{\partial\psi}{\partial\bar{\zeta}}\cos\omega t \tag{5}$$

にまとまってしまう．ここで，φ と ψ は ζ と $\bar{\zeta}$ の関数とみるのである．

この方程式を，右辺を摂動とみなして解く．まず，右辺を 0 とすれば

$$\zeta = Ae^{i\Omega_1 t} + Be^{i\Omega_2 t} \tag{6}$$

が解になる．ただし，$\omega_{\mathrm{L}} = eB/m$, $\omega_{\mathrm{c}} = 2eU_a/ma^2$ を用いて

$$\left.\begin{matrix} \Omega_1 \\ \Omega_2 \end{matrix}\right\} = \omega_{\mathrm{L}} \pm \sqrt{{\omega_{\mathrm{L}}}^2 - {\omega_{\mathrm{c}}}^2}$$

これは $\omega_{\mathrm{L}} > \omega_{\mathrm{c}}$ のとき周転円で表わされる運動になる．電子が陽極に突進せず外部回路に発振をおこすのはこの場合である．

これを (5) の右辺に代入し，定数変化法の定石に従い

$$\frac{dA}{dt}e^{i\Omega_1 t} + \frac{dB}{dt}e^{i\Omega_2 t} = 0$$

なる条件を課せば

$$\frac{dB}{dt} = -\frac{2k\bar{\zeta}^{\,p-1}}{1 - (\bar{\zeta}/a)^{2p}}\, e^{-i\Omega_2 t}\cos\omega t \tag{7}$$

および A に対する同様の方程式を得る．ここに

$$k = \frac{2pe\psi_a}{\pi m a^p(\Omega_1 - \Omega_2)}.$$

計算を詳しく述べてきたのは，(7) の扱いに小谷の工夫があると思うからである 5)．

小谷はいう：

> (7) を正確に解くことは困難であるが，右辺を t について平均し A, B の長期の変化だけを取り出すことを試みる．

分母の $(\overline{\zeta}/a)^{2p}$ を 1 に比べて無視する近似では，右辺の時間平均は

$$\omega = \tau\Omega_1 + (p-\tau)\Omega_2 \quad (\tau = 0,\, 1,\, \cdots,\, p) \tag{8}$$

のときのみ 0 と異なる．これが共鳴条件にほかならない．

特に，$\tau = 0$ で (8) が成り立つときには (7) は

$$\frac{dA}{dt} = 0, \quad \frac{dB}{dt} = -k\overline{B}^{\,p-1} \tag{9}$$

となり，第 1 式から，$A = \mathrm{const.}$ 第 2 式とその複素共役の式からは $B^p - \overline{B}^{\,p} = \mathrm{const.}$ ($:= 2ic$ とおく) が出るので，

$$B^p = -u + ic, \quad \overline{B}^{\,p} = -u - ic \quad (u,\, c \text{ は実数})$$

とおくことができる．$d(B^p + \overline{B}^{\,p})/dt$ をつくれば

$$\int_{u_0}^{u} \frac{du}{(u^2+c^2)^{p-1/p}} = pk(t - t_0)$$

となり，u，したがってまた B の絶対値が t とともに単調に増大する．よって，十分の時間がたった後には $\zeta \sim (-u)^{1/p} e^{i\Omega_2 t}$ となる．電子の極座標を $(r,\, \theta)$ とすれば $\theta \sim (\pi/p) + \Omega_2 t$ となり，時間が経つと電子の極角がそろってくることがわかる．これは $\tau = 0$ の場合であるが，(8) の他の τ も合わせると，電子群は極角が

$$\theta \sim \frac{\pi}{p} + \Omega_2 t,\ \ \frac{3\pi}{p} + \Omega_2 t,\ \ \cdots,\ \ \frac{(p-1)\pi}{p} + \Omega_2 t \tag{10}$$

のどれかの方向に伸びた p 本の腕をなして角速度 Ω_2 で回転することが結論される．

宮島 [8] は，さきに引用した‘何となく言葉が通じるようになってきた’に続けて，こう言っている：

> 分割された陽極の間に電気振動の回路を入れると，ちょうど陽極の間をいく

5) 今日では Kryloff–Bogolubov の平均法 [16] として知られる．

> つかの電極が回転して陽極に電圧を誘導するかのように電気振動が発生する．……陰極から出た電子が磁場のためにまわされているうちに集まって次第にかたまりになっていくにちがいないとは思ったが，それまでに行なわれた計算では，どうしてそのようなことが起り得るのかまでは説明されていない．

このような段階で朝永理論は出され，小谷理論に進んだのだった．宮島のいう「電極」は電気工学者が「電子極」とよんでいたもので，この概念に基づくマグネトロンの理解は参考文献［2］の第1章に水間・高尾が説明している．

14.3 共鳴振動数の計算

マグネトロンにおいて電子が運動する空間の周囲にくり抜かれた孔Bは共鳴空洞の役をするのである．小谷は，高橋秀俊と共鳴振動数を計算した．論文[17]の発表は1948年だが，主要部分は戦時中の研究であることが注記されている．

なお，参考文献［2］の朝永－小谷の章にも共鳴振動数の計算が述べられており，宮島龍興氏の御助力によるとしてある．いま，この計算との比較に立ち入る余裕はない．

図2の断面の無限に長い電極が完全導体でできているとし，push-pull型の振動を考える (式 (1) を参照)．空洞の軸に沿って z 軸をとれば，空洞内の場は

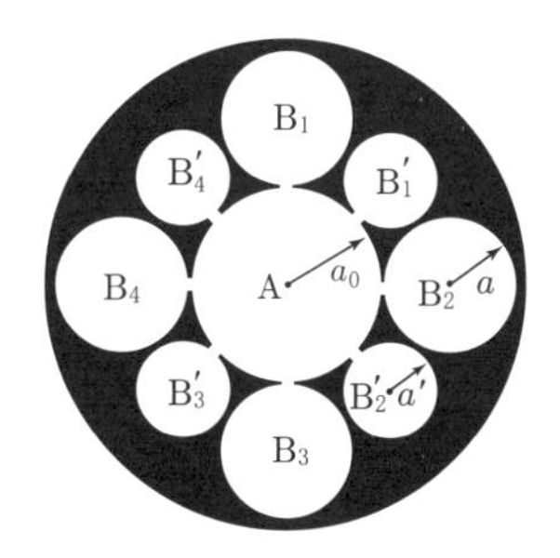

図2　マグネトロンの断面．Aが電子の運動する空間で，Bは共鳴空洞である．Bの半径 a' がどれも等しい型はUmebachi type，大小が交互に並ぶものはTachibana typeとよばれた．(M.Kotani and H.Takahashi : *J.Phys.Soc.Jpn.* **4** (1948) 65より転載．)

$$\boldsymbol{B} = (0, 0, Be^{i\omega t}), \quad \boldsymbol{E} = (E_x e^{i\omega t},\ E_y e^{i\omega t},\ 0) \tag{11}$$

の形で，マクスウェル方程式から

$$\frac{\partial^2 B}{\partial x^2} + \frac{\partial^2 B}{\partial y^2} + k^2 B = 0 \qquad (k := \omega/c), \tag{12}$$

$$E_x = -i\frac{c}{k}\frac{\partial B}{\partial y}, \quad E_y = i\frac{c}{k}\frac{\partial B}{\partial x} \tag{13}$$

いま，空洞 B の 1 つをとり，その半径を a，A との境の間隙の幅を 2δ とする．B の中心を原点とし，間隙の中央に向かう極軸をもつ極座標をとれば $E_\phi\,|_{r=a}$ はフーリエ級数

$$E_\phi\,|_{r=a} = \sum_{m=0}^{\infty} C_m \cos m\phi \tag{14}$$

に展開される．これは間隙 $-\delta/a < \phi < \delta/a$ を除いて 0 であるから，間隙間の電位差を $Ve^{i\omega t}$ とすれば

$$C_0 = \frac{V}{2\pi a}, \quad C_m = \frac{V}{\pi a}\ (m \geq 1)\ \ (\delta \to 0 \text{ の近似で}) \tag{15}$$

となる．他方，(12) から

$$B = \sum_{m=0}^{\infty} A_m J_m(kr) \cos m\phi \tag{16}$$

と書けるが，これは (13) により $\boldsymbol{E}$ とつながるから，(14) を用いて $icA_m J_m'(ka) = C_m$．よって

$$B(r,\phi) = -ic\sum_{m=0}^{\infty} C_m \frac{J_m(kr)}{J_m'(ka)} \cos m\phi \tag{17}$$

この式は $\delta = 0$ として求めたものだが，$\delta > 0$ でも，それにくらべて間隙から大きく離れた位置では成り立つとしてよい．離れていないと，危ない．

実際，$r = a$, $\phi = 0$ とすると $B = \infty$ という不合理な結果となる．そこで，扱いやすくするために

$$B = -i\frac{ckV}{\pi}\Big[\frac{J_0(kr)}{2kaJ_0'(ka)} + \sum_{m=1}^{\infty}\left\{\frac{J_m(kr)}{kaJ_m'(ka)} - \frac{1}{m}\left(\frac{r}{a}\right)^m\right\}\cos m\phi$$
$$+ \sum_{m=1}^{\infty}\frac{1}{m}\left(\frac{r}{a}\right)^m \cos m\phi\Big]$$

と書き，最後の級数が総和できて $\log(\rho/\alpha)$ となることに注意する．
$\rho = \sqrt{r^2 + a^2 - 2ar\cos\phi}$ は間隙の中心から (r, ϕ) までの距離であって，B の $r = a$, $\phi = 0$ で発散する部分がこれで分離されたことになる：

$$B = -i\frac{ckV}{\pi}\left\{f(ka) + \log\frac{a}{\rho}\right\} \quad (\delta \ll |r-a| \ll a,\ \phi \sim 0) \tag{18}$$

ここに

$$f(\xi) = \frac{J_0(\xi)}{2\zeta J_0'(\xi)} + \sum_{m=1}^{\infty}\left\{\frac{J_m(\xi)}{\xi J_m'(\xi)} - \frac{1}{m}\right\}$$

は $\xi = ka$ でも正則なので，$r = a,\ \phi = 0$ とおいてしまった．

次に間隙とその近傍における場は，間隙をまたぐ方向に x 軸を，それに垂直に A に向けて y 軸をとって簡単に求められる．というのは，波長に比べて小さい領域の問題だから空間微分に比べて時間微分が無視できて，場がポテンシャルをもつと見なせるからである．こうして

$$B = \mp i\frac{ckV}{\pi}\log\frac{2\rho}{\delta} = ickC \quad (y \lessgtr 0) \tag{19}$$

そこで，間隙に近からず遠からずの所で (18) と $y < 0$ の (19) が一致すべきことから C が定まり，(19) から間隙の A 側の場が得られる：

$$B = -i\frac{ckV}{\pi}\left\{f(ka) + \log\frac{2a\rho}{\delta}\right\}. \tag{20}$$

最後に A 内の場を上と同様にして求め，間隙の各々について (20) に接続する条件を書けば，それが振動の固有モードの k を定める固有値方程式である．

小谷－高橋は，この結果を用いて数値計算を行なった [18]．

14.4 立体回路と双対定理

木原太郎は，戦時研究をまとめた『導波管』[19] に小谷と高橋秀俊から指導と助言を与えられたと述べている．これは，導波管内の固有振動モード，管のくびれや曲がりによる反射と波動抵抗などの研究である．小谷自身は『電磁気学』[20] に空洞と導波管の結合や漏れのある空洞の固有振動を論じている．立体回路の特性行列を解説したところでは「立ち入って研究することを希望される読者のために」として朝永 [21]，宮島 [22] の論文をあげている．

高橋は，小谷が戦争中 (1943 年) 立体回路を研究していたとき電磁波の回折に関する双対定理を発見したことを述べている [23]．しかし，欧文では発表されなかったらしく，小谷の論文リスト [24] には和文のもの [25] しかない．この定理はやや複雑なので詳しい説明は別の機会にゆずり，いま高橋 [23] の形でいうと，次

の 2 つの問題の答の相互関連を述べることになる.

問題 A　任意の形の平面導体板が yz 平面上にあり，それの片側 ($x < 0$ の側) のある点 P (無限遠点でもよい) で振動する電気双極子の放射する電磁波が，反対側につくる電磁場 $\boldsymbol{E}'_{\mathrm{A}}$, $\boldsymbol{B}'_{\mathrm{A}}$ を求めること.

これを，板がなかったとしたときの場 $\boldsymbol{E}_0$, $\boldsymbol{B}_0$ と板による影響の項 $\boldsymbol{E}'_{\mathrm{A}}$, $\boldsymbol{B}'_{\mathrm{A}}$ とに分けて

$$\boldsymbol{E}_{\mathrm{A}} = \boldsymbol{E}_0 + \boldsymbol{E}'_{\mathrm{A}}, \quad \boldsymbol{B}_{\mathrm{A}} = \boldsymbol{B}_0 + \boldsymbol{B}'_{\mathrm{A}}$$

と書いておく.

問題 B　yz 平面上に，問題の導体板と相補的な，つまり無限に広い平面から問題の導体板の部分を除いた形の導体板があるとき，同じ点 P にあって同じ方向を向いた磁気双極子の放射する電磁波が，反対側につくる電磁場 $\boldsymbol{E}_{\mathrm{B}}$, $\boldsymbol{B}_{\mathrm{B}}$ を求めること.

小谷の定理がいう関連とは

$$\boldsymbol{B}_{\mathrm{B}} = -\frac{1}{c}\boldsymbol{E}'_{\mathrm{A}}, \quad \boldsymbol{E}_{\mathrm{B}} = c\boldsymbol{B}'_{\mathrm{A}}.$$

である. ■

証明については，たとえばボルン–ウルフの教科書 [26] が参考になる. 彼等は，この定理をブーカーの 1946 年の論文 [27] に帰している. この定理は立体回路の特性行列に対する相反 (reciprocity) 定理 [7], [20]〜[22], [28] とは違う内容に見える. 高橋 [23] は，小谷の定理はむしろ双対 (duality) 定理の 1 つであるといっている.

小谷の超短波とのかかわりは戦後も続いた [29]〜[31].

14.5 結び

島田の研究によってマグネトロンは波長 10 cm で出力 500 kW のものまでできたという. しかし，戦局の悪化につれて資材入手が困難となり，次第に停止に向かった. 空襲も始まって，疎開も考えられたようである [3].「戦争には役に立っていない」と小谷も述懐している [1].

戦争中，東大の研究室はあちこちに疎開しました. 小谷研は‘諏訪湖から少し北の山の麓の温泉宿のようなところを借りたような形にして疎開したわけで

す．東京と諏訪と島田はだいたい三角形になりますが，私はそれをよく動いているんですね．鉄道は動いていても，切符を買うのが非常に難しかったのですが，海軍の嘱託ということだと楽に切符が買える．…… それで，諏訪で病院に入ったのです．その頃のことですから栄養の問題があったと思いますね[1]．

小田は，「小谷先生が大変な勉強家で研究所の工場で小さな携帯用のランプを作らせ，東京，諏訪，島田の間の夜行列車の中でも勉強された」[2] ことを憶えている．

参考文献

[1] 小谷正雄：私の歩んだ道 (5)，*SUT Bulletin*, 1991 年 1 月号, pp.38–42 (東京理科大学出版会).

[2] 小田 稔：マイクロ波の朝永理論,「科学」, 1979 年 12 月号.

[3] 朝永振一郎・小谷正雄『極超短波磁電管の研究』，みすず書房 (1952).「極超短波磁電管の研究 (質点力学的理論)」の章は朝永の執筆であるが，‘その中の共鳴条件の基での電子運動の取り扱いは小谷の論文[6],[15]の方法が採り入れられたことから，著者名は朝永，小谷の連名になっている[12]．

[4] 毎日新聞社『一億人の昭和史』，第 10 号 (1977), pp.239–241.

[5] 中川靖造『海軍技術研究所 ── エレクトロニクス王国の先駆者たち』，日本経済新聞社 (1987).

[6] 小谷正雄：電子振動による極超短波の発振,「科学」, 1946 年 11 月号.

[7] 水間正一郎『菊池正士 業績と追憶』，菊池記念事業会編集委員会 (1978)，菊池先生の思い出；水間正一郎・朝永振一郎・高尾磐夫『超短波磁電管』，コロナ社 (1948).

[8] 宮島龍興：あのころのこと；[朝永] 先生とマグネトロン研究,「自然」，1965 年 12 月号，pp.31–33．これに従って参考文献 [9] の記述は書かれたようだ．

[9] 日本科学史学会編『日本科学技術史大系 13　物理科学』，第一法規 (1970), p.435.

[10] 宮島龍興：極超短波回路と輻射系の一般論,「科学」, 1947 年 1 月号.

[11] 渡瀬 譲・小田 稔：マグネトロン，特に空洞マグネトロンについて,「科学」, 1947 年 10 月号.

[12] 小谷正雄：島田における朝永博士の研究,「フィジクス」, 1979 年 10 月号.
磁電管および立体回路の研究,「日本物理学会誌」, 1980 年 1 月号, pp.81–84.

[13] S.Tomonaga : Theory of splitanode magnetrons I, II, *J. Phys. Soc. Jpn.* **3**

(1947), 56–61, 62–70.

[14] Y.Hagihara : Application of celestial mechanics to the theory of magnetron, *J. Phys. Soc. Jpn.* **3** (1947), 70–86.

[15] M.Kotani : On the oscilation mechanism of the magnetron, *J. Phys. Soc. Jpn.* **3** (1947), 86–89.

[16] N.Kryloff and N.N.Bogolubov : *Introduction to Nonlineat Mechanics*, Ann. Math. Studies, Princeton Univ. Press (1947).
磁電管の簡単化したモデルに対する計算の詳しい解説が次の本にある：
江沢 洋・中村孔一・山本義隆『演習詳解・力学』, 日本評論社 (2011).

[17] M.Kotani and H.Takahashi : Theoretical determination of proper frequencies of the resonant circuit of the cavity magnetrons, *J. Phys. Soc. Jpn.* **4** (1948), 65–77.

[18] M.Kotani and H.Takahashi : Numerical tables useful for the calculation of resonant Frequencies of a cavity magnetron, *J. Phys. Soc. Jpn.* **4** (1948), 73–77.

[19] 木原太郎『導波管』, 修教社 (1948).

[20] 小谷正雄『電磁気学』, 岩波講座・現代物理学 I.B, 岩波書店 (1954–55), 第 2 編, 第 4 章.

[21] S.Tomonaga : A general theory of ultra-short wave circuits I, II, *J. Phys. Soc. Jpn.* **2** (1947), 158, **3** (1948), 93.

[22] T.Miyazima : Sci. Pap. I.P.C.R. (理研欧文報告) (1947).

[23] 高橋秀俊『数理と現象』, 岩波書店 (1975), p.33.

[24] K.Ohno : Professor Masao Kotani, *Int. J. Quant. Chem.* **18** (1984), 1–9.

[25] 小谷正雄・高橋秀俊・木原太郎『超短波測定の進歩 (超短波測定研究特別委員会報告)』, 電波の漏洩について, 学術研究会議, 超短波特別研究委員会編, コロナ社 (1947).

[26] M.Born and E.Wolf : *Principles of Optics*, 6th ed., Pergamon (1980), pp.559–60. なお, L.D.Landau and I.M.Lifshits : *Electrodynamics of Continuous Media*, Pergamon (1960), pp.309–10 も参照.

[27] H.G.Booker : *J. Inst. Elect. Engrs.* **93**, Pt. III A (1946), 620.

[28] 寺沢寛一編『自然科学者のための数学概論, 応用編』, 岩波書店 (1978), 宮島龍興執筆の pp.567–70. (スカラー波の場合).

[29] 小谷正雄『現代物理学の諸問題』, 極超短波分光学, アカデミア (1949).

[30] 小谷正雄：マイクロ波分光学,「科学」, 1949 年 11 月号.

[31] 小谷正雄：極超短波総合研究委員会, 文部省総合研究委員会概況,「学術月報」, **3** (5) (1950), pp.54–55.

15. 最小作用の原理

15.1 法則は，さまざまに言い表わせる

力学の基本法則は何か？　君が大学の 1 年生，あるいは高校生なら，おそらく**ニュートンの運動の法則**と答えるだろう．それは，ニュートンの運動方程式として言い表わされる：

$$m\frac{d\boldsymbol{v}}{dt} = \boldsymbol{f}. \tag{1}$$

ただし，考える質点の質量を m，速度を $\boldsymbol{v}$ とし，この質点にはたらく力を $\boldsymbol{f}$ とした．$\boldsymbol{v}$ も $\boldsymbol{f}$ も一般には時刻 t の関数で，(1) は，時刻 t における質点の加速度 $d\boldsymbol{v}(t)/dt$ に質量 m をかけると，その同じ時刻 t にその質点にはたらいている力 $\boldsymbol{f}$ に等しくなる，といっている．

地上の重力場の中で運動する質点 m (ほうり投げた石，ボール，……) の場合なら，水平方向に x 軸，鉛直方向上向きに z 軸をとって m の位置を表わせば，m の運動は 2 つの関数

$$x = x(t), \qquad z = z(t) \tag{2}$$

で表わされ，m の速度は

$$\boldsymbol{v} = (v_x(t), v_z(t)) = \left(\frac{dx(t)}{dt}, \frac{dz(t)}{dt}\right)$$

となる．m にはたらく力は —— 重力加速度を g として

$$\boldsymbol{f} = (f_x, f_z) = (0, -mg)$$

であるから，ニュートンの運動方程式 (1) は

$$m\frac{d^2x}{dt^2} = 0, \qquad m\frac{d^2z}{dt^2} = -mg \tag{3}$$

となる.

m にはたらく力 $\boldsymbol{f}$ は，m のポテンシャル・エネルギー

$$V = mgz \tag{4}$$

を用いて

$$f_x = -\frac{\partial V}{\partial x}, \qquad f_z = -\frac{\partial V}{\partial z}$$

と書けるから，われわれの (3) は

$$\left.\begin{aligned} m\frac{dv_x(t)}{dt} &= -\left[\frac{\partial V}{\partial x}\right]_{x=x(t),z=z(t)} \\ m\frac{dv_z(t)}{dt} &= -\left[\frac{\partial V}{\partial z}\right]_{x=x(t),z=z(t)} \end{aligned}\right\} \tag{5}$$

としても同じことである.

地上の重力場を離れて，もっと一般の場合を考えれば，ポテンシャル・エネルギーは (4) の形とは限らず，z だけでなく x にも依存するだろう.

$$V = V(x, z). \tag{6}$$

このような場合にもニュートンの運動方程式 (1) は (5) の形に書けるのである.

急いで付け加えるが，上の式に出てきた記号 ∂ は，たとえば $\partial V/\partial x$ なら

$$\frac{\partial V(x,z)}{\partial x} = \lim_{\Delta x \to 0} \frac{V(x+\Delta x, z) - V(x,z)}{\Delta x}$$

を表わす．つまり，変数 x のみについて —— 他の変数があっても見て見ぬ振りをして —— 微分する．この依怙贔屓（エコヒイキ）の微分は偏微分とよばれる.

> 問題 1　ポテンシャルが (4) であたえられるとき，$\partial V/\partial x$ を計算せよ. (5) はどうなるか.

ここまではニュートンによる運動法則の言い表わしの話である．このほかにも運動法則の言い表わし方はいろいろある.

その 1 つは**ハミルトンの「最小作用の原理」**といわれるもので，次のとおり：

始点と終点を固定した曲線[1](図 1)

$$x = x(t), \quad z = z(t) \qquad (t_{始} \leqq t \leqq t_{終}) \tag{7}$$

のなかで，実際におこる運動を表わすのは

$$I = \int_{t_{始}}^{t_{終}} \left\{ \frac{m}{2} \left[\left(\frac{dx}{dt} \right)^2 + \left(\frac{dz}{dt} \right)^2 \right] - V(x, z) \right\} dt \tag{8}$$

を最小にするものである.

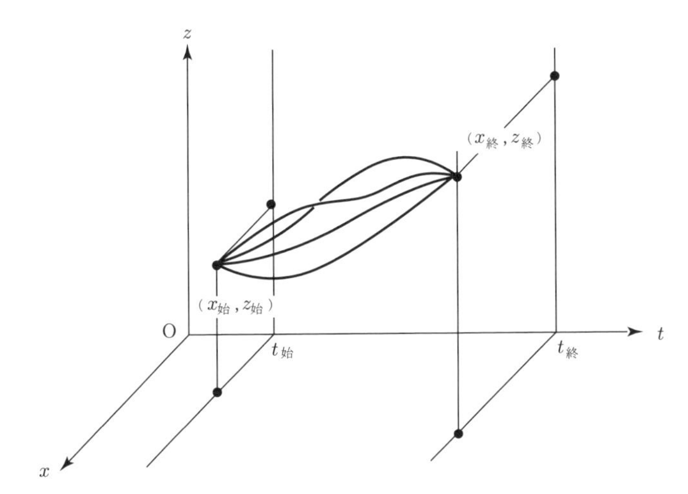

図 1　始点と終点を固定した，さまざまな曲線.
このなかから現実におこる運動をさがしだすことを考える.

これは，ニュートンの言い表わしとは大変にちがう．ニュートンの言い表わし(5) は各時刻 t について —— 微分的に —— いっているのに対して，ハミルトンの原理は時刻 $t_{始}$ から $t_{終}$ までの運動の全体を見渡して —— 積分的に —— 実際の運動を特徴づけている．詳しい説明は第 4 節でする.

モーペルチュイの「最小作用の原理」は，いう：

始点と終点を固定した曲線 (7) のなかで，特に全エネルギー

$$\frac{m}{2} \left[\left(\frac{dx}{dt} \right)^2 + \left(\frac{dz}{dt} \right)^2 \right] + V(x, z) = E \tag{9}$$

を一定にするもののなかだけでいえば，実際におこる運動を表わすのは

1)　曲線といっても関数といっても運動といっても同じこと，というおおらかな用語法！

$$I = \int_{t_{始}}^{t_{終}} m \left[\left(\frac{dx}{dt} \right)^2 + \left(\frac{dz}{dt} \right)^2 \right] dt \tag{10}$$

を最小にするものである．

この原理をハミルトンの原理から導くのは，やさしい．実際，(9) のもとでは (8) と (10) の被積分関数には定数だけの差しかないのである．そして，実際の運動がエネルギーの保存 (9) をみたす類の (2) のなかに存在することを，われわれは知っている．しかし，逆にハミルトンの原理をモーペルチュイの原理から導くことはできない．モーペルチュイの原理は，エネルギー一定という狭い範囲の候補のなかだけで選考をするのだから——．いいかえれば，

"エネルギー保存則 + モーペルチュイの原理" が運動法則の——ニュートンなりハミルトンなりの——言い表わしと同等なのである．

ところで，(10) において

$$\sqrt{\left(\frac{dx}{dt} \right)^2 + \left(\frac{dz}{dt} \right)^2} = v$$

は m の速さであり，これに dt をかけると m が時間 dt の間に進む距離 ds になる．他方，(9) から

$$\sqrt{\left(\frac{dx}{dt} \right)^2 + \left(\frac{dz}{dt} \right)^2} = \sqrt{\frac{2}{m} [E - V(x, z)]}$$

でもある．したがって，(10) の積分は

$$I = \sqrt{2m} \int_{t_{始}}^{t_{終}} \sqrt{E - V(x, z)}\, ds \tag{11}$$

と書ける．モーペルチュイの最小作用の原理で最小にするものは，(10) の代わりに (11) であるといってもよかったのである．

しかし，(10) と (11) の間には大変なちがいがある．なんと (11) からは時間 t が姿を消しているではないか！　そのおかげで，(11) で言い表わしたモーペルチュイの原理は，運動の速い遅いには関心がなく単に軌道の形だけを求めたいという場合に役立つ．

15.2 自然は倹約している

モーペルチュイは 1698 年の生まれである．

1744年というから，彼は46歳か．点Aから発して平面で反射し，あるいは平面境界で屈折して点Bにいたる光線は (図2)

AからBまで最短時間で行ける道筋をとる

ことを発見した．このことは，しかし，1657年にフェルマーが発見していたので，**フェルマーの最短時間の原理**とよばれる．『プリンキピア』が出たのは1687年である．

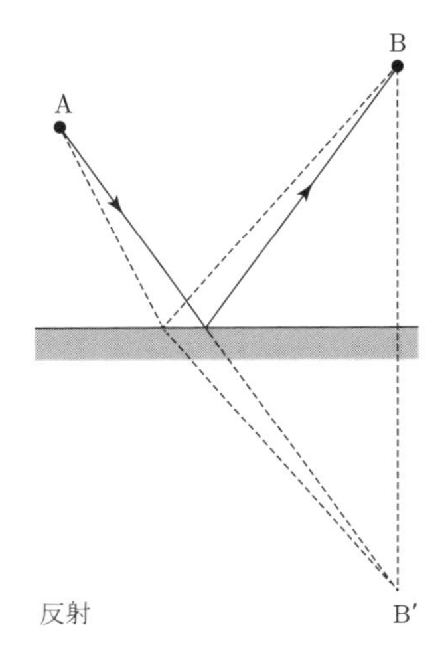

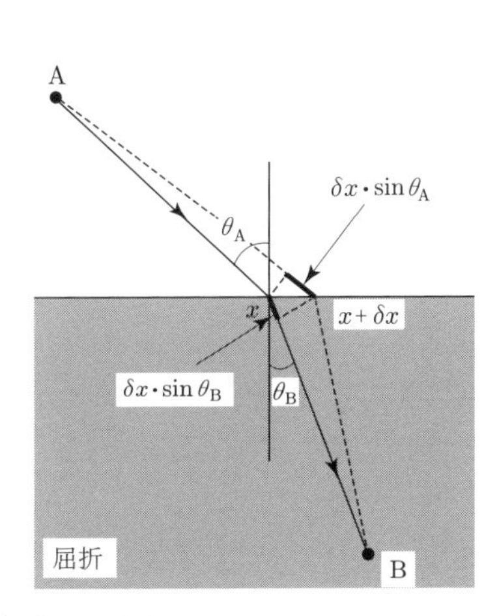

図2　フェルマーの最短時間の原理．

この原理からスネルの屈折の法則を導こう．右図の AxB が最短時間の道筋であるためには，x を微小な δx だけ動かしても所要時間が変わらないことが必要である．それには，図から

$$\frac{1}{\mathcal{C}_{\mathrm{A}}}\,\delta x\cdot\sin\theta_{\mathrm{A}}-\frac{1}{\mathcal{C}_{\mathrm{B}}}\,\delta x\cdot\sin\theta_{\mathrm{B}}=0$$

でなければならない．ただし，$\mathcal{C}_{\mathrm{A}}$ と $\mathcal{C}_{\mathrm{B}}$ は，それぞれA側，B側の媒質中の光速である．よって

$$\frac{\sin\theta_{\mathrm{B}}}{\sin\theta_{\mathrm{A}}}=\frac{\mathcal{C}_{\mathrm{B}}}{\mathcal{C}_{\mathrm{A}}}$$

これはスネルの法則にほかならない．反射の法則については左図．

モーペルチュイは，2年後の1746年には，自然現象一般に通用する原理として

自然界の“変化”は，それに要する作用量を最小にするようにおこる

を提唱した．これを**倹約原理**とよぶことにしよう．

たとえば，x 軸上を速度 v_1 で走る質点 m_1 に速度 v_2 の質点 m_2 が追突して合体し，速度 v になったとしよう．この場合の作用量は

$$I(v) = m_1(v_1 - v)^2 + m_2(v_2 - v)^2 \tag{12}$$

である，とモーペルチュイはいう．自然は，この作用量を最小にするように衝突後の速度 v を選んでいる，というのである．本当にそうだろうか？

$I(v)$ を最小にする v は

$$\frac{dI}{dv} = -2m_1(v_1 - v) - 2m_2(v_2 - v) = 0 \tag{13}$$

から求められ

$$v = \frac{m_1 v_1 + m_2 v_2}{m_1 + m_2} \tag{14}$$

である．なるほど，これは実際の衝突後の速度に一致している．モーペルチュイのいうとおりだ！

しかし，モーペルチュイの倹約原理は学界の誰でもが受け入れたわけではなかった．

倹約原理は一般原理だというけれども，作用量なるものを問題ごとに勝手に定義するのでは“一般”の名に値しない．衝突の問題では (12) をとり，光の反射と屈折では伝播の所要時間をとる，というのでは，だめだ．

それに，光の反射にしても，一般の場合を考えると，伝播の所要時間が最大になるようにおこることもある (図 3)．自然は常に倹約しているとはいえない！

このような反対はあったけれども，自然の法則を“何らかの量が最小”という形にとらえようという考えは根づよく残ることになった．その背景には“神は倹約

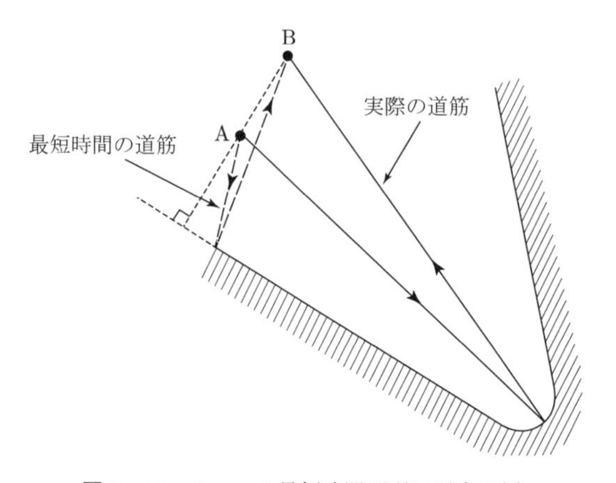

図 3　フェルマーの最短時間原理に反する例.

家である”という想いがあっただろう.

15.3 モーペルチュイの最小作用原理

自然法則を「……が最小」という形でとらえる仕方を，もう少し説明しよう．そのために，第1節の終に述べたモーペルチュイの最小作用原理を例にとる．それは

ポテンシャルの場 $V(x,z)$ における運動

に関する法則を

エネルギー E のあたえられた運動は，積分 (11) を最小にするような道路にそっておこる

という形でとらえる.

第1節の始めに考えた地上の重力場における運動についていえば，ポテンシャル V は (4) であたえられるから，積分 (11) は

$$I = \sqrt{2m}\int_{t_{始}}^{t_{終}} \sqrt{E - mgz}\,ds \tag{15}$$

となる．重力場における運動は，これを最小にするような道筋にそっておこる，と最小作用の原理はいう.

その道筋は始点と終点とを結ぶ直線 (図 4) だろうか？　(お願い：道筋が放物線になることを知っている人は，しばらく口をつぐんでいて下さい．)

ds は道筋の微小部分の長さだから，積分

$$I_o = \sqrt{2m}\int_{始}^{終} \sqrt{E}\,ds \tag{16}$$

だったら‘始点から終点までの道筋の長さ’の定数倍であって，これは道筋が直線のとき最小になる.

しかし，(15) の積分では ds に

$$\sqrt{E - mgz} \tag{17}$$

が掛かっているのだ.

このとき，(17) は m の道筋が図 4 の直線 L であるよりも上に弓なりに曲ったCであるほうが小さいように思われる．なぜかといえば：

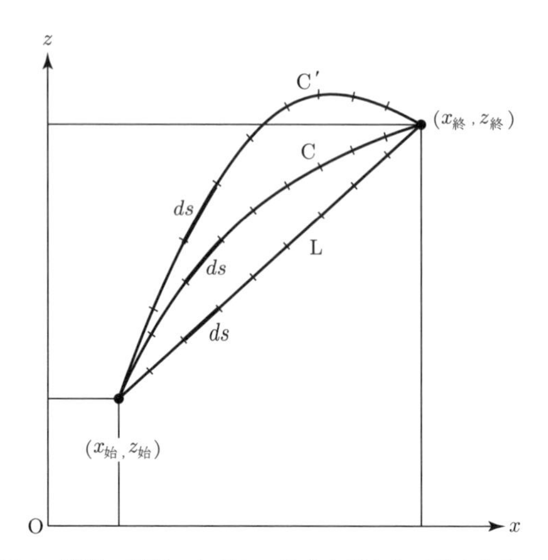

図 4　道筋の変形．ただし，始点と終点とは動かさない．

積分 (15) は，道筋を微小部分に分割し，各 ds に‘その ds の位置での $\sqrt{E-mgz}$’を掛けて総和したものだ．

各 ds での $\sqrt{E-mgz}$ は，曲線 C 上での値の方が直線 L 上での値より小さい．したがって，積分 (15) は曲線 C に対する値の方が直線 L に対する値より小さい．曲線 C を両端固定で上に引き上げて C′ にすれば C′ 上の各 ds での $\sqrt{E-mgz}$ はもっと小さくなり，積分 (15) も，もっと小さくなるだろう．

いや，待てよ．積分 (15) は $\sqrt{E-mgz}$ と ds の積の総和である．そして，各 ds の長さは曲線 C を上に引き上げるほど延びるかもしれない．とにかく ds の総和は大きくなるのだから——．

曲線 C を上に引き上げれば上げるほど各 ds の $\sqrt{E-mgz}$ は確かに小さくなるが，ds が大きくなるのでは，積 $\sqrt{E-mgz}\,ds$ の和 (積分) は必らずしも小さくなるとはいえないではないか．

仕方がない，少し計算をしよう．

いま，考えを明確にするため，運動の始点と終点は同じ高さ h にあるとしよう．それぞれの z 座標を $z_{始}$, $z_{終}$ とすれば

$$z_{始} = z_{終} = h \tag{18}$$

である (図 5)．これらの点に質点 m が行くには，エネルギー E がこれらの点で

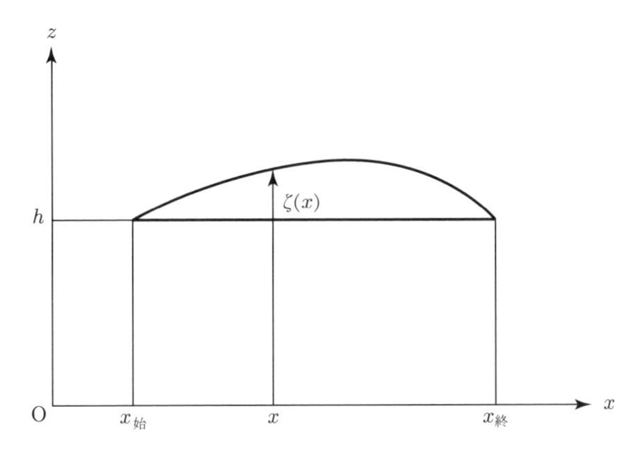

図 5　道筋の微小変形．始点と終点は固定して中央部を引き上げてみる．

の位置エネルギーに等しいか，より大きい必要がある．等しい場合はつまらないから

$$E - mgz_{始} = E - mgz_{終} > 0$$

としよう．

図 5 の直線 L の方程式は

$$z = h$$

である．それを少し持ち上げた曲線 C の方程式は

$$z = h + \zeta(x) \tag{19}$$

と書ける．ただし，(18) の条件があるので ζ は

$$\zeta(x_{始}) = 0, \qquad \zeta(x_{終}) = 0$$

をみたすものでなければならない．

この (19) の道筋 C に対して，

$$ds = \sqrt{(dx)^2 + (dz)^2} = \sqrt{1 + \left(\frac{d\zeta}{dx}\right)^2}\, dx \tag{20}$$

となるから，問題の積分 (15) は

$$I = \sqrt{2m} \int_{x_{始}}^{x_{終}} \sqrt{E - mg\,[h + \zeta(x)]} \times \sqrt{1 + \left(\frac{d\zeta(x)}{dx}\right)^2}\, dx \tag{21}$$

となる．

いま，曲線Cは直線Lを両端固定で極く少し引っぱり上げたものとすると，$\zeta(x)$は小さい．これを1位の無限小とすれば$(d\zeta(x)/dx)^2$は2位の無限小となる．したがって，

$$\sqrt{E - mg\,[h+\zeta]} \fallingdotseq \sqrt{E-mgh} - \frac{1}{2}\,\frac{mg}{\sqrt{E-mgh}}\,\zeta \tag{22}$$

は，$\zeta = 0$のときの値から1位の無限小だけ変化しているのに対して

$$\sqrt{1+\left(\frac{d\zeta}{dx}\right)^2} \fallingdotseq 1 + \frac{1}{2}\left(\frac{d\zeta}{dx}\right)^2 \tag{23}$$

の変化は2位の無限小であって無視できる．この近似では，積分(21)は

$$I = \sqrt{2m}\int_{x_{始}}^{x_{終}} \sqrt{(E-mgh) - mg\zeta(x)}\,dx$$

とみてよく，積分区間$x_{始} < x < x_{終}$で

$$\zeta(x) > 0 \tag{24}$$

なら，$\zeta = 0$の場合の値に比べて確かに小さくなる！

「したがって」とモーペルチュイならいうだろう．「重力場(4)において点$(x_{始}, h)$を出発し$(x_{終}, h)$にいたる運動は，図5の直線Lをたどるのではなく，上に弓なりに曲がった道筋Cをたどるのだ.」確かに，そのとおりである．

しかし，上の計算だけでは道筋がどれだけ弓なりに曲るのかまではわからない．

もうひとつ，慧眼な読者は，(18)をやめて図4の場合$(z_{始} \neq z_{終})$を扱おうとすると上の論法ではうまくゆかないことを見抜くだろう．いや，こちらは簡単に解決できるのである．座標軸を回転してx軸が直線Lに平行になるようにしてから上の論法を適用すればよい…….

上の「どれだけ曲がるのか」に答える紙数はない．しかし，次の節の論法がヒントになるだろう．

15.4 ハミルトンの最小作用原理

われわれは，第1節で，モーペルチュイの最小作用原理をハミルトンの最小作用原理から導いたのである．そこで，後者が本当にニュートンの運動法則と同等であることを確かめておこう．ただし，こんども重力場(4)における質点mの運動を例にとる．

いま

$$x = x_{\mathrm{N}}(t), \qquad z = z_{\mathrm{N}}(t) \tag{25}$$

は実際におこる m の運動で，図 1 に示す始点と終点の条件をみたすものとする．そして

$$x(t) = x_{\mathrm{N}}(t) + \xi(t), \qquad z(t) = z_{\mathrm{N}}(t) + \zeta(t) \tag{26}$$

とおく．$\xi(t)$, $\zeta(t)$ を任意とすれば，これらはまったく一般の関数 (7) をあたえる．とはいうものの，これらも始点と終点の条件をみたさねばならないから

$$\zeta(t_{始}) = \zeta(t_{終}) = 0, \qquad \xi \text{ も同様} \tag{27}$$

となるものに限る必要がある．

(26) に対しては，積分 (8) は次の 2 項の和になる：

$$I_x = \int_{t_{始}}^{t_{終}} \frac{m}{2}\left(\frac{dx_{\mathrm{N}}}{dt} + \frac{d\xi}{dt}\right)^2 dt \tag{28}$$

$$I_z = \int_{t_{始}}^{t_{終}} \left\{\frac{m}{2}\left(\frac{dz_{\mathrm{N}}}{dt} + \frac{d\zeta}{dt}\right)^2 - mg(z_{\mathrm{N}} + \zeta)\right\} dt \tag{29}$$

これを見ると，I_z で $g = 0$ とおけば I_x と同じ形になる．そこで，これからは I_z だけに注目しよう．

I_z は ζ のベキにより次の 3 項に分けられる：

$$I_z^{(0)} = \int_{t_{始}}^{t_{終}} \left\{\frac{m}{2}\left(\frac{dz_{\mathrm{N}}}{dt}\right)^2 - mgz_{\mathrm{N}}\right\} dt \tag{30}$$

は ζ を動かしても変わらないので，いまは興味がない．(29) の右辺のうち ζ について 1 次の項を集めると

$$I_z^{(1)}[\zeta] = \int_{t_{始}}^{t_{終}} \left\{m\frac{dz_{\mathrm{N}}}{dt}\,\frac{d\zeta}{dt} - mg\zeta\right\} dt \tag{31}$$

となり，2 次の項を拾うと

$$I_z^{(2)}[\zeta] = \int_{t_{始}}^{t_{終}} \frac{m}{2}\left(\frac{d\zeta}{dt}\right)^2 dt. \tag{32}$$

さて，ζ について 1 次の $I_z^{(1)}[\zeta]$ を見ると

$$\int_{t_{始}}^{t_{終}} \frac{dz_{\mathrm{N}}}{dt}\,\frac{d\zeta}{dt}\,dt = \left[\frac{dz_{\mathrm{N}}}{dt}\,\zeta\right]_{t_{始}}^{t_{終}} - \int_{t_{始}}^{t_{終}} \frac{d^2 z_{\mathrm{N}}}{dt^2}\,\zeta dt$$

という変形が部分積分によってできる．しかも，始点と終点は固定という条件 (27) により右辺の第 1 項は消えてしまう！　したがって，

$$I_z^{(1)}[\zeta] = -\int_{t_{始}}^{t_{終}} \left\{ m \frac{d^2 z_{\mathrm{N}}}{dt^2} + mg \right\} \zeta(t)\, dt \tag{33}$$

となる．読者は，ここにニュートンの運動方程式 (3) が半身を現わしたことにお気づきだろうか．

いま，$z_{\mathrm{N}}(t)$ はニュートンの運動法則

$$m \frac{d^2 z_{\mathrm{N}}}{dt^2} = -mg \qquad (t_{始} \leqq t \leqq t_{終}) \tag{34}$$

にしたがっているから，

$$I_z^{(1)}[\zeta] = 0 \qquad ((27)\ をみたす任意の\ \zeta\ に対し) \tag{35}$$

となる！

このとき，(29) は

$$I_z = I_z^{(0)} + \int_{t_{始}}^{t_{終}} \frac{m}{2} \left(\frac{d\zeta}{dt} \right)^2 dt \tag{36}$$

になってしまう．これは重大な結果であって，始点と終点の条件をみたす $z(t)$ に対して，

> 積分 (8) は，$z(t)$ がニュートンの運動法則にしたがう $z_{\mathrm{N}}(t)$ に等しいとき，そしてそのときに限って最小になる　(37)

ことを意味している．

なぜなら：(36) の右辺において ζ によるのは第 2 項のみだが，これは

$$\frac{d\zeta(t)}{dt} = 0 \qquad (t_{始} \leqq t \leqq t_{終}) \tag{38}$$

のときを除いて正である．そして，始点と終点は固定という条件 (27) から，(38) は

$$\zeta(t) = 0 \qquad (t_{始} \leqq t \leqq t_{終}) \tag{39}$$

を意味する．したがって，(8) の z 部分を $I_z[z]$ と書けば，(37) にいう $z_{\mathrm{N}}(t)$ と $t_{始} \leqq t \leqq t_{終}$ で恒等的には 0 でない $\zeta(t)$ とに対して，(36) から

$$I_z[z_{\mathrm{N}} + \zeta] > I_z[z_{\mathrm{N}}] \tag{40}$$

がわかる．これは (37) にほかならない．

いや，(37) のうち “そして，そのときに限って” の部分が未だ証明されていない，と異議を唱える読者がいるかもしれない．ごもっとも．上では

$$z_{\mathrm{N}}(t) \text{ が運動方程式をみたす} \Longrightarrow (36)$$

ということしか示さなかった．運動方程式をみたさない $z_{\mathrm{N}}(t)$ に対しても (36) はなりたつかもしれないではないか．

いや，心配は無用である．$\zeta(t)$ は，(27) の条件を除いて，任意で，いくら大きくなってもよいのだから！　もし心配なら，次のように弁ずることもできる．$z_{\mathrm{N}}(t)$ に恒等的には等しくない $z_{\mathrm{X}}(t)$ に対して (40) と同様の

$$I_z[z_{\mathrm{X}} + \zeta] > I_z[z_{\mathrm{X}}]$$

がなりたったとすると，

$$\zeta(t) = z_{\mathrm{N}}(t) - z_{\mathrm{X}}(t)$$

とおくとき (40) に矛盾するから——．

(28) の I_x に対しても (37) と同様の結果が得られるから，(8) $= I_x + I_z$ に対しても同様となり，ハミルトンの最小作用原理が重力場 (4) における運動に対して証明された．

実は，一般のポテンシャルに話を拡げると，最小とばかりは言っていられなくなる．最小を ‘極大・極小・停留のどれか’ というところまで緩めねばならない場合もおこるのである．上の議論を，考える関数の連続性などにも気配りして厳密に行なうことと合わせて，読者の勉強に期待する．

最小作用の原理の効用を説明する余裕もなかった．たとえば，

> ファインマン『物理法則はいかにして発見されたか』，江沢 洋訳，ダイヤモンド社 (1968), pp.64–65, 133–136；岩波現代文庫 (2001), pp.74–75, 156–160 を参照．

第3部
ブラウン運動と統計力学

16. 統計力学へのアインシュタインの寄与

アインシュタインの研究は，その生涯を一貫して物理学の統一的基礎の探求にむけられた[1]．彼の統計力学の仕事も例外ではない．

若き日のアインシュタインは，マクスウェルやボルツマンの分子論が気体のみを対象に展開されていたことに満足できず，独自に「熱の一般分子論」の建設に向かった．この主題に関する三連作の第 1 を彼は 1902 年に発表したが，その同じ年にギブスの論著『統計力学の基本原理 ── 特に熱力学の合理的基礎づけをめざして展開した ──』が出版された．アインシュタインとギブスは，ほとんど同一の主題について，お互いに相手のことを知らずに研究していたわけだ．かつてボルンがアインシュタインの統計理論を解説したとき[2]，いみじくも言ったように，「時が熟すると，重要なアイディアは異なる場所で異なる人々により同時に展開される」．

しかし，2 人の間には姿勢のちがいがあった．ギブスが，彼の著書の表題に示されているように統計力学を熱力学の基礎と見ていたのにたいして，アインシュタインは，そこに熱力学の適用限界を見出そうとした．事実，その限界をしるすものとして彼は「揺らぎの現象」を発見し (1904)，その 1 つであるブラウン運動は，ペランをして分子の実在の説得力ある証明を史上最初に達成させることになった (1905–09)．さらに「揺らぎ」は，プランクの輻射公式が輻射の本質について何を教えるかを探究する上で，アインシュタインの主要な武器となった．この研究が，やがて，彼に量子統計力学を創始させることにもなる (1907, 1924)．

16.1 熱力学の背後に原子をみる

1901年といえば，まだ原子の実在は闇に包まれていたのだが，そのような早い時期にアインシュタインは原子間の力の強さを手近の表面張力のデータから推定する研究をし，これが彼の処女論文[3]となり，つづいて第2の論文[4]となった．この問題から彼は研究生活をはじめたのである．

アインシュタインは，このように早くから物質が原子からできていることを当然のこととしていたわけだが，この立場にたつなら，どうしても力学を用いて原子たちの挙動を探る研究に進まねばならない．しかし，どんな物質の小片でも，それが含む原子の数は計算してみるまでもなく巨大であるから，力学的研究にしても統計的な手法が必要になる．「現在は，しかし」とアインシュタインは1902年に出した第3論文「熱平衡の運動論と……」のなかで言っている．「力学は熱の一般理論に充分な基礎をあたえるところまで展開されていない．というのは，熱平衡と熱力学の第二法則を力学と確率論とから導き出すこともできていないからである[5]．」

統計力学の方法は当時まったく新しいというものではなかった．19世紀も末の四分の一ほどにわたって，ウィーンのボルツマンとエディンバラのマクスウェルとが，気体の場合にたいして，その方法をほとんど完全に開発しきっていた．彼等の気体分子運動論において，熱というものは，分子たちが時に衝突しあいながら乱雑に飛びまわる運動のエネルギーであるとされ，気体の熱力学的諸量は，そのそれぞれに対応して気体の含む無数の分子たちがもつ力学的な量の総和ないしは平均にほかならないとされた．そして，熱力学の第二法則は——大雑把にいって，熱は高温の場所から低温の場所に流れるとか，気体は拡散するとかいう変化の向きを規定する法則だが——より確率の高い状態へ向かう傾向の現われと解釈されたのである．ボルツマンは，実際，逆向きの変化がおこる確率は非常に小さくて，宇宙の年齢くらい待っても，それがおこることは期待できない，と論じた．

アインシュタインは，この状況に満足できなかった．理論が気体に局限されていたからである．

16.2 一般統計熱力学をめざして

さきに触れたアインシュタインの 1902 年の論文は「熱平衡の運動論と熱力学の第二法則」と題されていた．これを皮切りとする彼の三連作が，統計力学を，そのもとになった (古典) 力学の領域さえ越えて一般的に成り立つ形に作り上げることになる．統計力学が量子の世界に踏み入るときの発見法的推理の道具として役立ったのは，まさにこの一般性によるのである．

「どんな物理系でも力学系として表現できる」ということがアインシュタインの，そして原子論の，出発点であった．これは，任意の一時刻における系の状態が $2n$ 次元の「位相空間」の 1 点 (代表点という) で表現されることを意味している．位相空間というのは座標 $q_1, \cdots, q_n$ と運動量 $p_1, \cdots, p_n$ の全体が張る空間のことである．系のエネルギーは，これらの変数のある関数 $H(p_1, \cdots, q_n)$ となる．力学系の代表点は時間がたつにつれて位相空間のなかを動いてゆく．

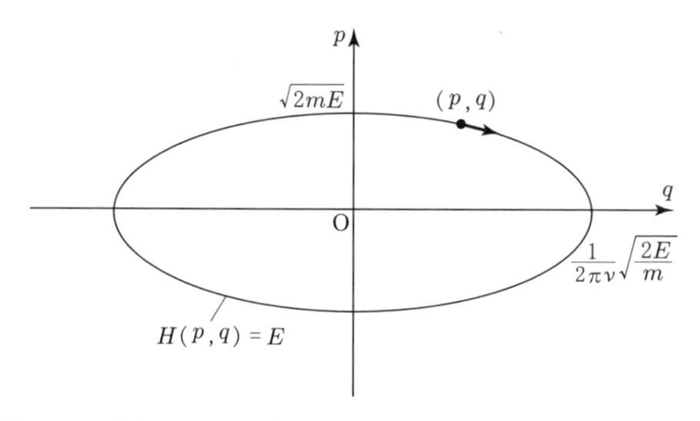

図 1　一直線に沿って運動する 1 つの質点にたいする位相空間．質点の座標が q，運動量が p．その質点が質量 m，振動数 ν の調和振動子である場合には，そのエネルギーが E なら，代表点 (q, p) は図の楕円に沿って時計まわりに動いてゆく．同種の調和振動子でエネルギーがいろいろのものが沢山あるとして，それぞれの代表点を一度に図に描いたら，どうなるか．

正準集団および微視的正準集団

統計の方法を適用するために，アインシュタインは考える系 S の大きな数 $N \gg 1$ のコピーからなる集団を想定し，その集団の各メンバー (コピーの 1 つ 1 つ) が温度 T の定まった巨大な熱浴に接しているものとする．集団の各メンバーの一時刻における状態は $2n$ 次元の位相空間の 1 点で表わされるから，集団全体の一時刻の状態は N 個の点で表わされる．そういう N 個の点の分布で特に時間がたっても変わらない(定常的な)ものがあれば，それが熱浴との熱平衡という状況を表わしていると考えられる．では，そのような分布とは，どんなものであろうか？

いくつかの簡単な場合についてなら，その答はマクスウェルとボルツマンによりすでにあたえられていた．まず単原子理想気体について問題の分布が運動エネルギーの指数関数であたえられることをマクスウェルが1860年に示した(いわゆるマクスウェルの速度分布)．これを1868年にボルツマン[6]が複雑な計算によって一般化し，多原子分子からなる気体が外力の場におかれている場合に適用できるようにした．

アインシュタインは，1902年の論文で，彼一流の簡単な論法で一気に一般的な結果を導いてしまった．それは，問題の分布が全エネルギー H の指数関数であたえられる，というもので，正確には

$$dN = Ae^{-\beta H(p_1, \cdots q_n)} dp_1 \cdots dq_n \tag{1}$$

という式で表わされる．ここに $\beta = 1/kT$ で，k はボルツマンの名でよばれる定数(この定数を彼は使ったことがない．気体定数 R とアヴォガドロ数 N_{A} を用いて k の代りに常に R/N_{A} と書いていた)，A は集団の構成メンバーの総数 $\displaystyle\int dN$ が N であることからきまる定数．今日，われわれは位相空間上に(1)という分布をする集団を，ギブスに従って正準集団とよぶ．ギブスも，アインシュタインとは独立に，同じ結果に到達していたのである．

アインシュタインは，分布(1)を導くのに，まず熱浴と接触している1つの系Sを考え，その結合系のエネルギーは系のエネルギーと熱浴のエネルギーの和であると仮定して(すなわち考える系と熱浴との相互作用のエネルギーは小さいとして無視して)出発する．さて，そのような結合系の N 個の集団を考えると，位相空間でその集団の状態を表わす N 個の点は，時間がたつにつれてそれぞれ動いてゆくが，どんなハミルトン系にたいしても一般に成り立つリウヴィルの定理により，そのような点々の密度は時間がたっても変わらない．ここまではボルツマンも知っていたことである．

ここでアインシュタインは基本的な仮定をもちこむのだが，それは今日の統計力学にもそのまま引き継がれている．すなわち「われわれは，全エネルギーとその関数を別にすれば，状態変数 $p_1, \cdots, q_n$ の関数で時間がたっても($p_1, \cdots, q_n$ のそれぞれの値は変わっても)値の変わらないものは存在しない，と仮定する」．

この仮定を考えている集団の各メンバーに適用すると，その集団の代表点たちの位相空間における定常な分布はメンバーのエネルギーのみの関数となるほかない．特に，集団のメンバーのエネルギーがどれも同じである場合には，代表点の位相空間における分布は等エネルギー面上の一様分布ということになる．この結果は，ボルツマンが，彼の気体論の枠内においてではあるが，エルゴード仮説として述べていたこと (1884, 1887) に当る．

さて，2つの部分系を合わせた全系の (集団の) 位相空間における分布があたえられているとき，その一方の部分系が自身の位相空間において示す分布は，全系の分布を他方の部分系の可能なあらゆる状態にわたって積分すれば得られる．いまは，問題の系Sと熱浴とを合わせた全系の等エネルギー面上での一様分布を熱浴の可能なあらゆる状態にわたって積分することになる．こうして系Sの分布を定めてみると，それが (1) 式の形になるのである．系Sと熱浴との熱平衡は定数 β で特徴づけられるというわけだが，$1/\beta$ がちょうど温度の性質をもっていることをアインシュタインは示す．第1に，それは負になることがない．第2に，同一の熱浴と複数の系が熱平衡にあるなら，それらの系はすべて同一の $1/\beta$ をもつ．そこで，そのような系の1つとして理想気体をとってみると，理想気体にたいする分布 (1) から気体分子の平均運動エネルギーが計算できて，$1/\beta$ の 3/2 倍に等しいことがわかる．ところが，気体分子の平均運動エネルギーは等分配則から $(3/2)RT/N_{\rm A}$ であることが知れているので，$1/\beta = kT$ が結論される．ただし，まえにも言った記法で $R/N_{\rm A} = k$ と書いている．このようにしてアインシュタインが k の値を定めたのは，実は，後で述べる 1904 年の論文になってからであった．

温度の定まった熱浴と熱平衡にある集団は正準集団であるが，それにたいして，各メンバーが同一のエネルギーをもって孤立しているという集団は「微視的正準集団」とよばれる．著しいことに，上に説明したアインシュタインの論法が，比較的小さい部分系の物理量に関して，その部分系を正準集団として扱うのと，全系を微視的正準集団として扱うのとは統計的に同等なことを示している．

力学を越えて

続いて 1903 年に書いた論文「熱力学の基礎の理論[7]」において，アインシュタインは，次のような一般的な仮定をすれば「適当に選んだ」状態変数の位相空間において正準分布および微視的正準分布が導かれる，ということを示した．その仮定というのは，(1) 現在の状態から未来を決定する微分方程式がある (因果律). (2) 系は充分に長い時間にわたり孤立のまま放置すれば定常状態に落ち着く. (3) エネルギーが唯一の保存量である.

アインシュタインは，やがて彼の統計熱力学を輻射にまで適用するようになるが，そのとき上の一般化が決定的だったにちがいない. 輻射が力学の形式 (ハミルトン形式) で扱えるようになるのは，ずっと先のことだからである.

エントロピーと第二法則

アインシュタインの統計熱力学には，これまで触れなかったもう 1 つの重要な面がある. それはエントロピーの力学的な定義である.

熱力学では，温度 T の熱浴から，それとほとんど熱平衡にある系 S に熱量 dQ が流れ込んだとき，S のエントロピーは dQ/T だけ増したという. アインシュタインは，統計熱力学を試みた最初の 1902 年の論文においてその熱の移動を力学的に扱った. それは熱浴の分子たちが系 S の分子たちにおよぼす力の結果であるとしたのである. しかし，その力のなかには熱の伝達には関わらない圧力のようなものも含まれているではないか.

アインシュタインは系にはたらく外力を 2 種類に区別した.「第 1 種の力は系の環境条件 (断熱壁や重力など) を表わすもので，座標 $q_1, \cdots, q_n$ のみによるポテンシャルから導かれる」. 第 2 種の力は導かれない. これに加えて，彼は論文の序章で，第 2 種の力は激しく変化するものだと述べている.

熱の伝達 dQ を第 2 種の力がなした仕事と同定し，温度 T を等分配則によって系 S の分子の平均運動エネルギーと同定することで，彼は dQ/T が熱力学の第二法則の主張通り完全微分になることを示した. これでアインシュタインは熱平衡にある系のエントロピーの力学的表式を手にしたわけで,「熱力学の第二法則は力学的世界観から必然的の結果として出てくる」と結論している.

しかし，第二法則の他の半面，すなわち孤立系のエントロピーの増大 (正確には非減少) を彼が証明するのは，1903 年の第 2 論文になってからである.

その証明をするのに，彼は，断熱壁で相互に隔離された部分系 $\sigma_1, \sigma_2, \cdots$ からなる系 Σ が孤立しているものとして，これを 2 通りに眺めることでエントロピーを確率に結びつける. ただし各部分系 σ_r は充分に小さくて，そのなかで温度は一様とみられるものとしておく.

さて，第 1 の見方は系 Σ を全体として見る. その位相空間におけるエネルギー E の等エネルギー殻を体積の等しい L 個の細胞に分けよう. 系 Σ のコピーを $N \gg 1$

だけ用意し，それらはすべて等量のエネルギー E をもっているものとすると，そのうち n_1 個が第 1 の細胞に，n_2 個が第 2 の……という分布が実現する確率は $(1/L)^N$ に次の W をかけた値になる．

$$W = \frac{N!}{n_1!n_2!\cdots n_L!} \tag{2}$$

なぜなら，微視的正準集団においてはエネルギー殻の等体積の細胞たちは等確率だからである．ボルツマンも，この W に当るものを定義してコンプレクシオンの数とよんでいた [8]．一般に，コンプレクシオンの数は同一の巨視的状態に属する微視的状態の数と定義される．

第 2 の見方というのは，系 Σ の各コピーの r 番目の部分系 σ_r に注目することである．それらは，どれも温度が一様で定常状態にある．アインシュタインは言う．「σ_r の状態の分布は，仮にそれらが同じ温度の何かの物理系と熱的に接触していたとしても大して違わないだろう」．これを認めると，まえの結果から σ_r のエントロピーが計算できるし，(2) 式の各 n_r も求められる．ここで全系 Σ のエントロピーは部分系のエントロピーの和であるということに注意すると，コンプレクシオンの数 (2) が集団のエントロピー S と

$$S = k \log(W/L^N) \tag{3}$$

のように結びついていることがわかる．この種の関係式は，気体論の枠内でながらボルツマンによって 1877 年に発見されていたので，ボルツマンの原理とよばれる．普通この名のもとで書かれるのは $S = k \log W$ であるが，(古典的) エントロピーでは付加定数は問題にしないのである．

式 (3) を得たアインシュタインは言う．「現象は常により確率の高い状態を実現する向きに進むと，われわれは仮定しなければならない」．この仮定から望みのエントロピー増大の定理がでてくるわけである．アインシュタインは 1904 年の第 3 論文 [9] において，今度は式 (1) を確率論への橋渡しに用いて定理の別の証明をあたえている．

1910 年になって彼の証明をヘルツが批判した [10]．いわく「現象は常に確率のより高い状態に向かって進むというアインシュタインの仮定は，証拠がないばかりか，必ずしも証明されるとは限らない．」ここに熱力学第二法則の問題の核心があることは，いまや周知である．「この批判はまったく正しいと思います」と，アインシュタインは次の年の論文「P. ヘルツの論文についての所見 [11]」に書いた．

事実，それよりずっと早く，彼は逆向きの，すなわちより確率の小さい状態に向かう変化もおこることに気づいていた．揺らぎがそれである．

16.3 揺らぎの公式

何かある系Sが巨大な熱浴と熱平衡にあるとき，それらの相互作用は，たとえいかに弱くとも，互いのエネルギーのやりとりをひきおこす．その結果，系Sのエネルギーは揺らぐし，他の量もおそらく揺らぐだろう．もしも，1, 2 の熱力学的量の揺らぎがあまり小さくないという系があったら，それは平均値のみを扱う熱力学の適用限界をしるすことになる．

エネルギーの揺らぎ

1904 年の論文「熱の一般分子論」において，アインシュタインは熱浴と熱平衡にある系のエネルギーの揺らぎを表わす公式を導いた．指数型の分布則 (1) から

$$\overline{(E-\overline{E})^2} = kT^2 \frac{d\overline{E}}{dT} \tag{4}$$

を導出したのである ($\overline{}$ は平均を表わす)．

この公式が成り立つのは力学系に限らない．そこで，アインシュタインは，ここに定数 k の一般的意義を見出した．それは揺らぎの大きさを定め，したがって系の熱力学的な安定性を定めるものだ，というのである．

通常の大きさの物体が示すエネルギーの揺らぎは小さくて観測にかからない．実際，揺らぎの小さいことがボルツマンやギブスにとって統計的方法を支える基盤になっていたのだった．

輻射への適用

アインシュタインは指摘する．「結局のところ，エネルギーの揺らぎは，われわれの経験の範囲では，ただ 1 種類の物理系においてのみ重要である」．その唯一の物理系とは，空洞に満ちた熱輻射．彼は実際，これに公式 (4) を適用してウィーンの変位則 [12] を近似的ながら導き出すことができた．$\overline{E}$ にたいしてシュテファン－ボルツマンの法則を用い，熱輻射のスペクトル強度が最大となる波長をもとめるためには，自然な仮定として，その波長が空洞のさしわたしと同程度のときエネルギーの揺らぎも最大になると考えたのである．この成功は，アインシュタインに自分の統計熱力学の一般性と有効性への自信を深めさせたにちがいない．

16.4 ブラウン運動の理論

眼に見える揺らぎが存在する！「分子の熱運動のせいで」とアインシュタインは1905年の論文に書いている．「顕微鏡的な大きさの粒子は，顕微鏡によれば容易に検出できるサイズの運動をする[13]」．これがブラウン運動である．もっとも，この論文を書いた当時アインシュタインはブラウン運動との同定に自信がなかったらしい．「私の手に入る情報がたいへん不正確だったため」である．

ブラウン運動

アインシュタインが当時ブラウン運動についてどれだけ知っていたのか，はっきりしない．イギリスの植物学者ロバート・ブラウンが，簡単な顕微鏡で，水を吸って膨れた花粉の吐き出す微粒子が水中で激しく震え動くことを見出したのは，その昔，1827年のことであった．すぐに彼は，この震え運動が微粒子なら何でも示す普遍的なものであることを発見．この普遍的な運動はブラウン運動とよばれるようになった．19世紀も末の4半世紀には，原子論者たちのなかに，この運動は乱雑に熱運動している水分子の衝撃によって起こるのではないかと考える人も現われていた．

すでにエネルギーの等分配則は知られていたし，これは水分子の衝撃をうける微粒子にも当てはまるべきであったから，ブラウン運動の分子論を検証する目的で，微粒子の速度の直接測定が試みられた．しかし，結果は否定的だった．微粒子の速度はエネルギー等分配則から期待される値より格段に小さかったのである．そのうえ，ブラウン運動する微粒子の平均の速さは，それを測る時間間隔 t によって違い，$t \to 0$ にすると限りなく大きくなるようであることが，間もなくわかってきた．

アインシュタインの見方は独特であった．前記の1905年の論文[13]で，彼は，液体 (温度 T，粘性係数 η) に懸濁している微粒子たち (半径 a) にエネルギーの等分配則を適用し，微粒子たちが時間 t のあいだにそれぞれ示す変位 $\varDelta x$ を2乗して平均したもの——すなわち変位の揺らぎ $\overline{(\varDelta x)^2}$ が

$$\overline{(\varDelta x)^2} = 2Dt \quad \left(D \equiv \frac{kT}{6\pi\eta a}\right) \tag{5}$$

という簡単な関係に従うはずであることを示した．D を拡散係数とよぶ．この関係式 (5) は，揺らぎ $\overline{(\varDelta x)^2}$ を粘性係数 η なるエネルギー散逸の度合に結びつけて

おり，今日の不可逆過程の統計力学でいう**揺動散逸定理**[14]の原型といえる．

時あたかも物質の分子的構成に分け入る機が熟していた．アインシュタインの1905年の論文が現われると，直ちに，それを実験にかける試みが始められた．

しかし，彼の理論がよく理解されたとはいえない．多くの人々が実験で確かめようとした第1の点は，アインシュタインが微粒子に適用したエネルギー等分配の法則だったからである．スヴェドベリの実験の不首尾[15]を知ったアインシュタインは,「ブラウン運動に関する注意[16]」(1907年) を書いて，ブラウン運動の速度は大きさも方向も目まぐるしく変わるもので測定はできないのだと説いた．

ペラン．彼は早くから，液体中に懸濁したコロイド粒子たちの高度分布を調べて分子論の証拠をつかもうとしていたのだが，転進して，アインシュタインの関係式 (5) の検証に向かった．彼は巧妙な工夫で，半径 a のそろった微粒子たちを調製して実験したのである．その結果は理論によく合い，拡散係数 D が定められた．そうすると，もともと (5) で a と η とは実測できる量なので，D の実験値からボルツマン定数 k の値が決定でき，したがってアヴォガドロ数 N_{A} も決定できた．これは1モル中の分子の数がかぞえられたということである．ペランの実験報告[17]を受けとったアインシュタインは，直ちに，こう返事をした[18]．

> ブラウン運動をこんなにも精度よく測定することは不可能だと思っていました．この仕事を大兄が引き受けてくれたのが幸運だったのです．
>
> 分子の大きさ[1)]の精密な決定は最も重要な課題だと私は思います．というのは，これができれば，プランクの輻射式の検証が輻射の測定そのものによるよりも確実にできることになるからです．分子の大きさはプランクの輻射理論からも決定でき，しかも正確だとうたわれているのです．

分子の実在の証明は物理学の曲がり角をしるすものであった．そのことは1911年に開かれた第一回ソルヴェイ会議の講演に非常にはっきり現われていた．ペランは「分子の実在の証明」について話したが，他の講演はほとんどすべて「量子」を問題にしたのである．「比熱の諸問題の現状」というのがアインシュタインの演題であった．その比熱が，次の節の主題である．

---

1)　アインシュタインは，しばしば (1905年に提出した学位論文でも) ブラウン運動の測定から分子の大きさを決定すると言っているが，彼はアヴォガドロ数の決定により強い興味をもっているように見える．このペランへの手紙にも書いているが，アヴォガドロ数で気体定数を割るとボルツマン定数が得られ，プランクの輻射式に結びつくからである．

16.5 光を量子化するなら力学的振動も

アインシュタインは「輻射のプランク理論と比熱の理論[19]」と題する1907年の論文のなかで,「これまで分子の運動も眼に見える物体と同じ法則に従うと考えてきたが,いまや,振動するイオンは,われわれの経験してきた範囲の物体たちよりも,とりうる状態の数が少ないと仮定しなければならない」. 量子統計力学の夜明けを,これは告げている. ここにたどり着くまでにアインシュタインは次のような道筋をたどったのだった. 19世紀も終りの頃から黒体輻射のスペクトルが物理学の中心問題になっていたのだ. 1900年にプランクが彼の輻射公式を発見した[20]. それは,含まれているパラメータ h—— 今日プランクの定数とよばれるもの —— を適当な値にすると,あらゆる波長範囲,あらゆる温度範囲でぴたりと実験に一致する. そればかりか,プランクは,振動数 ν の輻射は $h\nu$ だけのエネルギーの塊,つまり「量子」として放出されたり吸収されたりするものと仮定して当の公式を導き出すことさえできた. しかし,この不連続的な変化はどのようにして起こるのか. それを理解したいものとプランクは絶え間ない努力を続けたのだったが,遂に果せなかった.

プランクが示した輻射式の導出法をアインシュタインは受け入れることができなかった. 1911年になってからでさえ,アインシュタインは,ソルヴェイ会議でのプランクの講演のあとで質問に立ち,プランクの確率論の使い方はショックだったと述べている. それは,どういうことだったのか? プランクが行なった輻射式の導出法を見てみよう.

プランクのコンプレクシオン

プランクは,いろいろの振動数 ν_s の共鳴子,すなわち荷電調和振動子が,空洞のなかにあって,輻射場と熱平衡にあるものとした. そして,共鳴子の平均エネルギーを統計力学によって計算し,それを電磁理論によって輻射場の平均エネルギー密度に結びつけて輻射式をだすという手順を考えたのである.

輻射のエネルギーは量子的にのみ増減すると仮定するので,振動数が ν_s の共鳴子のエネルギーは $h\nu_s$ の整数倍に限るとしておいてよい. そのような振動数 ν_s の共鳴子が空洞のなかに全部で N_s 個あるとし,そのエネルギーの合計を $P_s \cdot h\nu_s$ としよう. これだけの指定だと,これを満足するコンプレクシオンはたくさんある. P_s 個のエネルギー量子を N_s 個の共鳴子に分配してやればよいのだといって

プランクは

$$W_s = \frac{(N_s + P_s - 1)!}{N_s!(P_s - 1)!}$$

という式を書き下した．N_s 個の共鳴子が全部で $P_s \cdot h\nu_s$ だけのエネルギーをもつ状態は W_s 通りの仕方で実現できる．同じことを他の振動数の共鳴子についても考えると，各振動数ごとにエネルギー $P_s \cdot h\nu_s$ がきまっている状態には

$$W = \prod_s W_s \tag{6}$$

という数のコンプレクシオンが属することになる．

さて，共鳴子系の熱平衡状態は，系の全エネルギー $\sum_s P_s \cdot h\nu_s$ が定まっているという条件のもとで W を，あるいは同じことであるがエントロピー $S = k \log W$ を最大にするものである．このことから各 s にたいする P_s が定まり，平均エネルギー $\overline{E(\nu_s)} = P_s \cdot h\nu_s / N_s$ が定まる．

アインシュタインには，しかし，プランクが彼のコンプレクシオンのおのおのを互いに等確率としたことにどんな根拠があるのか，どうしてもわからなかった．

光量子

いくら考えてもわからないので，彼は「光の発生と転換に関する 1 つの発見法的見地 [21]」(1905 年) において「輻射の発生と伝播にたいするどんな描像をも用いることなく，経験に密着して」問題を考えようと提案した．

レイリー－ジーンズの公式は実験に合わないけれども，しかしスペクトルの全域にわたって合わないわけではない．振動数のごく低いところでは悪くないのであって，実際この $\nu \to 0$ の極限ではプランクの公式もレイリー－ジーンズの公式に帰着する．それなら反対の $\nu \to \infty$ のほうに何か未知の重要なことが隠れているはずだ，とアインシュタインは考えた．この極限では，プランクの公式は 1896 年に提案されていた先輩格のウィーンの公式に帰着するが，このことは振動数 ν の高い輻射がエネルギー $h\nu$ をもつ粒子たちの集まりのように振舞うことを意味していた．実際，ウィーンの公式を用いてエントロピーの計算をすると，体積 V の大きな空洞のなかにある振動数 ν，エネルギー E の輻射が，ある瞬間にたまたま空洞の一部分の小さい体積 v のなかに全部集まってしまう確率が求められ

$$W_{\text{輻射}} = \left(\frac{v}{V}\right)^{E/h\nu} \tag{7}$$

となるのだった．これは $E/h\nu$ を分子の数とみれば理想気体で考えた場合と同じ

ではないか．ある瞬間に1つの分子が小体積 v に入っている確率は v/V だから，$E/h\nu$ 個の分子が全部 v に入っている確率は (7) のとおりになる．

この輻射が粒子のように振舞うという考えを支持する証拠は他にもある，とアインシュタインはいう．すなわち，螢光に関するストークスの法則，光電効果，そして光による気体の電離．こうして彼は，発見法的な1つの見地として「光のエネルギーが空間に不連続に分布している」という考えを提出した．「光が1点から発して伝播してゆくときにも，そのエネルギーは限りなく拡がってゆくのではなくて，有限個の塊になって壊れることなく飛んでゆくことができ，また塊のままで吸収されたり創られたりすることもできる」．これが光量子仮説である．

こんな仮説は，光の波動論のありあまる証拠によって直ちに論破されそうに思われるだろう．そこでアインシュタインは注意している．「光学的な観測というものは時間的な平均を見ているのであって刻々の値を測っているのではない」．したがって「空間上の連続関数を用いる理論が，光の発生や転換に適用したとき，経験と矛盾することになっても不思議ではない」．

プランク理論の基盤をなす仮定

つづいて出された論文「光の発生と吸収の理論[22]」(1906年) において，彼は共鳴子のエントロピーに眼を向け，彼の公式 (1) が，次の条件のもとでは，プランクがコンプレクシオンの数をかぞえて求めたのと同じエントロピーをあたえる，ということを見出した．

［1］　共鳴子 (振動数 ν) のとりうるエネルギーは $h\nu$ の整数倍にかぎられる．

この仮定は「共鳴子のエネルギー放出・吸収のとき不連続的に変化する」ということを含意している．したがって共鳴子による光の発生・吸収にはマクスウェルの電磁力学は適用できない．しかし

［2］　輻射場に浸された共鳴子の平均エネルギーはマクスウェルの電磁力学で計算した値に等しい．

そして，すでに輻射のエントロピーの考察から要請されたことであるが

［3］　光量子仮説．

こうしてアインシュタインはプランクの輻射論の背後に3つの仮定を見出したのである．彼は，これらの仮定からプランクの輻射公式がいとも簡単に導かれることを示した．

論理的には，［1］と［3］の仮定が両方とも必要だとはいえない．しかし，アイ

ンシュタインにとっては，彼は古典物理学に粒子と場が並んで登場することに「心やすまらぬ 2 元論[23]」を見たくらいだから，おそらく，事の基本において輻射で成り立つことは力学的対象についても成り立つし，その逆も真である，と仮定するのが最も自然だったのであろう．

純粋に力学的な領域における量子

アインシュタインが上の仮定 [1] を固体のなかの原子の熱振動に適用したのも，上に述べたような物理学の統一を志向する彼の精神による．これは，クーン[24]も広汎な歴史的研究によって示しているとおり，決して小さな一歩ではなかったのである．人々は——そのなかにプランクも含まれるが——確率計算のためにエネルギーないし位相空間を量子 h によって離散化する必要は認めた．しかし，たとえばプランクだが，それは電子と輻射の相互作用の理論が発展した暁には説明できるはずの宿題であると考えた．アインシュタインが量子の概念を原子の振動にまで拡大したとき，これを人々は警戒の眼をもって眺めたのであった．

この節の始めに引用した彼の 1907 年の論文には，次のような見解が表明されている．「プランクの輻射論が事の核心を衝いているとすれば，熱の理論のどこか他の領域でも今日の分子運動論と経験の矛盾が見出されてしかるべきである[19]」．

実際，比熱の統計力学にはエネルギー等分配則に関わる困難があることを，アインシュタインは指摘した．固体の内なる熱運動の最も簡単な模型，すなわち原子たちが各自の平衡点のまわりに他と独立に単振動するという模型をとると，等分配則は 1 モル当りの比熱として $c = 3R$ をあたえる．たしかに，たいていの物質が固体の状態でこのとおりの比熱をもつ (デュロン – プティの法則)．しかしながら

(a)　炭素，ホウ素，ケイ素の固体は $3R$ より著しく小さい比熱をもつ．

(b)　電子たちは，ドルーデの光の分散の解析によれば固体のなかに存在し，紫外線に相当する振動数で振動することができるはずであるのに，比熱に寄与している気配すらない．

アインシュタインは，仮定 [1] を固体内の振動にまで一般化すると振動数 ν の振動子による比熱は $kT/h\nu$ の関数になることを証明した．ここで注目すべきことは，$kT/h\nu$ の小さい低温では比熱がゼロに近づき，反対に $kT/h\nu$ の大きい高温ではデュロン – プティの法則にしたがうようになることである．これで (b) の困難が解決していることは直ちにわかった．電子の振動数が紫外線に相当する以

上，室温では $kT/h\nu \ll 1$ だから，電子たちの比熱への寄与は無いに等しいのである (今日，この理解は誤りであることがわかっている．真の理由は電子たちがフェルミ–ディラックの統計にしたがうことである)．つぎに (a) のほうの困難については，問題の元素はどれも原子量が小さく，おそらくそのために観測されている赤外の固有振動数が高いほうである，ということしか彼には言えなかった．

事実，比熱のアインシュタイン理論にたいする実験的証拠は，1910 年までは極めて少なかったのである．プランクの輻射論に好意的な物理学者たちでさえ，アインシュタインの一般化には冷淡であった [25]．

われわれは，ネルンストがソルヴェイにあてた 1910 年 7 月 26 日付の手紙のなかにアインシュタイン理論の衝撃を見てとることができる．ネルンストはベルリンの指導的な物理化学者であって，当時は第一回ソルヴェイ会議を組織する努力をしていた．彼の手紙には「いま私たちは，物質の運動論の基礎の革命的な書きかえの真只中にいます [26]」とある．彼による熱力学の第三法則の発見に促されて彼のグループが行なった測定では，固体の比熱が，ほとんど例外なしに，等分配則に矛盾する温度依存性を示した．それらの比熱は第三法則の要求どおりに $T \to 0$ でゼロになるのだった．この矛盾は，電子や原子の運動をネルンストのいわゆる「エネルギー量子の教義」で制限すれば解消する．こうして，仮定［1］のアインシュタインによる力学の領域への一般化はついに人々に受け入れられ，量子論の新しい時代を開くことになった．実際，人々が一般的な量子条件の必要を感じはじめたのは，この時であった．それまでは調和振動子の運動しか量子化できなかったので，どんな力学系にでも適用できる一般的な量子条件がさがしもとめられることになったのである．

16.6 ボース–アインシュタイン統計と粒子・波動の二重性

アインシュタインは，1909 年の論文「輻射の問題の現状について [27]」でも，なお「プランクの輻射論は，今日の広く承認された基礎に立つ理論にどのように結びついているのであろうか？」と問い続けている．

彼は，とりわけ輻射公式の導き方が —— プランクの導き方も彼自身のも —— 不満だった．どちらの導き方も統計力学は共鳴子たちの側に適用し，その結果を古典的性格の仮定［2］によって輻射の側に移しかえるということをする．しかし，アインシュタインの統計力学の見地からすれば，輻射を直接に取り扱うことも可能でなければならない．それよりなにより，プランクのコンプレクシオンの使い方は2つの点で疑問だったのである．第1に，プランクの考えた各コンプレクシオンが互いに等確率である保証がない．このことは前にも述べた．第2に，P_s 個のエネルギー量子 $h\nu$ を共鳴子たちに配分するというが，これは意味をなさない．なにしろ，プランクの結果 (輻射式) をみると――ν のかなりの範囲で――$h\nu$ のほうが共鳴子の平均エネルギー $\overline{E(\nu)}$ よりずっと大きいのだから．

粒子と波動の二重性

その導き方が不満だといっても，プランクの公式は実験により確固たる裏づけをされている．それは一体，輻射の本性について何を物語っているのか．アインシュタインが問い続けたのは，これである．彼は，空洞内の小体積 v に入る輻射エネルギーの揺らぎを，かつてはウィーンの公式を用いて調べたのだったが，今度はプランクの公式をまともに使って調べ直してみた．すると，輻射の二重性――波動性と粒子性――があらわになった．「2つの構造 (波動と量子) の特徴は互いに排斥しあうものでないと見なければならない [28]」．これは注目すべきことだと彼は思った．この発見も，しかし，プランクの公式の導き方を改める役には立たなかったのである．

アインシュタインの関心は，だんだんに相対論と重力のほうに移ってゆく．

遷移確率

その間にボーアが原子構造の理論 [29] を提出し，古典的な軌道の連続的多様のなかから彼の「量子条件」によって離散的な定常状態をとりだした (1913年)．こうして離散的なエネルギー準位ができたので，電子がその1つから別の1つに量子的遷移をするときに輻射は放出されたり吸収されたりするということをボーアは仮定した．アインシュタインは，この考えに立って1916年 [30] と1917年 [31] に，プランクの公式を反応速度の方程式を用いて導き出すことができた．**遷移確率**と**自発放射**という概念は，ここで導入されたのである．しかし，この新しい導き方も，まだ彼の統計力学の線に沿うものではなかった．

量子相互の不思議な影響

1924年になって統計力学を輻射に直接に適用してプランクの公式を導く論文「プランクの法則と光量子仮説 [32]」が現われた．著者はインドの物理学者ボース．彼の願いをきいてアインシュタインが論文をドイツ語に訳して雑誌に載せたのである．ボースは，プランクに従って光子の位相空間を体積 h^3 の細胞に分割し，各細胞に 1 つの光子の状態が属するものと仮定した (偏光の向きはあたえられたとして).

そうしておくと，任意の一時刻での空洞内の輻射の状態——すなわちコンプレクシオン——は，位相空間のあちこちの細胞に光子たちの代表点がどう分布しているかを言うことで記述される．いま，振動数を区間に分けて，$(\nu_s, \nu_s + d\nu)$ に対応するエネルギー殻にあって k 個の代表点をかかえている細胞の数を p_k^s としよう．これだけの指定に適うコンプレクシオンはいくつあるか？　言いかえれば，これだけの指定に適う代表点の分布は何通りあるだろうか？　ボースの答は

$$W_{\text{ボース}} = \prod_s \frac{g_s!}{p_0^s!\, p_1^s! \cdots} \tag{8}$$

ここに $p_0^s + p_1^s + \cdots = g_s$ はエネルギー殻 s に属する細胞の総数の 2 倍．「2 倍」にするのは，細胞ごとに 2 つの独立な偏光がありうるからである．ボースは，輻射の全エネルギーが定まっているという条件のもとで (8) を最大にする分布——「確率最大」の分布——がプランクの公式にちょうど対応することを示した．

たくさんの人々が (8) の数え方を見て当惑した——アインシュタイン，エーレンフェスト，シュレーディンガー等々．

エーレンフェストが疑問としたのは，ボースの数え方では光子たちが互いに統計的独立に扱われていないことである．他方で，アインシュタインはボースの (8) がプランクの (6) と同等なことを証明してしまった[33]．これは，アインシュタインが永らく訝かしんできたとおり，プランクのコンプレクシオンが互いに等確率という仮定と光量子たちの統計的独立という仮定とが相容れないことを意味している．このことは，すでにエーレンフェストも指摘していた[34]．どう見ても，光子たちは「なにかの仕方で相互に影響しあっているのでなければならない．……しかし当時それは全くの謎であった[33]」.

ボース–アインシュタイン統計

アインシュタインは，ボースの式 (8) を用いて「単原子理想気体の量子論 1[33]」(1924 年) を試み「私には解決できそうにない 1 つのパラドックス」に逢着した．謎は深まるばかりであるように見える．そのパラドックスというのは，お互いに少しだけ異なる分子からなる 2 種の気体を混合すると，分子の差異がいかに小さくても，差異がなくなった極限の場合とは違った圧力と状態分布を生じる，とい

うことである.

これは，実は，こうでなければならなかったのだ．ボースの式 (8) は，むしろギブスが逢着したパラドックスを解決していた．1つの箱を隔壁で2つの部屋に分け，異種の気体を別々の部屋に等温・等圧に入れてから隔壁を静かに除いて気体に混合を許すと全系のエントロピーは増加する．しかし，同じことを同種の気体で行なってもエントロピーは増えない．そしてエントロピーの増加と非増加の差は2種の気体分子の差異がいかに小さくても有限に残るのである．だから，アインシュタインがパラドックスと思ったことも，事実として受け入れねばならない.

むしろ，ギブスの統計力学では——ボルツマンでも同じなのだが——前記の混合のエントロピー増加が異種の気体を混合する場合だけでなく，同種の場合にも全く同様に起こることになり，これは**ギブスのパラドックス**として知られていた．ところがボースの (8) を用いてエントロピーの計算をしてみると，このパラドックスが起こらない．美事に解決していることがわかる.

ギブスやボルツマンの統計力学には，もう1つ難点があった．それは実験で確証されている熱力学の第三法則——$T \to 0$ でエントロピーもゼロになる——と矛盾すること．これもボースの (8) で解決している．アインシュタインが論じたように[35]，$T \to 0$ では，すべての気体分子が最低エネルギーの細胞 (その s を 0 としよう) に落ち着く．そのような細胞は1個しかないので，$g_0 = 1$ であり，分子の総数を N として $p_0^0 = \cdots = p_{N-1}^0 = 0$, $p_N^0 = 1$, $p_{N+1}^s = 0$, $\cdots$ であるから，(8) により $W_{\text{ボース}} = 1$ となる．よってエントロピーは $S_{\text{ボース}} = k \log W_{\text{ボース}} = 0$ である．もしボルツマン流に場合の数をかぞえていたら $W_{\text{ボルツマン}} = N!$ となるところであった.

アインシュタインは，こうして「単原子気体の量子論 2[35]」(1925 年) において「ボルツマンでなくボースの公式を気体にも輻射にも用いねばならない」と宣言するにいたる．ここであらわになった「輻射と気体の深い近縁性」は物理学の統一を信じる彼の精神に合致している.

エーレンフェストやアインシュタイン等が謎とした光子たちの「相互の影響しあい」ということの真の意味が同種粒子の識別不可能にあることが見出されるのは，量子力学，とくにその多体系の理論ができてからのことになる.

ボースのコンプレクシオンの数のかぞえ方を光量子から分子などにまで拡張したとき**ボース－アインシュタインの統計**とよぶ．これは，粒子たちが相互に識別不可能であり，かつどんな「量子状態 (細胞)」にも任意の数の粒子が入れるという2つの条件で特徴づけられる．上の「任意の数の」を「高々1個の」に換えればフェルミ–ディラック統計が得られる．これはフェルミが熱力学の第三法則を研究していたとき定式化したものである[36]．

波動力学の曙光

輻射エネルギーの揺らぎの公式が粒子と波動の二重性をあらわにしたことを思い出そう．それは公式 (6) から得られたのだった．だから，それと同等な (8) からも得られるはずで，つまり粒子と波動の二重性はボース–アインシュタイン統計から出たものといってよい．そうだとすれば，アインシュタインも指摘したとおり，気体分子にも二重性があるはずであろう．

物質粒子が波動性をもつという考えは，ド・ブロイが学位論文[37]にして提出した仮説と符合している．その学位論文が口頭試問の審査をパスしたのが1924年11月29日．アインシュタインが気体の量子論の第2部[35]を書き上げる直前であった (その論文の受理は1924年12月)．その論文に彼はこう書いている．「ド・ブロイ氏は非常に注目すべき論文[37]において，(スカラーの) 波動場がどのようにして物質粒子ないしは物質粒子系に付随せしめられるかを示した」．これに，さらに脚注をつけて「この論文には，また，ボーア–ゾンマーフェルトの量子条件の非常に注目すべき幾何学的解釈もあたえられている」．読者は「非常に注目すべき」が二度も用いられていることに注目せよ．事実，ド・ブロイの論文に人々の注意を促したのはアインシュタインであった．その論文自身，彼の後楯があって出版にこぎつけたのである[38]．

1925年の末には，シュレーディンガーが，次のことに注意すればアインシュタインの新理論のより深い理解が得られると指摘した．すなわち，個々の分子のエネルギー ε_s の状態に全系の自由度を結びつけて，n_s 個の分子が状態 ε_s にいるという代りに，s 番目の自由度が——ちょうど調和振動子のように——エネルギー $n_s\varepsilon_s$ をもつということにする．この描像によれば，ボース–アインシュタイン「粒子」の識別不可能が普通の，確立した統計学の枠内ですでに自明となる．「アインシュタインの気体論の真の意味は」とシュレーディンガーは書いている[39]．「気体というものが，空洞内の輻射とか固体とかのように，調和振動子と同じ固有振動をもつ系として理解されるべきだという点にある」．それからものの1ヵ月もたたないうちに，「固有値問題としての量子化 I」が『アンナーレン・デア・フィジーク』に出版のため受理される．これこそシュレーディンガーの波動力学・4部作[40]の第1報である．アインシュタインの影響は波動力学の誕生を促すところまで及んだのだ．

ボース–アインシュタイン凝縮

アインシュタインの理想気体の理論[35]からは，もう1つの重要な予言がひきだせる．それは，ある臨界温度より下では気体分子たちの少なくとも一部が運動量ゼロの状態に凝縮するということ．これは誰も本気にしなかった．そんな低温では，どんな気体も液化してしまっていると思われたからである．

1938年，つまりアインシュタインの予言から14年後に，ロンドンがこれをボース–アインシュタイン凝縮とよんで人々の注意を喚起した[41]．これが液体ヘリウムの奇妙な振舞——超流動，可逆的熱伝導，噴水効果——に関係しているということを，彼は二流体模型をつかって示唆したのである．この模型は，凝縮した分子たちを1つの成分とし，熱運動している分子たちを第2の成分としている．

ロンドンの理論は後に原子間力をとりいれて大幅に改訂されねばならなかったが，しかしボース–アインシュタイン凝縮が鍵であることに変わりはない．今日では，ボース–アインシュタイン凝縮は統計物理において，また素粒子物理においても重要な地位を占めている．凝縮をするのはボース–アインシュタイン粒子に限らないことも見出された．フェルミ–ディラック粒子も，クーパー・ペアとよばれるペアを組んで凝縮することがあるのだ．これはクーパーが超伝導を理解しようとする努力のなかで可能性に気づいたもので，彼の名に因んで命名されたのである．クーパー・ペアの凝縮にもとづく超伝導の理論が有名なBCS理論にほかならない．

16.7 むすび

統計力学にアインシュタインが寄与したものは何だろうか？　彼より以前にも，統計的方法はマクスウェルやボルツマンの気体分子運動論の形で存在していたのである．誰がどこまで到達していたかの詳しい分析は，科学史家にお願いするほかない．

しかし，次のことは言えるだろう．すなわち，気体の状態の不可逆的な時間発展を把えようと奮闘しつづけたボルツマンとちがって，アインシュタインとギブスは定常状態に注意を集中し，それによって，正準集団の系統的使用にみられるような平衡系の統計力学の樹立に成功した．ただ，この限定のために彼等は平衡状態への近接の問題，いいかえれば熱力学の第二法則の問題を動力学的に追究することはできなかった．アインシュタインは第二法則の導出を試みたが，それは状態がより確率の高いほうへと変化してゆくという仮定に立ってのことであった．同じアイディアはボルツマン (1879 年) にも見出される．

ギブスの論著『統計力学の基本原理』(1902 年) について，アインシュタインは 1911 年にこう書いている．「あの頃ギブスの本を知っていたら [42] 私はあの諸論文を公刊せずに，2, 3 の問題を研究するだけにしただろう [11]」．彼が彼の道を歩み得たのは幸いであった．なぜなら，続いて行なわれた量子論の開拓は，彼が「熱の一般分子論」を構築する努力のなかで培った直観と道具とに負うところが多いからである．以下に，まさしくアインシュタインのものと思われる寄与をあげてみよう．

まず，観測できる揺らぎ，すなわちブラウン運動に注目し，独自の観点をたてて，分子の実在を決定的に証明する道を拓いたこと．そのうえ，彼は，揺らぎを輻射と物質の本性をさぐるための有用な道具に仕立てた．

第 2 に，統計熱力学の枠組を力学の領域を超えて一般化したこと．その枠組の一般性は，それを彼が輻射に適用したとき，彼の自信となったにちがいない．輻射をハミルトン形式で扱う方法は，まだ発見されていなかったからである．

第 3 に，輻射の量子性を「近縁性」にもとづいて力学的対象にまで拡げることによって量子統計力学を創めたこと．著しいことに，純粋に力学の領域で量子の実在を人々に納得させたのは，彼の比熱の量子論の成功であった．ボース－アインシュタイン統計とボース－アインシュタイン凝縮の概念は，今日，統計物理だけでなく素粒子物理においても重要な地歩を占めている．

アインシュタインの論文を読んでいると，彼の議論の単純さと容易さに深い印象をうける．統計熱力学のいろいろな問題に明快な物理的解釈をあたえたことを，彼の寄与の第四としてもよいであろう．われわれは，ボルン [43] とともに，アインシュタインは統計力学の父であると言いたい．

アインシュタインにおいて，統計理論の展開は量子の不思議の国の探検と分かち難く結びついていたが，量子力学がボルンの確率解釈によって定式化された後，彼は「神はサイコロ遊びをしない」と主張するようになった [44]．アインシュタインは古典物理学の堅固な因果律を保持したかったのである．そして，確率論の使用は，どうしようもなく大きな系か，初期条件の詳細が知れていない系かの取り扱いにのみ限っておきたいと思っていた．アインシュタインの量子力学にたいする態度は，この小著を載せたアイヘルブルク・ゼクスル『アインシュタイン，物理学・哲学・政治への影響』，亀井 理ほか訳，岩波書店 (2006) の別の章で論じられる．

参考文献

以下，次の略記を用いる．

自伝：アインシュタイン『自伝ノート』，中村誠太郎・五十嵐正敬訳，東京図書 (1978).

選書 n：湯川秀樹監修『アインシュタイン選集 n』，$n=1, 2, 3.$，共立出版 (1971–72).

叢書 m：物理学史研究刊行会編『物理学古典論文叢書 m』，$m=1, 2, \cdots, 12.$，東海大学出版会 (1969–71).

$m=1$ は『熱輻射と量子』，$m=2$ は『光量子』，$m=6$ は『相対論』，$m=10$ は『原子構造論』．

［1］ M. J. Klein : Thermodynamics in Einstein's Thought, *Science* **157** (1967), 509.

［2］ M. Born : *Einstein's Statistical Theories*, Schilpp, pp.163–177.

［3］ A. Einstein : Folgerungen aus den Capillaritätserscheinungen, *Ann. d. Phys.* (4), **4** (1901), 513.

［4］ A. Einstein : Thermodynamische Theorie der Potentialdifferenz zwischen Metallen und vollständig dissozierten Lösungen ihrer Salze und eine elektrische Methode zur Erforschung der Molekularkräfte, *Ann. d. Phys.* (4), **8** (1902), 798.

［5］ A. Einstein : Kinetische Theorie des Wärmegleichgewichts und des zweiten Hauptsatzes der Thermodynamik, *Ann. d. Phys.* (4), **9** (1902), 417.

［6］ L. Boltamann : Weitere Studien über das Wärmegleichgewicht unter Gasmolekülen, *Wien. Ber.* **63** (1872), 275. 叢書 6, p.27. また次を見よ．*Vorlesungen über Gastheorie*, J. A. Barth, Leipzig, 1895–98, Teil I–III.［英訳：G. Brush, U. of Calif., 1964］

［7］ A. Einstein : Theorie der Grundlagen der Thermodynamik, *Ann. d. Phys.* (4), **11** (1903), 170.

［8］ L. Boltzmann : Über die Beziehung zwischen dem zweiten Hauptsatz der mechanischen Wärmetheorie und der Wahrscheinlichkeitsrechnung respective den Sätzen über Wärmegleichgewicht, *Wien. Ber.* **76** (1877), 373. 叢書 6, p.111.

［9］ A. Einstein : Zur allgemeinen molekularen Theorie der Wärme, *Ann. d. Phys.*

(4), **14** (1904), 354.

[10] P. Hertz : Über die mechanischen Grundlagen der Thermodynamik, *Ann. d. Phys.* **33** (1910), 225, 537.

[11] A. Einstein : Bemerkungen zu den P. Hertz'schen Arbeiten : Mechanische Grundlagen der Thermodynamik, *Ann. d. Phys.* **34** (1911), 175.

[12] W. Wien : Temperatur und Entropie der Strahlung, *Wied. Ann. d. Phys.* **52** (1894), 132. 叢書 1, p.49.

[13] A. Einstein : Die von der molekularkinetischen Theorie der Wärme geforderte Bewegung von in ruhenden Flüssigkeiten suspendierten Teilchen, *Ann. d. Phys.* (4), **17** (1905), 549. 選集 1, p.218.

[14] R. Kubo : Fluctuation-Dissipation Theorem, *Rept. on Prog. in Phys.* **1** (1966), 255.
久保亮五・戸田盛和編『統計物理学』, (岩波講座 現代物理学の基礎 (第 2 版) 5, 岩波書店 (1978).

[15] T. Svedberg : Über die Eigenbewegung der Teilchen in kolloidalen Lösungen, *Zs. f. Elektrochemie* **12** (1906), 853.

[16] A. Einstein : Theoretische Bemerkungen über die Brownsche Bewegung, *Zs. f. Elektrochemie*, **13** (1907), 41.

[17] J. Perrin : Mouvement Brownien et constantes moléculaires, *Comptes Rendus* **149** (1909), 477.

[18] M. Jo Nye : *Molecular Reality, a Perspective on the Scientific Work of Jean Perrin*, Macdonald, London and American Elsevier, New York (1972), p.135 に引用されている未公開の手紙による.

[19] A. Einstein : Die Planck'sche Theorie der Strahlung und die Theorie der spezifischen Wärme, *Ann. d. Phys.* (4), **22** (1907), 180, 800 (Errata).
選集 1, p.10. 叢書 2, p.31.

[20] M. Planck : Über eine Verbesserung der Wien'schen Spektralgleichung, *Verh. deut. phys. Ges.* **2** (1900), 202. 叢書 1, p.211.

[21] A. Einstein : Über einen die Erzeugung und Verwandlung des Lichts betreffenden heuristischen Gesichtspunkt, *Ann. d. Phys.* (4), **17** (1905), 132.
選集 1, p.86. 叢書 2, p.1.

[22] A. Einstein : Zur Theorie der Lichterzeugung und Lichtabsorption, *Ann. d. Phys.* (4), **20** (1906), 199. 選集 1, p.103. 叢書 2, p.21.

[23] 自伝.

[24] T. S. Kuhn : The Quantum Theory of Specific Heats : A Problem in Pro-

fessional Recognition, *Proc. of the XIV. Congress of the History of Science*, No. 1 (1974), No. 4 (1975), Science Council of Japan. 邦訳は西尾成子編『アインシュタイン研究』, 自然選書, 中央公論社 (1977), p.249. M. J. Klein : Einstein, Specific Heat and the Early Quantum Theory, *Science* **148** (1965), 173–180.

[25] 同上.

[26] 同上 p.260 に詳細に引用されている.

[27] A. Einstein : Zum gegenwärtigen Stand des Strahlungsproblems, *Phys. Zs.* **10** (1909), 185. 叢書 2, p.49.

[28] A. Einstein : Über die Entwicklung unserer Anschauung über das Wesen und die Konstitution der Strahlung, *Phys. Zs.* **10** (1909), 817. 叢書 2, p.73.

[29] N. Bohr : On the Constitution of Atoms and Molecules, *Phil. Mag.* **21** (1913), 1. 叢書 10, p.161.

[30] A. Einstein : Strahlungsemission und absorption nach der Quantentheorie, *Verh. deut. phys. Ges.* **18** (1916), 318. 叢書 2, p.91.

[31] A. Einstein : Quantentheorie der Strahlung, *Phys. Zs.* **18** (1917), 121. 叢書 2, p.99.

[32] S. Bose : Planck's Gesetz und Lichtquantenhypothese, *Zs. f. Phys.* **26** (1924), 178.

[33] A. Einstein : Quantentheorie des einatomigen idealen Gases, *Sitzungsber. preuss. Akad. Wiss.* (1924), p.261. 選集 1, p.127.

[34] P. Ehrenfest and H. Kamerlingh-Onnes : Simplified Deduction of the Formula from the Theory of Combination which Planck uses as the Basis of his Radiation Theory, *Ann. d. Phys.* **46** (1915), 1021.

[35] A. Einstein : Quantentheorie des einatomigen idealen Gases, *Sitzungsber. preuss. Akad. Wiss.* (1925), p.3. 選集 1, p.136.

[36] E. Fermi : Zur Quantelung des idealen einatomigen Gases, *Zs. f. Phys.* **36** (1926), 902.

[37] L. de Broglie : Recherches sur la Théorie des Quanta, Thèses, Paris 1924 ; *Annales de Phys.* (10), **3** (1925), 22.

[38] W. Heitler : Erwin Schrödinger, *Biographical Memoirs of Fellows of the Royal Society 1961* (vol. 7), The Royal Society, Burlington House, London.

[39] E. Schrödinger : Zur Einstein'schen Gastheorie, *Phys. Zs.* **27** (1926), 101.

[40] E. Schrödinger : Quantisierung als Eigenwertproblem, *Ann. d. Phys.* (4), **79** (1926), 361, 489 ; **80** (1926), 437 ; **81** (1926), 109.

[41] F. London : On the Bose-Einstein Condensation, *Phys. Rev.* **54** (1938),

947.

[42] ギブスの本は1905年にドイツ語に訳された．J. W. Gibbs : *Elementare Grundlagen der statistischen Mechanik*, translated by E. Zermelo, J. A. Barth, Leipzig (1905).

[43] ボルンがInternational Conference on Statistical Mechanics in 1949でした注意を見よ．*Suppl. Nuovo Cimento*, vol.VI, Series IX, 1949, p.296.

[44] [2] のボルンの論文．とくに，そこに引用されているアインシュタインからボルンへの手紙を参照.

17. ブラウン運動と統計力学

アインシュタインが，相対性理論の父であることはよく知られている．統計力学の父でもあることは，あまり知られていない．

統計力学というのは，たとえば気体の圧力を，個々の気体分子が容器の壁に衝突して与える衝撃のある平均としてとらえるというように，目に見えない原子や分子の力学的な挙動にまで深く立ち入ることによって，物質の特性を，いわば根元的に把握しようとする．しかし，目に見える大きさの物体が含む原子・分子の数は無数に近い．そこで統計の方法が用いられることになるのである．まさに，その方法を，若き日のアインシュタインは提示したのだった．

17.1 原子の実在

1900 年 8 月，アインシュタインが 21 歳でチューリッヒ工科大学を終えたとき，卒業論文のテーマは「熱伝導の理論」であったという．その内容は知らない．しかし,「熱」が彼をとらえていたことに注意しておこう．彼の論文リストを見ると，そのあと，1901 年の処女論文から 1905 年の第 6 論文まで，すべてが「熱」にかかわっている．それ以後も「熱」は他のテーマに交じって散見することになる．

そのうち，最初の 2 つは，一方において「表面張力」から (表 1)，他方において「金属とその塩の完全解離溶液とのあいだの電位差」から，いろいろの分子が互いに及ぼし合う力の相対的な大きさを決定しようとしたもので，熱力学を推論の土台として用いている．

それは，やがて分子論を基礎に「力学の方程式と確率論的な計算とだけを用いて熱平衡に関する法則ならびに第二主則とを導き出すこと」を目標に統計力学の基礎をすえる第 3~5 論文に発展する．「第二主則」というのは，熱力学の第二法

表 1　分子間力の大きさ

化学式	$(\sum \mathcal{C}_a)$ 実験	$(\sum \mathcal{C}_a)$ 計算	化合物の名前
$C_{10}H_{16}$	510	524	シトロン・テレビン
CO_2H_2	140	145	蟻　酸
$C_2H_4O_2$	193	197	醋　酸
$C_3H_6O_2$	250	249	プロピオン酸
$C_4H_8O_2$	309	301	酪酸およびイソ酪酸
$C_5H_{10}O_2$	365	352	纈草酸
$C_4H_6O_3$	350	350	無水醋酸
$C_6H_{10}O_4$	505	501	蓚酸エチル
$C_8H_8O_2$	494	520	メチル安息香酸
$C_9H_{10}O_2$	553	562	エチル安息香酸
$C_6H_{10}O_3$	471	454	アセト醋酸
C_7H_8O	422	419	アニゾル
$C_8H_{10}O$	479	470	フェノールおよびメチル・クレゾル酸
$C_8H_{10}O_2$	519	517	ディ・メチル・レゾルチン
$C_5H_4O_2$	345	362	フルフロル
$C_5H_{10}O$	348	305	纈草アルデヒド
$C_{10}H_{14}O$	587	574	カルヴォル

きまった種類の分子が相互に引き合う力は，その分子の $\sum \mathcal{C}_a$ の 2 乗に比例する．実験値は表面張力の測定値から求め，計算値はそれに合うように定めた原子の値 $\mathcal{C}_H = -1.6$, $\mathcal{C}_C = 55.0$, $\mathcal{C}_O = 46.8$ から再構成したもの [1]．

則，すなわちエントロピー増大の法則のことであって，熱は高温の場所から低温の場所に向かって流れ，気体は拡散し，あるいは混合するというように変化の向き (時間の向き！) を規定する法則である．

1905 年に出た第 6 論文「分子の大きさの新しい決定法」は，アインシュタインの学位論文である．チューリッヒ大学・高等哲学部 (数学・自然科学部門) に提出したもので，当時の習慣にしたがってベルン市の K. J. ワイス印刷所から公刊された．翌 1906 年にはドイツの物理学専門誌 *Annalen der Physik* に公表されることになる．

このように，アインシュタインは，物質が分子からできているという考えに立って熱の物理をとらえようと努力した．

しかし，当時 —— といってもいまから何世代も前のことではないが —— 分子の実在は，まだ一般には受けいれられない仮説であった.

たとえば，ドイツの化学者オストヴァルト．彼は岩波文庫の『化学の学校』などによって今日のわれわれにも親しいが，オーストリアの物理学者にして哲学者のマッハとともに原子論に対する熱烈な反対者としても歴史に名をとどめている. 1895年といえば，アインシュタインはすでに理論物理学に進むことを決心し，しかしチューリッヒ連邦工科大学の入学試験に失敗した年であるが，オストヴァルトは，この年の講演『科学的唯物論の克服』のなかで，次のように主張した：

> 科学の課題は測定できる量の一方から他方が算出できるようにするところにある.
>
> たとえば，閉じた箱から2本のレバーが突き出ているとしよう．一方のレバーの端を押し動かすと，その3倍の速さで他方のレバーの端が動くのが観察されたものとする．このとき，第2のレバーの端における力の大きさは，第1のレバーの端を押した力の1/3となる．これは，エネルギーが箱の中にたまらないとすれば熱力学の第一主則 (エネルギー保存則) からただちに結論されるところである.
>
> ところが，2本のレバーを連関させる力学的機構は無数に考えられ，どれが現実のものかついにわからないであろう.

1920年代のアインシュタイン．ベルリンの自宅の書斎で.

原子論だって同じことだ．その理論からの帰結が実験とちがわないとしても，それで原子の実在が証明されるというものではない．

すでに前世紀の中頃から，気体の分子運動論は定量的に展開されはじめていたのである．ジュールが気体分子の速さを推算して 0°C において水素分子は一方向に速度成分 1846 m/s をもつことを示したのは 1857 年のことであった (この前々年に日本では最初の邦文による物理学概説 —— 川本幸民の『気象観瀾広義』が出はじめ，1858 年に完結した)．ジュールは，さらに気体分子の運動エネルギー (vis viva) が気体の圧力とともに絶対温度に比例することを結論している．気体分子の速度が分子ごとにちがうことを把握し，“平均” のアイデアを理論に入れたのはクラウジウスである．

気体分子運動論がさらにマクスウェルやボルツマンらによって推し進められたことは周知であろう．

1860 年にはマクスウェルが気体分子の速度分布をあたえる有名な公式を提出している．気体の絶対温度が T のとき，分子の速度のある一定方向 (X 軸とよぶ) への成分が v_x と $v_x + dv_x$ の間にある確率は

$$\sqrt{\frac{m}{2\pi kT}}\ \exp\left[-\frac{m}{2kT}{v_x}^2\right]\cdot dv_x \tag{1}$$

によってあたえられるというのである (図 1)．ここに，m は気体分子の質量，k は後にボルツマン定数とよばれることになる定数であって，いわゆる気体定数 $R = 8.31\,\mathrm{J}\cdot\mathrm{mol}^{-1}\cdot\mathrm{K}^{-1}$ を 1 モルの含む分子数 (アヴォガドロ数) N でわったものである：

$$k = \frac{R}{N}. \tag{2}$$

マクスウェルは，気体の粘性や拡散についての測定から気体分子の平均自由行程 (分子が衝突なしに走る距離の平均値) を求めて，それから分子の半径を推定し，次に，その半径の分子が液体の状態ではギッシリつまっていると考えて 1 モルの液体が含む分子数を計算した．こうしてアヴォガドロ数として $N = 4.3\times10^{23}\,\mathrm{mol}^{-1}$ を得たのだった．これは今日の値に比べてやや小さい．

マクスウェルは球形をした単原子分子を考え，空間の直交する 3 軸 (X, Y, Z 軸) 方向の速度成分が確率的に独立であること，空間は等方的であって速度分布は座標軸の回転に対して不変なるべきこと，という 2 つの要請から気体分子の速度分布則 (1) をみごとに導き出したのだったが，ボルツマンはこれを力学の運動法則

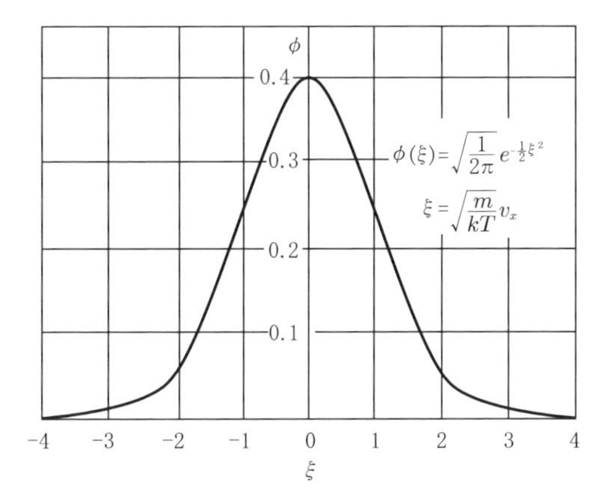

図 1　気体分子の速度分布．詳しくいえば，速度の x 成分の分布．(1) の exp とは指数関数のことである．$\xi = \sqrt{\dfrac{m}{kT}}\, v_x$ とおくと，(1) は図に示した「誤差関数」を用いて $\phi(\xi)d\xi$ とかくことができる．この「ガウス分布」によって ${v_x}^2$ の平均値をもとめると kT/m となる．

から導き出し，多原子分子の場合に拡張した (1871 年).

気体分子運動論は，さらに展開された．たとえば 1872 年にマクスウェルは友人への手紙にこう書いた：

> 気体論についてウィーンのローシュミットやシュテファンが実験しているとのこと，dp/dt の理論と拡張はすばらしく一致し，空気と水素の熱伝導率は 2% とくいちがわないとのこと，愉快….

しかし，気体の比熱は理論とくいちがった．気体に熱を加えると，それは —— 力学から必然的に出てくるエネルギー等分配の法則により —— 分子の並進運動のみならず自転運動にも分配され，多原子分子ではそれだけ比熱が大きくなるはずなのに，実測値にはその兆候がなかった．

その上に，非可逆性にまつわる疑義が気体論につきつけられた．気体のふるまいは気体分子に力学を適用することですべて理論的に導けるというのが気体論の基本的な立場であるが，ニュートンの運動方程式は時間の反転をしても形を変えない．だから，時間的にある向きの進行が運動方程式を満たせば，それと逆向きの進行も運動方程式を満たすことになり，現実に可能ということになる．ところが気体は拡散する一方であって，ひとりでに 1 ヵ所に集まってきたためしがない．気体は，その中を走る物体に粘性抵抗を及ぼすのであって，逆に物体の運動を助けるということはない．

プランクは1897年の著『熱力学』の序文にこうかいた：

> 現在のところ越え難い障害が理論のゆくてを阻んでいる．仮説の数学的取り扱いが複雑になるだけでなく，熱力学の基本原理を力学によって解釈することには本質的な困難がある．

ボルツマンが1906年に自殺をした原因については，いくつかの推測があるばかりだが，この真摯な物理学者が，自らの信ずる原子論に晩年になっても究極的な証明ができないままでいたことに心の痛みを感じていたことは事実のようだ．

17.2 ブラウン運動の理論

アインシュタインは，もし物質が原子・分子からできているなら，どこかに熱力学からの「ずれ」が現われるはずだと考えていた．熱力学の分子論的な基礎を築きながらも，彼はこのような「ずれ」の兆候を探し求めていたらしい．この点が，同じ頃アメリカで，アインシュタインとは独立に統計力学の体系を築き上げたギブスとちがう．ギブスの体系は1902年に『統計力学の基礎原理』としてアメリカで出版されたが，この本は副題に，「熱力学の合理的な基礎づけにとくに意を用いて展開した――」とうたっている．熱力学について，ギブスは基礎固めをめざし，アインシュタインは適用限界をさがしたのだ．ギブスの本は，しばらくアインシュタインに知られずにいたらしい．

1904年，アインシュタインは，その適用限界を大きい熱溜に接触した小さい体系の**エネルギーの「揺らぎ」**に見出したが，実際には，それは測定不可能なくらい小さいものであった．たとえば，水を絶対温度300 Kの熱溜に接触させると，たしかに，その水は熱溜とエネルギーをやりとりし，その結果として水はあるときには多くのエネルギーを，あるときは少ないエネルギーをもつ．つまり水のエネルギー含量が「揺らぐ」わけであるが，揺らぎの幅は10^{-10}%にすぎない．これでは，ないのと同じである．

しかし，翌1905年には，顕微鏡で観察できる大きさの「揺らぎ」がありうることをアインシュタインは示すことができた．すなわち：

> 顕微鏡でようやく見ることができる程度の微粒子は，流体に浮遊させると，流体分子の熱運動に突き動かされて運動するはずであり，しかも，その結果として起こる変位 (位置の変化) は顕微鏡で容易に見える程度になる．「これ

はたぶんいわゆる**ブラウン運動**と同じものだろう」とアインシュタインはいう.「しかし，ブラウン運動についての私の接しうる報告ははなはだ不正確なので，この点，私は何の判断も下すことができない.」

ブラウン運動というのは，古く1828年にイギリスは大英博物館の植物学者ブラウンが発見した珍奇な現象．もともとは植物の受精を研究するつもりで水に浮かべた花粉が，水を吸ってふくれてプッと吹き出した微細な粒——それが顕微鏡の下で演じた激しい震えをともなうダンスである (図2)．はじめは生命の証しかと思われたのだが，まもなく，微細な粒子でさえあれば生物のものだろうと無機質のものだろうと水面で激しく震え，激しくダンスすることがわかって，それに「ブラウン運動」の名がついた.

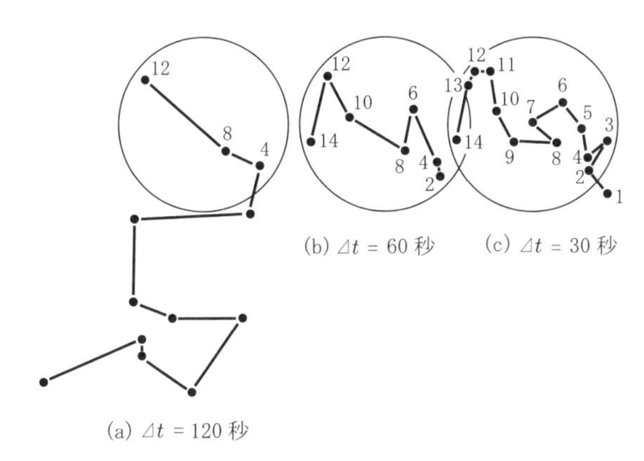

図2　ブラウン運動．粒子の位置を30秒おきに撮影した．そのフィルムを時間間隔 Δt おきに選びだして重ね焼きし，黒点のあいだを時間の順序に直線でつないだ．時間間隔を短くしていくと「軌道」の形はかぎりなく複雑になっていくように見える！　写真の引き伸しも含めて倍率およそ1100倍．黒丸の大小から粒子の浮き沈みがわかる．顕微鏡の焦点深度が浅いため，焦点面による球形粒子の断面が見えているのである［拙著『だれが原子をみたか』[2] より.

アインシュタインの計算によると——その平易な解説は拙著『だれが原子をみたか』[2] の中で試みたからくりかえさないが——時間 t のあいだに起こる微粒子の変位のある一定方向 (x 軸) への成分が x と $x+dx$ の間に落ちる確率は

$$\frac{1}{\sqrt{4\pi D\Delta t}}\ \exp\left[-\frac{x^2}{4D\Delta t}\right]\cdot dx \tag{3}$$

であたえられる (図3)．ここに

$$D = \frac{kT}{6\pi\eta a} \tag{4}$$

は定数．ただし，問題の微粒子は半径 a の球形で，それが絶対温度 T，粘性係数 η の流体の中にあるものとした．

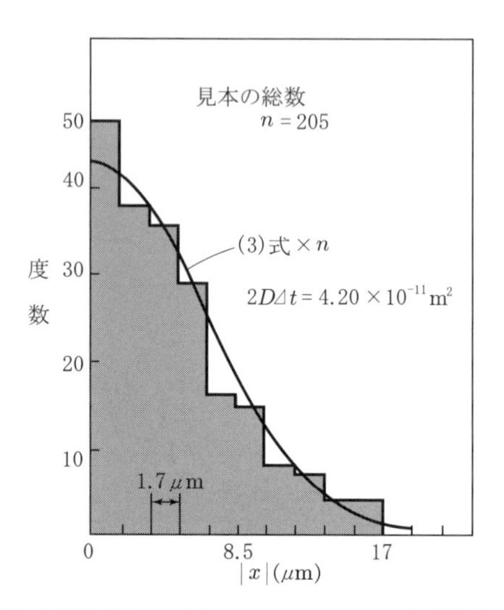

図 3　ブラウン粒子の変位の度数分布．半径 $a = 0.212\,\mu\mathrm{m}$ の球形がガンボージ粒子を水に浮かべた場合．ペランの弟子ショードセイニュ (Chaudsaigues) の 1908 年の測定結果をグラフにした．ペラン『原子』[3] の p.207 にある表から．曲線は図 1 と同じ誤差関数を表わしている．(3) を図 1 に合わせるには $\xi = \sqrt{\frac{1}{2D\Delta t}}\,x$ とおけばよい．

いま，試みに，半径 $a = 0.212\,\mu\mathrm{m}$ ($\mu\mathrm{m}$ はマイクロ・メートル，$10^{-6}\mathrm{m}$ のこと) の球形微粒子を温度 $10°\mathrm{C}$ の水 ($T = 283\,\mathrm{K}$，この温度での粘性係数は $\eta = 1.307 \times 10^{-3}\,\mathrm{N \cdot s \cdot m^{-2}}$) に浮かべたものとすると，$\Delta t = 30$ 秒として

$$\begin{aligned} 2D\Delta t &= \frac{2 \times k \times (273 + 10) \times 30}{6\pi \times (1.307 \times 10^{-3}) \times (0.212 \times 10^{-6})} \\ &= (3.26 \times 10^{12}) \times k \end{aligned} \tag{5}$$

となる．ボルツマン定数 k の値は，アインシュタインの時代にはだいたいのところしか知られていなかった．アヴォガドロ数に $N = 4.3 \times 10^{23}\,\mathrm{mol^{-1}}$ というマクスウェルの推算値を用いたとすると，(2) から $k = 1.93 \times 10^{-23}\,\mathrm{J \cdot K^{-1}}$ となるので，$2D\Delta t$ は $6 \times 10^{-11}\,\mathrm{m^2}$ の程度ということになる．もしアヴォガドロ数に今日の値 $N = 6.02 \times 10^{23}\,\mathrm{mol^{-1}}$ を用いれば，(2) から $k = 1.38 \times 10^{-23}\,\mathrm{J \cdot K^{-1}}$

となるので $2D\Delta t$ は $4.49 \times 10^{-11}\,\mathrm{m}^2$ になる．こうして $2D\Delta t$ の値はアヴォガドロ数 N の値によって定まるので，逆に $2D\Delta t$ の値が知れればアヴォガドロ数 N がもとまることになる．N は1モルあたりの分子数なのであるから，$2D\Delta t$ を測ることがとりもなおさず「分子を数える」ことになるわけである！

アインシュタインはいう：

> もし，ここに論ずる運動およびそれに対して予期される規則性が現実に観測されるならば，古典熱力学は，顕微鏡で見分けうる空間範囲においてすでに正確には成り立たないことになる．そのときには原子の真の大きさの正確な決定が可能となるであろう．

原子の‘大きさ’というのは，文字どおりに読むよりも，1モルあたりの原子の数と読むほうがよさそうだ．1モルあたりの数がわかれば，液体ないし固体にしたときの1モルの体積から――そこに原子がビッシリつまっていると仮定して――原子の大きさもだいたいわかることになるのだが．

アインシュタインは，続けていう：

> これに反して，この運動に関する予言が不当であることが証拠だてられる場合には，熱の分子運動論的解釈に反対する重大な論拠があたえられたことになる．

このくだりは，まさに原子の実在をめぐる当時の状況を反映している．

17.3 ペランの実験

ブラウン運動については，アインシュタインに注意を喚起されるまでもなく，19世紀から多くの実験が行なわれてきたのである．とりわけ1903年にジーデントップとジグモンディによって限外顕微鏡が発明されて $5 \times 10^{-3}\mu\mathrm{m}$ の微細まで目がとどくことになると，ブラウン粒子の速度と半径および水温の関係が追究されるようになった．関心はエネルギー等分配の法則がブラウン運動する微粒子にまで及ぶかという点にあったとみてよい．

しかし，その研究は不毛だった．速度というものを時間 t の間の変位 x の測定から

$$v_x = \lim_{t \to 0} \frac{x}{t}$$

のようにもとめるべきものとすると，ブラウン粒子は速度をもたないのだった！エクスナーが1900年にすでに指摘していたのだが，時間を$t_1, t_2, \cdots \to 0$のように短くしながら対応する変位$x_1, x_2, \cdots$を測定して平均速度の列$x_1/t_1, x_2/t_2, \cdots$をつくってみても，これは極限をもたない．むしろ，単調に増大して無限大に発散する気配だった．

だから，アインシュタインがブラウン粒子の速度にではなく変位そのものに目を向けたのは偉大な視座の転換だったのである．

1907年に，彼は「ブラウン運動に関する理論上の注意」を書いて速度測定の不毛をあらためて述べた．ブラウン粒子は熱運動する媒質の分子に突き動かされて（実は衝撃の多数回のくりかえしの末に）ある速度（数cm/sの程度）をもつにいたるが，その速度は媒質からの粘性抵抗のために10^{-7}秒といった短時間に消失してしまう．次にまた微粒子は動き出すだろうが，その方向は，前の速度の方向とは無関係とみなければならない．10^{-7}秒くらいの時間で乱雑に方向の変わる運動，あるいは乱雑変位．その変位のおのおのは大きさにして（数cm/s）$\times 10^{-7}\mathrm{s} =$ 数 + Å の程度ということになるから，限外顕微鏡でも見えはしない．そうした確率論的に独立な乱雑変位の無数に近い積み重なり——たとえば，時間$t = 30$秒の間には30秒$\div 10^{-7}$秒/回 = 3億回の積み重なり——が顕微鏡観察で読みとる変位xなのだ．もしtを1/100 sにし，1/1000 sにしたところで，この回数はやはり無数に近い．

確率論を少しでも学んだことのある方なら，このような確率論的に独立な乱雑変位の無数に近い和が中心極限定理によって(3)のようにガウス分布することを理解されるだろう．てっとり早くいえば，+1と−1とが乱雑にいりみだれた長い数列の和$a_1 + a_2 + \cdots + a_n$ ($a_i = \pm 1,\ n \gg 1$)は，0に近くなる確率が大きいだろう．そういう数列をたくさんつくって，和の平均をとればたぶん0になる．和の標準偏差をみるために，まず和を2乗して平均すれば，

$$\begin{aligned} &{a_1}^2 + {a_2}^2 + \cdots + {a_n}^2 \\ &\quad + a_1 a_2 + a_1 a_3 + \cdots + a_2 a_1 + a_2 a_3 + \cdots \end{aligned}$$

のうち第2行は各項の符号が正・負さまざまで，それらの和は0になって，第1行はnとなるだろう．標準偏差はこの平均の平方根だから$\sqrt{n}$．こんなわけで，乱雑変位の和xはかなりの確率で項数の平方根に比例するとみてよいことになり，つまり観察の時間tの平方根に比例する．$x \propto \sqrt{t}$．そのためにx/tは$t \to 0$で発

散することになるのである．ブラウン粒子の瞬間の速度の測定は不毛である．

アインシュタインの視座から公式 (2) の実験的検証に向かう人も少なからず現れたが，フランスのペランの実験が出るまでは，結果はアインシュタイン理論に有利とは見えなかったのである．ペランは研究をはじめた頃の気持をこう語っている：

> 熱の分子運動論にもっとも傾倒していた人びとが，いとも簡単に引き下がって，アインシュタイン理論には何か正当でない仮説が含まれているといいだしたのには，ひどく驚いた…….

1980 年から 12 年にわたるペランの研究は，1913 年の著書『原子』[3] に要約されている．その中から公式 (2) に関わる結果の一例をとり，グラフになおしたものが前出の図 3 である．ガウス分布を示す実線は実験値の棒グラフにもっともよく合うように $2D\Delta t$ の値を選んで筆者が引いた．$2D\Delta t = 4.20 \times 10^{-11}\,\mathrm{m}^{-2}$ がその値である．この実験では微粒子の半径は $a = 0.212\,\mu\mathrm{m}$ とあるが (どのようにして測ったと思う？)，媒質に用いた水の温度が書いてない．それを仮に $10^\circ\mathrm{C}$ とすれば，以前に説明した計算式 (5) から $k = 1.29 \times 10^{-23}\,\mathrm{J}\cdot\mathrm{K}^{-1}$ となり，(2) によってアヴォガドロ数が

$$N = \frac{R}{k} = \frac{8.31}{1.29 \times 10^{-23}} = 6.44 \times 10^{23}\,\mathrm{mol}^{-1}$$

と得られる．

アインシュタインは，ペランが送った 1909 年の論文を受けとると，すぐに返事をかいた：

> ブラウン運動を，こんなにも精密に研究するなんて不可能だと私は思っていました．あなたがこの問題をとりあげて下さったことを心から喜んでおります．

アインシュタインの関心は，すでにプランクの熱輻射の公式に移っている．この 1909 年は彼が「輻射の問題の現状」および「輻射の本質と構成に関する考え方の発展」を著わして熱輻射の公式の含意をさぐっていた年である．とりわけ，彼は，この公式のプランクによる導出法が納得できないでいた．彼はペランへの手紙をこう続けている：

> アヴォガドロ数の精密決定が私にはもっとも重要なことに思われます．それによってプランクの公式が熱輻射の測定によるよりも確実に証明されるはずだからです．

プランクの熱輻射の理論からもアヴォガドロ数は決定されます．精密な決定だと主張されているのですが，プランクとあなたの結果

$$6.1 \times 10^{23}\,\mathrm{mol}^{-1} \quad (\text{プランク})$$
$$7.06 \times 10^{23}\,\mathrm{mol}^{-1} \quad (\text{ペラン})$$

はくいちがっています．これは決定的に重大だと私には思われますので，いまのところプランクの公式には理論的な根拠しかないといわなければなりません．

ペランが 1912 年までブラウン運動の研究を続け，アヴォガドロ数の精密決定に努力したことは，すでに述べた．ここで，彼の 1913 年の著『原子』から，種々の現象から決定されたアヴォガドロ数 N の比較表を引用しておこう (表 2).

表 2　アヴォガドロ数 N の決定

観測した現象		$N(\times 10^{23})$
気体の粘性率 (ファン・デル・ワールスの式)		6.2
ブラウン運動	粒子の高度分布	6.83
	並進	6.88
	回転	6.5
	拡散	6.9
分子の密度の揺らぎ	臨界乳光	7.5
	空の青色	6.0
黒体輻射のスペクトル		6.4
球体の電荷 (気体中)		6.8
放射能	放射される粒子の電荷	6.25
	発生するヘリウム，計数と質量・体積	6.4
	崩壊するラジウムの寿命	7.1
	放射されるエネルギー	6.0

これだけ種類の異なる方法で決定したアヴォガドロ数が互いによく一致していることは，**分子の実在**の力強い証明である．ペランは，「物質の離散的構造に関する研究，とくに沈殿平衡に関する発見」に対して 1926 年にノーベル賞を受けられた．

長らく原子論に反対してきたオストヴァルトも，ブラウン運動に関するアイン

シュタインの理論が実験によってみごとに裏書きされるのを見たとき，ついに折れた (1908 年)．マッハは，なお頑強だった．彼が「やっと原子の存在を信ずることができるようになった」ともらしたのは，後にウィーンにできたラジウム研究所で，α 粒子が螢光板に衝突して輝点をつくるのを見たときであったという．

アインシュタインのブラウン運動の理論は，ペランの実験とあいまって原子・分子の実在を人々に決定的に納得させたが，それればかりでなく，ランジュバンやスモールコフスキーの理論とともに，後にアメリカのウィーナーやフランスのレヴィ，日本の伊藤 清らの手によって洗練され拡張されて，今日では「揺らぎ」の理論の 1 つの規範にまで成長している．これについては別の機会に論じたいと思う．

17.4 統計力学の構築

アインシュタインがブラウン運動の理論を提出したのは，実は「熱的平衡と熱力学の第二主則との運動論」(1902) および「熱力学の基礎の一理論」(1903),「熱の一般分子論」(1904) によって統計力学の建設を一応はたした後のことであった．

前にも述べたとおり，気体分子運動論はすでにマクスウェルやボルツマンの手によってつくり上げられていた．しかし，アインシュタインは理論が気体というかぎられた体系のみを対象に組み立てられていることに満足できなかったのである．アインシュタインの理論は，やがて力学の運動方程式さえ仮定せず，ただ微視的状態変数の存在，因果律，熱平衡状態への近迫，全エネルギー以外に保存量がないことを仮定して熱力学の基本を導き出すところまで進む (「熱力学の基礎の一理論」)．この拡張は，後になって彼が統計理論を熱輻射に適用するとき重要な踏み石になったはずである．今日でこそ輻射も力学の枠に入れて扱うことが可能であるが，当時は，このような理論形式はまだ知られていなかったのだから．

上記の一連の論文の中で，まずアインシュタインがしたことは，温度の定まった大きな熱溜と熱平衡にある小さな系 S のエネルギーに対する確率論的な考察である．

系 S は熱溜と熱平衡にあるとはいえ，それは両者の間にエネルギーのやりとりが全然ないということではない．両者が力学的に相互作用しているかぎり，それはありえないことである．

では熱平衡とは何か？

アインシュタインの出発点は——気体分子運動論でも同じことだが——1 つの

物理系の一時刻における状態は座標変数 $q_1, q_2, \cdots, q_n$ と，そのおのおのに対応する運動量 $p_1, p_2, \cdots, p_n$ という 1 組のその時刻における値によって定まるものとするところにある．すなわち，力学的描像．気体分子運動論においてならば，系 S は気体分子の無数に近い集まりであって，座標と運動量は分子たちそれぞれのものである．考える系 S が固体であっても，座標と運動量が構成要素たる分子ないしは原子のものであることに変わりはない．

そこで，$q_1, p_1, q_2, p_2, \cdots, q_n, p_n$ のそれぞれに 1 本ずつの座標軸をあてがって，しかも，それらを互いに直交するようにおいて張らせた $2n$ 次元の空間 —— **位相空間** (phase space) とよぶ —— を頭に描いておくと，時刻 t における系 S の状態は，その位相空間の 1 点 (代表点という) で表わされることになる (図 4).

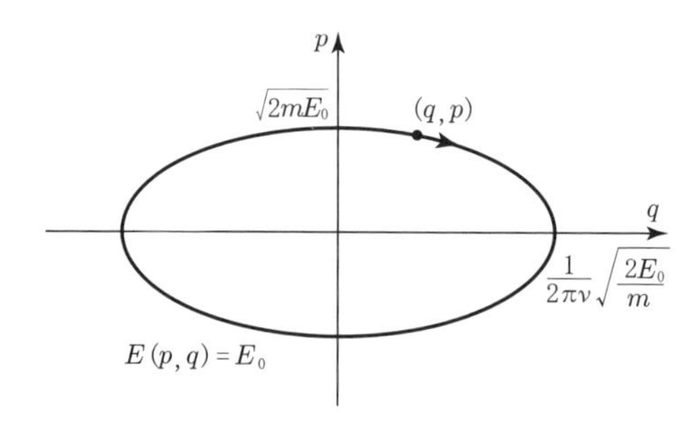

図 4　位相空間．X 軸に沿って運動する質点の刻々の状態は，その座標 q と運動量 p の刻々の値で表わされるので，位相空間は (q, p) の張る 2 次元空間である．図の楕円は，系が質量 m，角振動数 ω の調和振動子である場合の等エネルギー曲線．

アインシュタインは，系 S を 1 個だけ考えるのでなく，統計をとる目的で，系 S と同一の構成をもち，おのおのが同一構造，同一温度の自前の熱溜に接触した多数 (M 個，$M \gg 1$) の系を想像する．その 1 つ 1 つの系の状態は必ずしも同じでないだろうが，とにかく，この統計集団の時刻 t における状態は上記の位相空間のなかの M 個の代表点で表わされることになる．

いや，アインシュタインは熱溜の座標変数 $\chi_1, \chi_2, \cdots, \chi_\nu$ と運動量変数 $\pi_1, \pi_2, \cdots, \pi_\nu$ をも座標軸に加えた $2(n+\nu)$ 次元の**大きな位相空間**をまず考えるのである．熱溜は大きいから $\nu \gg n$ であって，この［熱溜 + 系 S］という全系の位相空間は S の位相空間に比べて，実際，非常に大きい．［熱溜 + 系 S］という全系の時刻 t における状態は，この大きな位相空間のなかの 1 点で表わされる．そのような系 M 個からなる統計集団の状態が M 個の代表点で表わされることは，もはやいうまでもない.

そうした M 個の代表点の集団は，時間の経過につれてゾロゾロと大きな位相空間のなかを動いてゆくが，熱溜もいれて全系を考えることにしたため，その動きは，自明な秩序をもつことになる.

第1に，エネルギーの保存.［熱溜＋系 S］は外界の影響を受けない孤立系とするから，そのエネルギーは時間が経過しても増減することがない．一定である．そのエネルギーは熱溜と系 S との座標・運動量の関数だから，エネルギーが定まった値 E をとるような状態の全体は大きな位相空間のなかに 1 枚の面 (等エネルギー面) をつくる．もちろん，その面の形はエネルギーの関数形によるのである．いま，どの［熱溜＋系 S］も，ある時刻に同一のエネルギー $\mathcal{E}$ をもっていたとしよう (ミクロカノニカル集団)．そうすると，M 個の［熱溜＋系 S］の状態を表わす M 個の代表点は，大きな位相空間の中を動くといっても，実はエネルギー $\mathcal{E}$ の等エネルギー面の上をゾロゾロとはいまわるにすぎない.

ここでアインシュタインはいう：

> 個々の［熱溜＋系 S］に対して，エネルギーとその関数のほかには変数 q_1, p_1, $\cdots$, χ_ν, π_ν だけの (時間をあらわに含まない) 関数で保存量になるものは存在しない，という仮定を設けよう.

これは重大な仮定である．それを，あれこれ理由づけしないで，さらりといってのけるのはアインシュタイン一流の語り口である．この仮定は，代表点が 1 枚の等エネルギー面の上のどの 1 点から動きはじめても，時間がたてば，いずれは任意の他の点を訪れるにいたる，ということを含意している．もし決して訪れない点があったら，そこで 1，他所では 0 という関数が保存量になるからである.

さて，［熱溜＋系 S］が**熱平衡**にあるというのは，上に述べてきたような統計集団の代表点の等エネルギー面上の分布が時間がたっても変わらない (定常的) こと，と定義する．代表点の分布が全体として変わらないというのであって，個々の代表点は動いてよいことに注意．この定義から，アインシュタインは熱平衡ということに期待される種々の性質を導いてみせる．その基礎になるのは，「熱平衡状態では代表点の統計集団の分布は等エネルギー面上で一様」という定理であって，さきに述べたアインシュタインの重大な「仮定」とリウヴィルの名でよばれる力学の定理 (図 5) から導かれるものである．今日では「等エネルギー面上の一様分布」を**等重率の原理**とよんで統計力学の出発点にすえる人々もある.

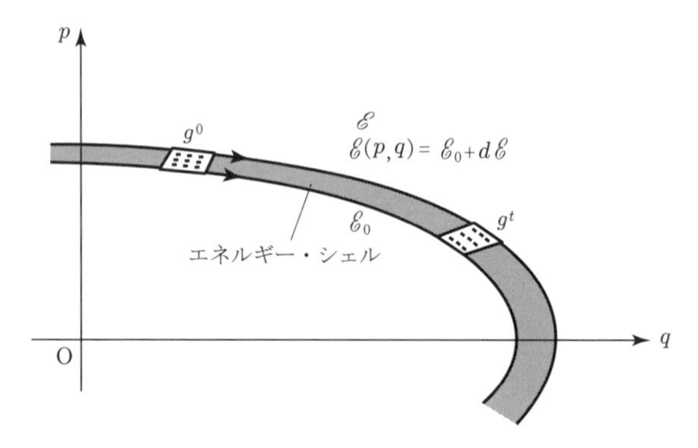

図5　リウヴィルの定理．位相空間における代表点の密度は，時間 t の経過とともに代表点が移動しても変わらない．一定の数の代表点が張る領域 g^t を考えると，時間 t の経過につれて g^t の形は変わるが体積は変わらないということになる．このことから，エネルギー面上の――正確にはエネルギー・シェル内の――一様分布は時間がたっても一様分布のままでいることがわかる．

熱平衡ということに期待される性質の第1は，［熱溜＋系S］がいったん熱平衡に達したら以後いつまでも熱平衡でいることであるが，これは定義から明らか．

第2は，温度の存在である．すなわち，［熱溜＋系S］が熱平衡にあるとき系Sの状態は**温度**という1つの実数パラメータによって指定できるようなものであって，

(a)　1つの熱溜に系Sと系S′とが互いに独立に接触して熱平衡にあるなら，SとS′の温度は等しい．

(b)　2つの系S, S′を結合して1つの系にするとき，それらの状態が変わらないのは，はじめの両者の温度が等しい場合であり，その場合にかぎる．

ここでは，これらの性質を導いてみせる余裕はない．ただ，［熱溜＋系S］の統計集団の等エネルギー面上の一様分布から部分系Sの状態を導くには，大きな位相空間からSの位相空間へ射影をすればよい，ということを，図6から推測していただくに止める．そのようにして系Sの位相空間の中に射影された代表点の分布密度は，

$$A(T)\exp\left[-\frac{1}{kT}\,E(q_1,p_1,\cdots,q_n,p_n)\right] \tag{6}$$

となることが示される．ただし，E は系Sのエネルギーを S の変数で表わす関数．その関数形によらず，(6) は――熱溜が系Sに比べて十分に大きく，両者の相互作用はそれぞれのエネルギーに比べて小さい，という仮定だけから――いとも簡単に導かれるのであって，そのアインシュタイン一流の手さばきをご紹介できな

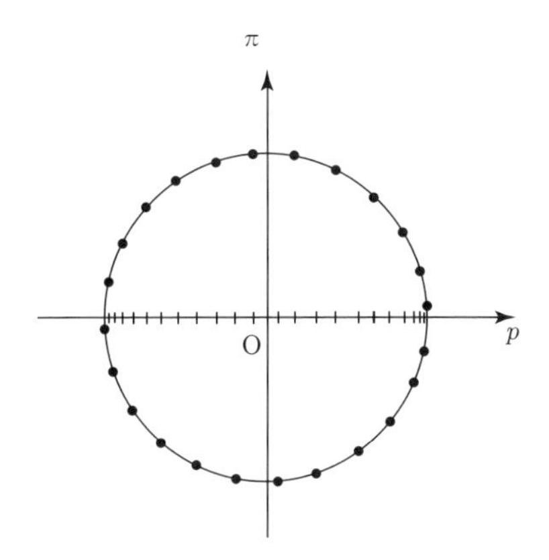

図 6　大きな位相空間から部分系 S の位相空間への射影.
全エネルギー $\dfrac{1}{2m}(p^2+\pi^2)=$ 一定 の等エネルギー面上の一様分布 (黒丸) を部分系 S の p 軸上に射影すると短い縦線で示すような分布になる.

いのは残念である［その解説は『別冊・数理科学：アインシュタイン』[4] に書いた］. 申し遅れたが T は絶対温度, k はボルツマン定数, A はいわゆる規格化定数である.

(6) に従う分布を**カノニカル分布**という. 以前に示した (1) は (6) の特別な場合である. すなわち, 系 S にあたるのが 1 個の分子 (の x 方向の運動の自由度) で, そのエネルギーが運動量 $p_x = mv_x$ をもちいて $E = {p_x}^2/(2m)$ と表わされる場合になっている.

以上は熱平衡状態に関することである. アインシュタインは, さらに熱力学的エントロピーに対して力学変数による表式をあたえ, それが孤立系においては決して減少しないことをいう熱力学の第二法則の基礎づけを試みた. 前者については, 前掲の『別冊・数理科学』に詳しく解説してある. 後者を, アインシュタインは

> いつも確率 W のより大きい状態に移るように系の状態は変化するであろうこと, すなわち W は絶えず増加して, ついには W が極大に達して, そこで状態分布が一定不変になる, ということを仮定しなければならないであろう.

として, この仮定から導いたのである. 実際, エントロピー S を力学変数で表わす彼の公式によると, 確率 W との関数が

$$S = k\log W + (\text{定数})$$

となるから，W の増大はエントロピー S の増大を意味することになる．しかし，系の状態が常に確率の大きいほうへと変化することは —— 至極当然のようにみえるが —— なんらかの限定なしには力学の基礎方程式の時間反転不変と相容れない．この点を 1911 年にヘルツに衝かれたアインシュタインは，この批判を「まったく適切なものと思います」といって受け入れなければならなかった．

アインシュタインの統計力学，とくに「揺らぎ」の考察は，1906 年からはじまるプランクの輻射公式の追究において主要な武器となる．その公式のプランク自身による導出の中に，アインシュタインは彼の等重率の定理に矛盾するものを感じていたが，それが，つまりボースの新しい統計法であった．アインシュタインの統計力学は，量子論の形成に大きな役割を果たすことになる．

アインシュタインを彼の生誕 100 年に際して語るなら，彼の統計力学がボルツマンらの先達に負う部分を摘出して詳しく分析すべきところである．この点，科学史家のご教示を得たいと思う．

参考文献

[1] A. Einstein: Conclusions drawn from the Phenomena of Capillarity, *Ann. d. Phys.* **4** (1901), 513–523. (独文)

[2] 江沢 洋『だれが原子をみたか』，岩波科学の本 (1976)，岩波現代文庫 (2001).

[3] ペラン『原子』，玉虫文一訳，岩波文庫 (1978).

[4] 別冊・数理科学『アインシュタイン』，サイエンス社 (1978).

18. ブラウン運動とアインシュタイン

18.1 アインシュタインのブラウン運動論

アインシュタインは，ブラウン運動[1]の理論を 1905 年 5 月に奇跡の年の第 2 論文「静止した液体に浮かぶ微粒子に熱の分子運動論が要求する運動」[2]として投稿，以後 1908 年まで毎年 1 篇ずつ論文を出す[3]．彼は学生時代からボルツマンの『気体論』[4]に傾倒し (参考文献［3］の pp.207–208)，一方マッハの『熱学』[5]も読んで原子論 – エネルギー論の論争を知り，分子の実在を何とかして証明したいと考えた．彼の処女論文 (1901)「毛細管現象からの結論」は分子間力を推論，卒業論文 (卒業 1 年後の 1900 年に提出，翌年に撤回して 1905 年に再提出) は「分子の大きさについて」である．1902–1904 年の間に「熱平衡状態の運動論と熱力学の第二主則」など統計力学の基礎を論じた 3 篇がある[6]．ギブスの『統計力学』(1902) は，おそらくアインシュタインは読んでいなかったといわれる (参考文献［3］の p.44)．彼自身が，こう書いている．「あの頃ギブスの本を知っていたら私はあの［統計力学の基礎の］諸論文を公刊せず，2, 3 の問題を研究するだけにしただろう」[7]．

アインシュタインは 1902–1905 年のいつか，ポアンカレの『科学と仮説』[8]を読んだ (参考文献［3］の p.211)．「グーイ氏によればブラウン運動はカルノーの原理では説明つかないという」とある．いかにもアインシュタインの興味を引きそうである．グーイはブラウン運動する粒子に細い糸をつけて車に巻きつければ粒子は車を回すだろうと考えたのだ[9]．ボルツマンは『気体論』で「気体のなかに漂う微粒子は分子の熱運動に突き動かされるが，その運動は小さくて観察できない」と述べている (参考文献［4］の pp.111–112)．これに対してアインシュタインは 1905 年の前記の論文「熱の分子運動論が要求する運動」[2]で大きさ 1 μm

程度の微粒子の運動は顕微鏡で見えると主張した．

アインシュタインは，その主張を次のようにして証明した．まず，液体に漂う微粒子たちに一様な力 K がはたらいているとしよう，という．この想像力が彼らしい．微粒子の平衡条件 $\delta F = \delta E - T\delta S = 0$ から —— と彼は言うのだが —— 微粒子数の分布密度 $\nu(x)$ に対して

$$K\nu(x) - kT\frac{d\nu(x)}{dx} = 0 \tag{1}$$

が得られる．k はボルツマン定数である．いや，平たく言えば，理想気体の状態方程式 $p(x) = \nu(x)\,kT$ から，単位断面積・厚さ dx の粒子層に左右からはたらく圧力の差は $-p(x+dx) + p(x) = -kT(d\nu(x)/dx)dx$ となり，これが 1 粒子あたり K の外力の総和 $K\nu(x)dx$ とつりあうので式 (1) がでるのである (末尾の補注 $*1$ を参照)．

他方，液体の粘性係数を μ とすれば，半径 a の粒子が速さ v で動くとき

$$\text{抵抗力} = -6\pi a\mu v \qquad \text{ストークスの法則} \tag{2}$$

を受けるから，力 K を受けるときの移動の速さは

$$v = \frac{K}{6\pi a\mu}$$

となる．したがって単位面積を単位時間に通過する粒子数は $K\nu(x)/6\pi a\mu$ である．粒子の移動は液体のなかでの微粒子たちの拡散によってもおこり，単位面積を単位時間に通過する粒子数は拡散係数 D の定義から $-Dd\nu(x)/dx$ と書けるので，これらがつりあうことから

$$\frac{K\nu(x)}{6\pi a\mu} - D\frac{d\nu(x)}{dx} = 0 \tag{3}$$

が得られる．

式 (1) と (3) を比べて，拡散係数と系の定数 (媒質の粘性係数と微粒子の半径) および温度の関係が導かれる．これをアインシュタインの関係式という：

$$D = \frac{kT}{6\pi a\mu} \tag{4}$$

アインシュタインは外力 K を想像して —— いわば，外力という “補助線” を引くことによって！ —— 今日いうところの揺動散逸定理の原型 (4) を得たのである．この式 (4) が得られたので，ブラウン運動する粒子の位置の揺らぎが —— これから説明するように —— 媒質の粘性係数 μ (エネルギーの散逸を表わす) と媒質の温

度 T，粒子の半径 a から計算できることになった．

その計算をアインシュタインは次のように行なった．力がないときの液体中の微粒子数の空間分布密度 $f(x,t)$ は，拡散方程式

$$\frac{\partial f}{\partial t} = D\frac{\partial^2 f}{\partial x^2} \tag{5}$$

を解いて —— 時刻 $t=0$ には微粒子たちがすべて原点にいたという場合には

$$f(x,t) = \frac{N}{\sqrt{4\pi Dt}}\ \exp\left[-\frac{x^2}{4Dt}\right] \tag{6}$$

となる．N は微粒子の総数．

実際，第1に，これが方程式 (5) をみたすことは容易に確かめられる．第2に，この分布の中心は常に原点 $x=0$ にあって，粒子の総数は

$$\int_{-\infty}^{\infty} f(x,t)dx = \frac{N}{\sqrt{4\pi Dt}}\int_{-\infty}^{\infty} e^{-x^2/(4Dt)}\,dx$$

であるが，このガウス積分をすれば，粒子の総数は $t>0$ によらず N であることがわかる．また，与えられた $t>0$ に対して $f(x,t)$ を x の関数として描いた釣鐘型の分布は，$t\to 0$ とすると幅が 0 に収束するから，$t\to 0$ では N 個の粒子が原点 $x=0$ に密集していたことになるのである．

時刻 t での粒子たちの x の平均 $\langle\cdots\rangle_t$ は

$$\langle x\rangle_t = \frac{1}{N}\int_{-\infty}^{\infty} xf(x,t)dx = 0 \tag{7}$$

であり，x^2 の平均は

$$\langle x^2\rangle_t = \frac{1}{N}\int_{-\infty}^{\infty} x^2 f(x,t)dx = 2Dt. \tag{8}$$

ゆえに x の揺らぎ —— $\Delta x \equiv x - \langle x\rangle_t$ の 2 乗平均 —— は

$$\langle(\Delta x)^2\rangle = \langle(x-\langle x\rangle_t)^2\rangle_t = 2Dt \tag{9}$$

となる．x の揺らぎは拡散係数に比例するのである．式 (4) が揺動散逸定理とよばれるのは —— くりかえすが —— これが結ぶ 2 つの物質定数のうち D が揺動を支配するのに対して，μ は粒子にはたらく抵抗を支配し，したがって粒子のエネルギーの，さらには x の散逸 (後の式 (17), (24) を参照) を支配するからである．

アインシュタインによれば，$\mu = 1.35\times 10^{-2}\ \mathrm{g/(cm\cdot s)}$ に対して $2a = 1\,\mu\mathrm{m}$，$T = 17^\circ\,\mathrm{C}$ のとき

$$\sqrt{\langle(\Delta x)^2\rangle_t} = \begin{cases} 0.8\,\mu\mathrm{m}, & t = 1\,\mathrm{s} \\ 6\,\mu\mathrm{m}, & t = 1\,\mathrm{min} \end{cases} \tag{10}$$

となる．ただし，$k = 1.4 \times 10^{-16}\,\mathrm{erg/K}$ としている．この $\sqrt{\langle(\Delta x)^2\rangle_t}$ は顕微鏡で観測できる大きさである，とアインシュタインは指摘した．

18.2 ランジュバンの理論

スモールコフスキーは液体または気体のなかの微粒子は，まわりの分子に突き動かされて速度 v を得，抵抗にあって速度を失いということを繰り返しつつ v^2 は —— 平均において —— エネルギー等配分則の値に収束するとして式 (4), (9) と (数係数を除いて) 同じ結果を得た．彼は 1906 年に「アインシュタインの方法は間接的で常に説得的とは限らない」と批判した [10]．

ランジュバンは，スモールコフスキーの考えを正しく適用すれば $\langle x^2\rangle_t$ に対する結果はアインシュタインの式 (4), (9) と一致することを示した [11]．彼は，微粒子には周囲の分子の衝突によりランダムな揺動力 $X(t)$ がはたらくとして，個々の微粒子の運動方程式は

$$m\frac{d^2x}{dt^2} = -6\pi a\mu\frac{dx}{dt} + X \tag{11}$$

となるとした．両辺に x をかけ

$$\frac{1}{2}\,\frac{d^2}{dt^2}x^2 = x\frac{d^2x}{dt^2} + \left(\frac{dx}{dt}\right)^2$$

に注意して変形すると，

$$\frac{m}{2}\,\frac{d^2x^2}{dt^2} + 3\pi a\mu\frac{dx^2}{dt} = m\left(\frac{dx}{dt}\right)^2 + Xx \tag{12}$$

が得られる．全微粒子にわたり平均し，

$$z \equiv \frac{d}{dt}\langle x^2\rangle_t \tag{13}$$

とおく．ここで

$$\left\langle \frac{1}{2}m\left(\frac{dx}{dt}\right)^2 \right\rangle_t = \frac{1}{2}kT \qquad (\text{エネルギー等分配}) \tag{14}$$

$$\langle Xx\rangle_t = \langle X\rangle_t\langle x\rangle_t = 0 \qquad (X\ \text{と}\ x\ \text{は確率的に独立}) \tag{15}$$

に注意すれば

$$\frac{m}{2}\frac{dz}{dt} + 3\pi a\mu z = kT \tag{16}$$

を得る．$A(t)$ を未知関数として $z(t) = A(t)\cdot e^{-6\pi a\mu t/m}$ とおけば

$$\frac{dz}{dt} = -\frac{6\pi a\mu}{m}Ae^{-6\pi a\mu t/m} + \frac{dA}{dt}e^{-6\pi a\mu t/m}$$

から

$$\frac{dA}{dt} = \frac{2kT}{m}\,e^{6\pi a\mu t/m}$$

となって，積分すれば

$$\begin{aligned} A(t) &= A_0 + \frac{2kT}{m}\int_0^t e^{6\pi a\mu t_1/m}dt_1 \\ &= A_0 + \frac{kT}{3\pi a\mu}(e^{6\pi a\mu t/m} - 1) \end{aligned}$$

が知れる．$A_0 = A(0)$ とおいた．すなわち

$$z(t) = \left(A_0 - \frac{kT}{3\pi a\mu}\right)e^{-6\pi a\mu t/m} + \frac{kT}{3\pi a\mu}$$

が得られる．$t=0$ のとき粒子たちはすべて原点にいたとすれば $z(t)=0$ なので

$$A_0 = 0$$

と定まり，したがって

$$z(t) = \frac{kT}{3\pi a\mu}(1 - e^{-6\pi a\mu t/m}) \tag{17}$$

となる．

アインシュタインの用いた $\mu = 1.35\times 10^{-2}\,\mathrm{g/(cm\cdot s)}$，$2a = 1\,\mu\mathrm{m}$ をとり，粒子が密度 $d = 1\,\mathrm{g/cm^3}$ の物質からなるとして $m = 4\pi a^3 d/3$ とおけば

$$\begin{aligned} \frac{m}{6\pi a\mu} &= \frac{2a^2 d}{9\mu} \\ &= \frac{2}{9}\cdot\frac{(0.5\times 10^{-4}\,\mathrm{cm})^2(1\,\mathrm{g/cm^3})}{1.35\times 10^{-2}\,\mathrm{g/(cm\cdot s)}} \\ &= 4.1\times 10^{-8}\,\mathrm{s}. \end{aligned} \tag{18}$$

よって，われわれの手のとどく測定時間 t に関しては

$$t \gg \frac{m}{6\pi a\mu} \tag{19}$$

である．したがって，式 (17) は $z = kT/(3\pi a\mu)$．すなわち

$$\frac{d}{dt}\langle x^2\rangle_t = \frac{kT}{3\pi a\mu} \tag{20}$$

となり，積分すればアインシュタインの得た式 (4), (9) を与える．

おや，この計算では，周囲の分子たちが微粒子に衝突しておよぼす力 X は運動方程式 (11) を (16) にしたところで落ちて，最初から $X = 0$ としたのと同じになっている．分子の衝突などなくてもブラウン運動はおこるのだろうか？　これは奇妙だ．

分子の衝撃力

そういう人は，式 (11) を

$$m\frac{dv}{dt} + 6\pi a\mu v = X(t) \tag{21}$$

と書き，微分方程式 (16) の解 (17) を出したのと同様にし，$v_0 \equiv v(0)$ とおき

$$v(t) = e^{-6\pi a\mu t/m}\left[v_0 + \int_0^t e^{6\pi a\mu t_1/m}\,\frac{X(t_1)}{m}dt_1\right] \tag{22}$$

として $v(t)$ の相関関数 $\langle v(t)v(t')\rangle$ をもとめてみるとよい [12]．そのとき，分子の衝突が微粒子におよぼす力は，きまった時刻に多数の微粒子にわたって平均すれば 0，衝撃的 (短時間だけ大きい！) で相次ぐ衝突は統計的に独立と仮定しよう．式で書けば

$$\langle X(t)\rangle = 0, \qquad \langle X(t_1)X(t_2)\rangle = F^2\delta(t_1 - t_2) \tag{23}$$

となる．F は時間によらないとした．これも当然の仮定である．そうすると，式 (22) から

$$\begin{aligned}\langle v(t)v(t')\rangle &= e^{-6\pi a\mu(t+t')/m}\\ &\quad\times\left[\langle {v_0}^2\rangle + \frac{1}{m^2}\int_0^t dt_1\int_0^{t'} dt_2\, e^{6\pi a\mu(t_1+t_2)/m}\,\langle X(t_1)X(t_2)\rangle\right]\end{aligned}$$

となる．ここで式 (23) の第 2 式を用い

$$\begin{aligned}\int_0^t dt_1\int_0^{t'} dt_2\, e^{6\pi\mu a(t_1+t_2)/m}\delta(t_1 - t_2) &= \int_0^{\min(t,t')} dt_1\, e^{12\pi a\mu t_1/m}\\ &= \frac{m}{12\pi\mu a}(e^{12\pi a\mu\min(t,t')/m} - 1)\end{aligned}$$

となることに注意すれば

$$\langle v(t)v(t')\rangle = \langle {v_0}^2\rangle\, e^{-6\pi a\mu(t+t')/m} + \frac{F^2}{12\pi a\mu m}(e^{-6\pi a\mu|t-t'|/m} - e^{-6\pi a\mu(t+t')/m}) \tag{24}$$

が得られる．この相関関数は時間差の増大とともに急速に 0 に近づく．特に，微粒子の運動エネルギーの (多数の微粒子にわたる) 平均は，式 (19) の条件下では

$$\left\langle \frac{m}{2}v^2(t)\right\rangle = \frac{F^2}{24\pi a\mu} \tag{25}$$

となる．式 (14) のエネルギーの等分配が成り立つとすれば，これは $kT/2$ に等しいので，これから F が定まり

$$\langle X(t_1)X(t_2)\rangle = 12\pi a\mu\, kT\delta(t_1 - t_2) \tag{26}$$

であることがわかる．

つまり，これだけの力が分子たちの衝突によってはたらいていればこそエネルギーの等分配則はなりたつのである．そもそも，もし式 (11) で $X = 0$ だったら $dx/dt = (dx/dt)_{t=o}\, e^{-6\pi a\mu t/m}$ となって微粒子はたちまち静止してしまう．式 (16) でいえば，分子の衝突による衝撃は右辺の kT のなかに隠れていたのである．

奇妙なことは，ほかにもある．アインシュタインが式 (1) を書いたときには微粒子たちを理想気体のようにみなして，微粒子たちの圧力 $p = \nu kT$ と外力のつりあいを考えたのである．$\nu(x)$ は微粒子の数密度であった．ところが，いま述べた理論では媒質の分子の衝突が主な役割をになっている．アインシュタインとランジュバンは別の系をあつかっていたことになるのだろうか？

ローレンツの批判

ローレンツは，ストークスの法則の導き方を示した上で，式 (18) のように短い時間のあいだに変化する運動には，この法則は適用できないといってランジュバン理論を批判した [13]．これは後のウィーナーの理論にもあてはまる．アインシュタインの理論では，微粒子たちの流れの式 $\nu(x)v$ に現れる v は統計平均と考えるべきで，そのとき速度の速く変化する成分 (ブラウン運動の分) は落ちてしまうから，その平均の速さに対してストークスの法則を適用するのはさしつかえない [13]．

18.3 ペランの実験

アインシュタインの理論がでると，それを実験にかける試みがなされた[1],[14].しかし，彼の理論がよく理解されたとはいえない．多くの人々は微粒子の速度を測ってエネルギーの等分配をまず確かめようとした．分子に比べてはるかに大きいコロイド粒子にまでエネルギー等分配が成り立つか，疑問に思った気持ちはよくわかる．アインシュタインは「ブラウン運動に関する注意」[15]を書いて，ブラウン粒子の速度はめまぐるしく変わるので測定はできないと説いた．

ペランは，早くから液体中に懸濁したコロイド粒子たちの高度分布 *1 を調べて分子論の証拠をつかもうとしていたのだが，転進してアインシュタインの式 (9) の検証に向かった[1],[14]．巧妙な工夫で大きさ a のそろった微粒子たちを調製して実験したのだ．その結果は理論によく合い，拡散係数 D が定められた．これから式 (4) によって k をもとめ，気体定数 R を用いて $N_A = R/k$ からアヴォガドロ数 N_A をもとめた．ペランの実験報告を受け取ったアインシュタインはこう返事した (参考文献［14］の p.135).

> ブラウン運動をこんなにも精度よく測定することは不可能だと思っていました．この仕事を大兄が引き受けてくれたのは幸運でした．
>
> 分子の大きさ［アヴォガドロ数］の精密な決定は最も重量な課題だと私は思います．というのは，これができればプランクの輻射式の検証が輻射の測定そのものによるよりも確実にできることになるからです．

ペランの得たアヴォガドロ数は，いろいろな方法で決定されていた値とよく一致した[16]．これが分子の実在の証明となり[1],[17]，大きな反響をよんだ[14].

18.4 揺動散逸定理

式 (4) を揺動散逸定理として捉えたのはナイキストで[18]，カレンとウェルトンは摂動論により証明[19]，高橋秀俊[20]，ウェーバー[21]が一般化，厳密化した．久保亮五による一般化は周知である[22]．不可逆過程論の基礎とされる．

18.5 ウィーナーの理論，確率微分方程式

ランジュバンの理論は巧妙だけれど，微粒子の変位や速度の 2 乗平均 (20), (25) を与えるだけで，変位 x や速度 v が時間とともにどう変化するか，$x(t)$ や $v(t)$ という時間の関数の確率分布については何もいわない．これでは満足できない．

ウィーナー過程

確率過程とは，ブラウン粒子の位置座標 $x(t)$ のように，t のどんな関数になるかが確率的にのみ定まるような——確率変数に模していえば——確率関数とでもいうべきものである．

ウィーナーは確率的に独立な，ガウス分布する増分 $dW(t)$ をもつ確率過程 (ウィーナー過程という) を導入し[23]，伊藤 清は確率微分方程式

$$dv(t) = a(v,t)\,dt + b(v,t)\,dW(t) \tag{27}$$

の理論をたて，Ito calculus を展開した[24] (参考文献［12］に説明されている)．

ランジュバンの方程式 (11) の場合でいえば

$$mdv(t) = -6\pi a\mu v(t)dt + g\,dW(t) \tag{28}$$

とすることになる．両辺を dt で割ってないのは $W(t)$ が微分できない関数になるからである．

$g\,dW(t)$ がランジュバンの理論で言う「ランダムな揺動力」にあたる．この力は媒質の分子のランダムな衝突による小さな力が積み重なってあらわれるものだから，ガウス分布するはずであって，$W(t)$ はウィーナー過程でよく表わされるのである．

実際，ウィーナーは，もちろん $\langle dW(t)\rangle = 0$ を仮定するが，$t_1 \neq t_2$ に対して $dW(t_1)$ と $dW(t_2)$ の確率的独立を仮定するので

$$\langle dW(t_1)\,dW(t_2)\rangle = 2D\delta(t_1 - t_2)\,dt_1 dt_2 \tag{29}$$

とする (御覧のとおり dW/dt は存在しない！)．式 (26) と比較せよ．一方，$W(t)$ はガウス分布する $dW(t)$ の和

$$W(t) = \int_0^t dW(t_1) \tag{30}$$

だから同じくガウス分布するが，その分散は

$$
\begin{aligned}
W(t)W(t') &= \int_0^t \int_0^{t'} \langle dW(t_1)\, dW(t_2) \rangle \\
&= 2D \int_0^t dt_1 \int_0^{t'} \delta(t_1 - t_2) dt_2 \\
&= 2D \min(t, t')
\end{aligned}
\tag{31}
$$

から $\langle W(t)^2 \rangle = 2Dt$ となる．よって，時刻 t の $W(t)$ の分布は

$$
p(W, t) = \sqrt{\frac{1}{4\pi Dt}}\ \exp\left[-\frac{W^2}{4Dt}\right] \tag{32}
$$

となる．これから関数 $W(t)$ が特定の形をとる確率も定まる[25]．数学者は，ウィーナー過程そのものをブラウン運動とよぶことがある[26]．

伊藤は，ウィーナー過程をランダム力として微分方程式 (27) にしたがっておこる運動 $v(t)$ (これも確率関数である) の理論をたて，ランジュバンの理論を数学的に合理化し，かつ $x(t)$ の平均や分散にとどまらず，確率関数としての $x(t)$ の確率分布まで議論できるようにしたのである．ここでは最早ランジュバンがしたような "巧妙な" 工夫はいらない *2.

補注

***1**　$K = -mg$ とすれば重力場における粒子数密度の高度分布 $\nu(x) = \nu(0)\exp(-mgx/kT)$ が出る．

***2**　伊藤の確率微分方程式　伊藤の方程式 (28) は簡単な方程式だから，すぐ解ける．解は

$$
v(t) = \exp(-6\pi a\mu t/m)\left[v_0 + \frac{g}{m}\int_0^t \exp(6\pi a\mu t_1/m)\, dW(t_1)\right] \tag{33}
$$

である．これもガウス分布する $dW(t_1)$ の 1 次結合だから同じくガウス分布する．こうして微粒子の速度のガウス分布が，微粒子に媒質の分子が衝突しておよぼす衝撃のガウス分布から導かれたのである．

これから $v(t)$ の 2 乗平均をだす計算は (22) から (25) をだすのと同じである．$v(t)$ の分布が知れているから $v(t)$ の任意のベキの平均も計算できる．ここでは説明しないが，(33) の分布 $p(v, t)$ は

$$
\frac{1}{\sqrt{4\pi D'(1 - e^{-12\pi a\mu t/m})}} \exp\left[-\frac{(v - v_0\, e^{-6\pi a\mu t/m})^2}{4D'(1 - e^{-12\pi a\mu t/m})}\right] \tag{34}
$$

となる．$D' = g^2 D/(12m\pi a\mu)$ である．$t \to \infty$ では

$$p(v) = (1/\sqrt{4\pi D'})\, e^{-v^2/(4D')} \tag{35}$$

となるから，エネルギー等分配から $g = \sqrt{6\pi a\mu kT/D}$ と定まる．

微粒子の位置 $x(t)$ の分布は (32) を積分すれば知られる．

参考文献

[1]　江沢 洋『だれが原子をみたか』，岩波書店 (1976)；岩波現代文庫 (2001).

[2]　A. Einstein : Über die von der molekularkinetischen Theorie der Wärme geforderte Bewegung von in ruhenden Flüssigkeiten suspendierten Teilchen, *Ann. d. Phys.* **17** (1905), 549–560.

[3]　*The Collected Papers of Albert Einstein*, vol. 2. J. Stachel ed., Princeton (1989).

[4]　L. Boltzmann : *Vorlesungen über Gastheorie*, J. A. Barth, Leipzig (1896)；English tr. by S. Brush, *Lectures on Gas Theory*, U. of Calif. Press (1964).

[5]　E. Mach, *Die Principien der Wärmelehre—historischkritisch entwickelt*, J. A. Barth, Leipzig (1st ed. 1896). 高田誠二訳『熱学の諸原理』(4th ed. 1923 の訳)，東海大学出版会 (1978).

[6]　H. Ezawa : Einstein's Contribution to Statistical Mechanics, Classical and Quantum, *Jap. Studies Hist. Sci.* **18** (1979), 27–72.

[7]　A. Einstein : Bemerkungen zu den P. Hertzschen Arbeiten : Mechanischen Grundlagen der Thermodynamik, *Ann. d. Phys.* **34** (1911), 175.
参照：P. C. Aichelburg and R. U. Sexl, *A. Einstein, his influence on Physics, Philosophy and Politics*, Vieweg & Sohn, Baunschweig (1979)；江沢 洋・亀井 理・林 憲二訳『アインシュタイン——物理学・哲学・政治への影響』，岩波書店 (2005), p.136. 本巻の pp.224–248 に収録.

[8]　H. Poincaré : *La Science et l'Hypothèse* : ポアンカレ『科学と仮説』，河野伊三郎訳，岩波文庫 (1938), p.208.

[9]　L. Gouy : Note sur le movement brownien, *J. de Phys.* **7** (1988), 563, 564 ページを見よ.

[10]　M. Smoluchowski : Zur kinetischen Theorie der Brownschen Molekular Bewegung und der Suspensionen, *Ann. d. Phys.* **21** (1906), 756–780. 772 ページを見よ.

[11]　P. Langevin : Sur la théorie du mouvement brownien, *Comptes Rendus* **146**

(1908), 530–533.

［12］ 江沢 洋：ブラウン運動，「固体物理」**13** (1978), no.10 から **15** (1980), no.9 まで連載，特に **14** (1979), no.11 を見よ．

［13］ H. A. Lorentz : *Lectures on Theoretical Physics*, vol. 1, *Aether Theories and Aether Models, and Kinetic Problems*, McMillan (1927), 93–97.
Kinetic Problems は 1911–1912 年に講義された．

［14］ M. Jo Nye : *Molecular Reality, A Perspective on the Scientific Work of J. Perrin*, Macdonald & Amer. Elsevier (1972).

［15］ A. Einstein : Theoretische Bemerkungen über die Brownsche Bewegung, *Zs. f. Elektrochemie* **13** (1907), 41.

［16］ J. Perrin『原子』，玉虫文一訳，岩波文庫 (1978), p.335 の表を見よ．この表は本巻の p.260 にも，載っている．

［17］ J. Perrin : Movement brownien et réalité moléculaire, *Ann. de Chim. et de Phys.* **18** (1909), 1–114.

［18］ H. Nyquist : Thermal agitation of electric charge in conductors, *Phys. Rev.* **32** (1928), 110.
J. B. Johnson : Thermal agitation of electricity in conductors, *Phys. Rev.* **32** (1928), 97–109.

［19］ H. B. Callen and T. A. Welton : Irreversibility and Generalized Noise, *Phys. Rev.* **83** (1951), 34.

［20］ H. Takahashi : Generalized Theory of Thermal Fluctuation, *J. Phys. Soc. Jpn.* **7** (1952), 439–446.

［21］ J. Weber : Fluctuation-Dissipation Theorem, *Phys. Rev.* **101** (1956), 1620–1626.

［22］ R. Kubo : Statistical-Mechanical Theory of Irreversible Processes, *J. Phys. Soc. Jpn.* **12** (1957), 570–586, 1203–1211 ; The Fluctuation-Dissipation Theorem and Brownian Motion, *1965 Tokyo Summer Lec. In Theor. Phys.*, Kubo ed. Syokabo (1966), 1–16 ; The Fluct.-Dissip. Theorem, *Rep. Prog. Phys.* **29** (1966), Part I, 255–284.
中嶋貞雄は次のように述べている．「線形応答理論により揺動・散逸定理が一般的に証明されたと説く向きがあるが，間違いである．現状の線形応答理論は，揺動・散逸定理が成立するように構成されているのである (『現代物理学の歴史 II』，朝倉書店 (2004), p.461.

［23］ N. Wiener : *Differential Space*, J. Math. and Phys. **2** (1923), 132–174 ; *Random Functions*, J. Math. Phys. **14** (1935), 17–23.

[24]　K. Itô : Differential Equations Determining Markov Processes, 全国紙上数学談話会 244 (1942), no.1077, 1352–1400 ; On Stochastic Differential Equations, *Mem. Amer. Math. Soc.* No.4 (1951). K. Ito, *Selected Papers*, Springer (1986). この論文集に，(1942) の論文は［2］，(1951) の論文は［12］として収録されている．伊藤 清『確率論』，現代数学 14，岩波書店 (1953)，『確率論』，岩波基礎数学選書 (1991) も参照.

[25]　湯川秀樹・豊田利幸編『量子力学』，II, 岩波講座・現代物理学の基礎 4，岩波書店 (1978, 2003). 江沢 洋執筆の § 17.3 経路積分, § 17. A Kolmogorov の拡張定理.

[26]　飛田武幸『ブラウン運動』，岩波書店 (1975).

19. ランジュバン方程式のパラドックス

Wer dem Paradoxen gegenübersteht,
setzt sich der Wahrheit aus.
Friedrich Dürrenmatt,
"21 Punkte zu den Physikern."

(この章を書いた1982年から) もう何年か前のこと，『固体物理』の初等演習講座に「原子物理入門」を連載[1)] したとき，各回をパラドックスで終えることを方針とした．次の回には，前回のパラドックスを解決することからはじめて，もっともらしい議論を重ねてゆくうちに新しいパラドックスに逢着する．さて，どこでまちがえたのでしょうか——これが，すなわち演習問題であるというつもりだった．

しかし，連載第5回目[1] に提出したパラドックスには解決を与える機会がなかった．その次の第6回から別の話題に移らねばならなかったからである．そのことを，いまだに覚えている人があって"自分に解けない問題を演習にもちだすなんて"というので，『固体物理』のサロンの席をかりて借りを返すことにした．さいわい，このサロンには大きな黒板があって，デートの約束の横に多少の数式を並べることもできる．

さて，話は当のパラドックスからはじめてもよいが，サロンには新顔もみえるから，念のために一歩手前から出発することにしよう．

19.1 ランジュバンの工夫

ことは，ブラウン運動のランジュバン方程式

$$M\frac{d^2x_i(t)}{dt^2} = -\zeta\frac{dx_i(t)}{dt} + f_i(t) \tag{1}$$

1) これは，確率論の解説を強化し，中村 徹さんとの共著『ブラウン運動』として近々朝倉書店から刊行の予定．

にかかわる．“原子物理入門 (第 3 回)” の拙文を引き写せば，この式の記号の意味はこうである：容器をたくさん (N 個，$N \gg 1$) 用意して，同種の，同じ密度，同じ温度の気体を満たし，それぞれに，同じ形，同じ質量 (M とかく) の微粒子を 1 粒づつ入れる．その粒子に番号 $i = 1, \cdots, N$ をつけ，粒子 i の時刻 t での X 座標を $x_i(t)$ としよう．粒子 i には次々に気体分子が衝突してきて，これを突き動かす．時刻 t でのその力の X 成分を $f_i(t)$ としよう．

いや，実は，微粒子が気体に対して走っているときには，前方からの気体分子の衝撃のほうが —— 頻度においても力積においても —— 後方からのものより大きいだろう．そこで，気体分子の衝撃力のうち微粒子の速度に相関している分は粘性抵抗 $-\zeta[dx_i(t)/dt]$ として取り出し，残りを $f_i(t)$ と書くことにするのである．

当の微粒子が半径 a の球状なら，気体の粘性係数 η を用いて $\zeta = 6\pi a\eta$．気体を仮に 20°C，1 気圧の空気とすれば，$\eta = 1.809 \times 10^{-5}\,\mathrm{N \cdot s/m^2}$ である．微粒子が密度 $\rho = 1\,\mathrm{g/cm^3}$ の物質でできているとし，$a = 0.5\,\mu\mathrm{m}$ とすれば

$$\zeta = 1.70 \times 10^{-10}\,\mathrm{N \cdot s/m}, \qquad M = 5.2 \times 10^{-16}\,\mathrm{kg}$$

となり，

$$\frac{M}{\zeta} = 3.1 \times 10^{-6}\,\mathrm{s}. \tag{2}$$

この数値は，あとで使う．

さて，ランジュバン [2] は，方程式 (1) から巧妙な工夫によって，アインシュタインの公式 [3]

$$\langle x(t)^2 \rangle = \frac{2k_{\mathrm{B}}T}{\zeta}\,t \tag{3}$$

を導いたのである．ただし，

$$x_i(0) = 0 \quad (\text{どの } i \text{ でも}) \tag{4}$$

とし (座標原点を容器ごとに微粒子の初期位置にとる)，すべての粒子にわたる算術平均を $\langle \cdots \rangle$ で表わす (集団平均)．k_{B} はボルツマン定数，T は気体の絶対温度である．

歴史を遡れば，ブラウン運動が媒質からの熱的擾乱によって起こるなら，当の微粒子にもエネルギー等分配の法則が通用するはずだとして，ブラウン運動の速さを測ってこれを確かめようとした人々がいた．その歴史を知ってか知らずか，速さを見ることの無意味を悟り，変位の 2 乗平均 (3) に着眼したことこそアイン

シュタインの第1の手柄であるとしなければならない．

さて，ランジュバンの巧妙な工夫というのは (1) の両辺に $x_i(t)$ をかけて，左辺において

$$2x_i \frac{d^2 x_i}{dt^2} = \frac{d^2}{dt^2} {x_i}^2 - 2\left(\frac{dx_i}{dt}\right)^2 \tag{5}$$

に注意し，右辺においては

$$2x_i \frac{dx_i}{dt} = \frac{d}{dt} {x_i}^2 \tag{6}$$

に注意することである．その上で，すべての粒子にわたる集団平均をとれば

$$\left(\frac{d^2}{dt^2} + \frac{\zeta}{M}\frac{d}{dt}\right)\langle x^2 \rangle = 2\left\langle \left(\frac{dx}{dt}\right)^2 \right\rangle + \frac{2}{M}\langle xf \rangle$$

を得る．この右辺では，エネルギーの等分配が気体分子のみならず微粒子たちにも遍く及ぶべきことから

$$\left\langle \frac{M}{2}\left(\frac{dx}{dt}\right)^2 \right\rangle = \frac{1}{2}k_{\mathrm{B}}T. \tag{7}$$

また，気体分子の衝撃 f は微粒子の位置座標 x と相関をもつべくもないから

$$\langle xf \rangle = \langle x \rangle \langle f \rangle = 0. \tag{8}$$

よって

$$\left(\frac{d^2}{dt^2} + \frac{\zeta}{M}\frac{d}{dt}\right)\langle x(t)^2 \rangle = \frac{2k_{\mathrm{B}}T}{M} \tag{9}$$

という，変位 $x(t)$ の2乗平均に対する方程式が得られる．初期条件 (4) を考慮しつつ，これを解けば

$$\langle x(t)^2 \rangle = \frac{2k_{\mathrm{B}}T}{\zeta}\left[t - \frac{M}{\zeta}(1 - e^{-t/(M/\zeta)})\right].$$

しかし，M/ζ は (2) に見るとおりのごく短い時間だから，人間級の長さの t に対しては，これはアインシュタインの (3) と異ならない．こうして，ランジュバンは，アインシュタインが巨視的な考察で導いた結論を，微視的な運動方程式から導き出したわけである．

いや，アインシュタインの導いたことを，すべてランジュバンも導くことができたのではない．アインシュタインは，$x_i(t)$ が

$$\mathrm{Prob}\,[x(t) \in A] = \int_A \frac{1}{\sqrt{4\pi Dt}} \exp\left[-\frac{x^2}{4Dt}\right] dx.$$

ただし

$$D = \frac{k_{\mathrm{B}}T}{\zeta}$$

というガウス分布をすることまで示したのであった．ここに $\mathrm{Prob}(x \in A)$ は x が実軸上の区間 A に落ちる確率を意味する．この分布から x の 2 次のモーメントを計算した結果が (3) である．

19.2 パラドックス

“上の計算では，一方において $\langle x(t)^2 \rangle$ の時間変化を追跡しよう” としながら，他方で運動方程式とは別のところからエネルギー等分配などというものをもちだしてきて，微粒子の運動エネルギー $(M/2)(dx(t)/dt)^2 \equiv K(t)$ の (集団) 平均は時間によらず

$$\langle K(t) \rangle = \frac{1}{2} k_{\mathrm{B}}T \tag{10}$$

という一定値であるとしている．これを “原子物理入門 (第 5 回)” は不満として [1]，微粒子の運動エネルギーの集団平均についても時間変化の追跡をしようとした．そうしたら，パラドックスに逢着してしまったという次第.

いや，なにも変わったことをしたわけではない．エネルギーの議論をするときの定石どおり，運動方程式 (1) の両辺に $dx_i(t)/dt$ をかけて (6) を用い，$\langle K(t) \rangle$ に対する方程式

$$\left(\frac{d}{dt} + \frac{2\zeta}{M} \right) \langle K \rangle = \left\langle \frac{dx}{dt} f \right\rangle$$

を導いた．そうして，気体分子が微粒子に及ぼす衝撃力のうち，微粒子の速度と相関している分は粘性抵抗として除いて，残りを f としたのだったことを思い出し，

$$\left\langle \frac{dx}{dt} f \right\rangle = \left\langle \frac{dx}{dt} \right\rangle \langle f \rangle = 0 \tag{11}$$

となることから

$$\left(\frac{d}{dt} + \frac{2\zeta}{M} \right) \langle K(t) \rangle = 0 \tag{12}$$

を得たのである．これはただちに解けて

$$\langle K(t) \rangle = \langle K(0) \rangle \, e^{-t/(M/2\zeta)}.$$

すなわち，微粒子たちの運動エネルギーの平均は時の経過とともに —— というよ

り (2) によれば一瞬のうちに——0 になってしまうのである：

$$\langle K(t)\rangle \longrightarrow 0 \quad (t \to \infty). \tag{13}$$

これはエネルギー等分配の法則 (10) に矛盾する．そうして，せっかくのランジュバンの工夫をだめにしてしまう．

これが最初にいったパラドックスである．

このことは，ランジュバンの論文には議論されているだろうか？　否．これに類することは一言も書かれていない．

では，上のようなエネルギーの計算をランジュバン先生はしなかったのだろうか？　この定石ともいうべき計算を先生がしなかったというのは，ちょっと考えにくいことではないだろうか？　この疑問をサロンに格好な話題として提供する．もし当の論文のレフェリーがパラドックスに気づいていたらと考えてみるのも一興であろう．

19.3 なかやすみ

しかし，考えてみると，上の計算には気になるところがないでもない．気体分子が微粒子に及ぼす衝撃力 $F(t)$ のうち "微粒子の速度 $v(t)$ と相関している分は粘性抵抗 $-\zeta v$ として除き" 残りを f としたといっても，粘性抵抗は，元来，巨視的なもので，そこに使うべき v は，気体分子の衝撃の揺らぎがならされてしまう程度に長い時間にわたる平均値だろう．そうだとしたら，$F(t)$ と気体分子の刻々の速度との相関は粘性抵抗では引ききれないことになる．(11) は疑問だ．

そのはずみで，ランジュバンの主張した (8) も疑問に思われてくる．微粒子は気体分子の衝撃力 $F(t)$ を受けて揺れ動くのだから，その位置の揺らぎは $F(t)$ の揺らぎと相関をもつはずではないか？

いや，いや，そうではない，という気もする．確かに気体分子の衝撃は激しく揺らぐだろうが，それは文字どおりめまぐるしい揺らぎであって，小さいとはいえ慣性をもつ微粒子にはとても追従できない代物だろう．微粒子の加速度は衝撃力とともに揺らぐが，それを速度にするため時間で積分すると揺らぎはならされる．微粒子の変位を求めるために，もう一度，積分をすると，衝撃力の揺らぎは一層，ならされることになろう．こうしたならしの結果，ランジュバンの (8) が成り立つようになるということもあるのではなかろうか？　一方，パラドックスのもとになった(11)のほうは，まだならしが不十分なため正しくないということになりはしないか？

19.4 $(dW)^2 = dt$

気体分子が微粒子に衝突して及ぼす力は，衝突問題の常として力積にして考えたほうがよい．といっても1回の衝突のそれはごく小さなものである．仮に，運動エネルギー $(3/2)k_{\mathrm{B}}T$ の窒素分子が衝突して弾性的にはねかえるとし，温度 T を 300 K とすれば，1回の衝突で与えられる力積は，窒素の分子量は 28 だから

$$\begin{aligned}\iota &= 2 \times (1.67 \times 10^{-27}\,\mathrm{kg} \times 28) \times (5.2 \times 10^{2}\,\mathrm{m/s}) \\ &= 4.9 \times 10^{-23}\,\mathrm{kg \cdot m/s}\end{aligned}$$

という小さなものでしかない．いうまでもなく，分子の速さは

$$\sqrt{\frac{3(1.38 \times 10^{-23}\,\mathrm{J/K}) \times (300\mathrm{K})}{1.67 \times 10^{-27}\,\mathrm{kg} \times 28}} = 5.2 \times 10^{2}\,\mathrm{m/s}$$

のように計算した．この力積 ι は，事実，小さなもので，前に考えた密度 $1\,\mathrm{g/cm^3}$，半径 $0.5\,\mu\mathrm{m}$ の微粒子にあたえられても，その速度は高々 $9.2 \times 10^{-2} \mu\mathrm{m/s}$ だけ変わるにすぎない．

むろん，衝突の頻度は高いのであって，300 K の窒素ガスだけでかりに1気圧になっているものとすれば，分子数密度は $2.4 \times 10^{25}\,\mathrm{m^{-3}}$ になるから，衝突回数は1秒あたり，およそ

$$\begin{aligned}&(2.4 \times 10^{25}\,\mathrm{m^{-3}}) \times \pi \times (0.5 \times 10^{-6}\,\mathrm{m})^2 \times (5.2 \times 10^{2}\,\mathrm{m/s}) \\ &\quad = 5.7 \times 10^{15}\,\text{回/s}\end{aligned}$$

の程度になる．やかましくいえば，気体分子の速さと飛来方向とに分布があることを考慮に入れなければならないが，それをしても1のオーダーの係数がかかるだけだろう．

上のとおりの次第だから，いま時間 Δt の間に微粒子にあたえられる力積の総和 ΔI は

$$\Delta I = \iota_1 + \iota_2 + \cdots + \iota_N \tag{14}$$

のように多数回の衝突にわたる和になる．衝突ごとの力積 ι_k は大きさも符号もデタラメだろう．そして，Δt を固定しても，その間の衝突数 N は時により大きかっ

たり小さかったりで，やはりデタラメということになるだろう．

そこで，最初に考えたような微粒子の集団をもちだすことになるのだが，その集団にわたる平均については

$$\langle \Delta I \rangle = 0 \tag{15}$$

および

$$\langle (\Delta I)^2 \rangle = \gamma \Delta t \tag{16}$$

としてよい．γ はある定数である．(15) は説明するまでもない．(16) のほうは，次のようにして理解される．まず，(14) から

$$(\Delta I)^2 = \sum_{k=1}^{N} {\iota_k}^2 + \sum_{k \neq l} \iota_k \iota_l$$

をつくると，N が大きければ第 2 の和では正負の項が相殺して

$$(\Delta I)^2 = \left[\frac{1}{N} \sum_{k=1}^{N} {\iota_k}^2 \right] \cdot N$$

となる．変わった書き方をしたのは，N が大きければ，第 1 因子は微粒子のあれこれによらず一定としてよいはずだからである．それを $\overline{\iota^2}$ とかけば $(\Delta I)^2 = \overline{\iota^2} \cdot N$．同じ時間 Δt について集団平均をとって

$$\langle (\Delta I)^2 \rangle = \overline{\iota^2} \cdot \langle N \rangle.$$

時間 Δt 内の衝突数の集団平均は，Δt に比例するに違いないので，結局 (16) が得られる．

もう一歩ふみこんでいえば，(14) の ΔI を微粒子ごとにとって集団全体にわたって集めると，大きいのもあり小さいのもあり，正のものもあれば負のものもあって，その分布はガウス型

$$\mathrm{Prob}\,[\Delta I \in A] = \int_A \frac{1}{\sqrt{2\pi\gamma\Delta t}}\, e^{-y^2/2\gamma\Delta t} dy \tag{17}$$

となるはずである (中心極限定理)．

考えてみると，しかし，(16) は奇妙な式だ．いま，ある 1 つの微粒子に注目して，それに時刻 0 から t までに与えられる力積の総和を $I(t)$ とかけば

$$I(t + \Delta t) - I(t) = \Delta I.$$

それならば，ΔI は $(dI(t)/dt)\Delta t$ と書きたくもなろう．そうしたら，しかし $(\Delta I)^2$

は Δt の 2 乗のオーダーということになって，(16) と矛盾する．いや，オーダーという概念を使うためには $\Delta t \to 0$ を考えねばならず，そこまで (16) が正しいことを仮定しなければならないから，(16) の導き方からみて，ちょっと苦しいのではあるけれども…….

概念を精密にするためには理想化も辞さないのが数学である．物理にも，そういう面はあるが，理想化で犯した罪をいつまでも意識しているところが違う．

数学では，ウィーナー過程 $\{W(t,\omega)\}$ というものを考える．それは t の関数の集団であって (“集合” を括弧 $\{\,\cdot\,\}$ で表わした)，その各 “標本” をラベル ω で区別する．W の性質は [4]：

① $W(0,\omega)=0$ （どの ω でも），

② 時間軸上の区間 $(t_1,t_2),(t_1{}',t_2{}')$ が重なりをもたないなら

$$W(t_2,\cdot\,)-W(t_1,\cdot\,) \quad \text{と} \quad W(t_2{}',\cdot\,)-W(t_1{}',\cdot\,)$$

は確率的に独立である (これは個々の標本に関わることではなく，集団全体としての性質だから，標本のラベル ω を黒子にした).

③ $\mathrm{Prob}\,[W(t+\Delta t,\cdot\,)-W(t,\cdot\,)\in A]$

$$=\int_A \frac{1}{\sqrt{2\pi\Delta t}}e^{-y^2/2\Delta t}dy \quad (\text{任意の}\Delta t>0\text{ に対し}).$$

つまり，これは微粒子に与えられる力積を規格化した $\Delta I/\sqrt{\gamma}$ の分布であるが，③の分布がどんなに短い時間間隔 Δt に対しても正しいといいきったところが理想化になっている．その気持ちを Δt のかわりに dt とかくことで表わせば，(15), (16) に見合う式は

$$dW(t,\omega)=W(t+dt,\omega)-W(t,\omega) \quad (dt>0) \tag{18}$$

に対して，上の③から

$$\langle dW(t)\rangle = 0, \tag{19}$$

$$[dW(t)]^2 = dt \tag{20}$$

となる．

おや，(20) に集団平均の記号 $\langle\,\cdot\,\rangle$ がない．それは不要なのである．その説明は，詳細はサロン向きではないから後でしかるべき参考書 [5], [6] を見ていただくことにし，その概略を pp.293–294 に注記しよう．

19.5 パラドックスを解く

気体分子が時間 $dt > 0$ の間に微粒子にあたえる力積を，ここでは，数学からウィーナー過程を借りてきて $\sqrt{\gamma}\, dW(t,\omega)$ と表現してみよう．そうすると，時間 $dt > 0$ に起こる微粒子の速度変化は

$$M dv(t,\omega) = -\zeta v(t,\omega)dt + \sqrt{\gamma}\, dW(t,\omega) \tag{21}$$

に従う．ω は集団の各微粒子を区別するラベルで，(1) の番号 i のかわりと思えばよい．(21) は確率微分方程式である．

この式の両辺を dt でわって運動方程式といいたいところだが，(20) に見るとおり dW は $\sqrt{dt}$ のオーダーの量なので，それはできない．ブラウン運動が，歴史上，速度の測定を拒否し続けたことは前に述べた．ブラウン運動なら，微視的な時間間隔で変位が測れたら速度も定まるだろうが，数学的理想化であるウィーナー過程は，とことん速度をもたないのである．

さて，(21) を用いて微粒子の運動エネルギー $K(t,\omega)$ の時間変化を求めてみよう．微粒子 ω の速度が時刻 t に $v(t,\omega)$ なら，時刻 $t+dt$ には

$$v(t+dt,\omega) = v(t,\omega) + dv(t,\omega)$$

になるから，運動エネルギーは

$$K(t+dt,\omega) = \frac{M}{2}\left[v^2 + 2v dv + (dv)^2\right]$$

になり，したがって $K(t,\omega)$ からの増分は

$$dK(t,\omega) = Mv dv + \frac{M}{2}(dv)^2. \tag{22}$$

これを (1) に v をかけた式に比べると，右辺の $(M/2)(dv)^2$ だけ余分である．しかし，いま，この項を落とすわけにはいかない．なぜなら，(21) によれば

$$\frac{M}{2}(dv)^2 = \frac{\gamma}{2M}(dW)^2 + \cdots$$

であって，$(dW)^2$ は (20) により dt のオーダーだからである．$\cdots$ の部分は $(dt)^{3/2}$ のオーダーになり，これは省略してよろしい．このことに注意して (21) により (22) を詳しく書けば

$$dK(t,\omega) = -\zeta v(t,\omega)^2 dt + \sqrt{\gamma}\, v(t,\omega)\, dW(t,\omega) + \frac{\gamma}{2M}dt. \tag{23}$$

われわれは，すべての微粒子 ω にわたる運動エネルギーの集団平均を調べたかったのである．

そこで (23) の両辺の集団平均をとる．そうすると，右辺の第 2 項は落ちる．それは，$dW(t,\omega)$ というのが (18) の意味であって，$v(t,\omega)$ の時刻 t より "未来 ($dt>0$) に向かって突出" しているためである：$v(t,\omega)$ は，(21) に従って $dW(t,\omega)$ を $t=0$ から順次に積み上げることで構成されるが，積み上げは時刻 t までなのだ．それゆえ，"$v(t,\omega)$ に寄与している dW" と "時刻 t から未来に向けて突出している dW" とは —— ウィーナー過程の性質②により —— 確率的に独立なのである．したがって，積の平均値が平均値の積に等しく

$$\langle v(t,\cdot\,)\,dW(t,\cdot\,)\rangle = \langle v(t,\cdot\,)\rangle \cdot \langle dW(t,\cdot\,)\rangle = 0$$

となる．ただし，最後のステップで (19) を用いた．

こうして，(23) の集団平均は

$$d\langle K(t,\cdot\,)\rangle = \left\{-\frac{2\zeta}{M}\langle K(t,\cdot\,)\rangle + \frac{\gamma}{2M}\right\}dt \tag{24}$$

を与える．ここまでくれば，両辺を dt でわって普通の微分方程式にしてもよい．それを以前の微分方程式 (12) に比べてみると，(24) では右辺の $(\gamma/2M)dt$ の項が余分についている．これが，(22) の $(dv)^2$ の項からきていることは，いまさらいうまでもない．もとをただせば，ウィーナー過程の奇妙な特質 (20) にゆきつき，さらにもどるならば (16) にたどりつくが，その間に理想化の深淵があることはすでに注意したとおりである．

この (24) が，われわれのパラドックスを解決している．実際，その解は斉次方程式の一般解と非斉次方程式の特殊解の重ね合わせであって，初期条件を考慮すれば

$$\langle K(t,\cdot\,)\rangle = \left[\langle K(0,\cdot\,)\rangle - \frac{\gamma}{4\zeta}\right]e^{-t/(M/2\zeta)} + \frac{\gamma}{4\zeta} \tag{25}$$

となる．そして，不都合な (13) のかわりに

$$\langle K(t,\cdot\,)\rangle \longrightarrow \frac{\gamma}{4\zeta} \quad (t\to\infty) \tag{26}$$

が得られるのである．この極限値 —— すなわち微粒子の運動エネルギーの集団平均の平衡値 —— が (7) に一致すべきことから，(21) のランダム力積 $\sqrt{\gamma}\,dW$ の大きさが定まる．すなわち

$$\frac{\gamma}{4\zeta} = \frac{k_{\mathrm{B}}T}{2}$$

の要求から

$$\gamma = 2\zeta k_{\mathrm{B}}T. \tag{27}$$

ランダム力積の大きさが粘性抵抗の係数 ζ に結びついたのは，どちらも気体分子の運動によって起こることを思えば，意外なことではないともいえるだろう．この関係 (27) は揺動散逸定理 [7] の一例である．

19.6 どこでまちがえたのか

パラドックスのもとになったのは何かといえば，それは，どうみても (11) 以外になさそうだ．この速度とランダム力との相関を丹念に調べてみよう．それには，微粒子の速度に対する方程式 (21) を解いて

$$v(t,\omega) = v(0)\,e^{-t/(M/\zeta)} + \frac{\sqrt{\gamma}}{M}\int_0^t e^{-(t-s)/(M/\zeta)}dW(s,\omega) \tag{28}$$

を出しておくのがよい．これが実際に (21) の方程式を満たすことは微分をしてみればわかる．とはいっても，dW による積分を定義するためにはそれなりの理論が必要なので，積分結果もそうやすやすとは微分できないわけだろうが，(28) の程度の積分なら特に免許はいらないようである．

さて，問題は相関だが，いまランダム力というものは考えられないので，ランダム力積 dW と (28) の相関をみることにする．いま $dt > 0$ として，それを

$$dW(t,\omega) = W(t+dt,\omega) - W(t,\omega) \tag{29}$$

にとると

$$\langle v(t,\cdot\,)\,dW(t,\cdot\,)\rangle = 0 \tag{30}$$

になる．なぜなら，“未来に向かって突出している”(29) は——ウィーナー過程の性質②により——(28) の積分に含まれている $dW(s,\omega)$ のどれとも確率的に独立だからである．このことは以前にも (24) を導くとき説明した．そのときは，しかし，積分 (28) を出さなかったので，あるいはわかりにくかったかもしれない．

(29) と反対に “過去にひっこんだ”dW をとると，すなわち $dt > 0$ として

$$d_{-}W(t,\omega) = W(t,\omega) - W(t-dt,\omega) \tag{31}$$

をとると，こんどは (28) の積分のうち

$$\frac{\sqrt{\gamma}}{M}\int_{t-dt}^{t} e^{-(t-s)(M/\zeta)}dW(s,\omega)$$

の部分との相関が消えない．ここでは，ウィーナー過程の性質 (20) がものをいうのである．ここの積分区間 $(t-dt,t)$ では $e^{-(t-s)(M/\zeta)}$ はないのと同じだから

$$\langle v(t,\cdot\,)\,d_{-}W(t,\cdot\,)\rangle = \frac{\sqrt{\gamma}}{M}dt \tag{32}$$

となる．ここまでくれば，両辺を dt でわって，力

$$f(t-0,\omega) = \sqrt{\gamma}\,\frac{d_{-}W(t,\omega)}{dt}$$

との相関をいうことも許されるだろう．これは 0 ではなかったのである．

ここにパラドックスのもとがあった．いや，その根は深いのである．“未来に突き出た”(30) と “過去にひっこんだ”(32) との区別は，ランジュバンの土俵ではすべくもない．

しかし，その区別は理想化の淵をあえて越えたからこそ必要になったのではなかったか？　ウィーナー過程への理想化をしないで，現実の物理の土俵の上でパラドックスを解決することはできないものか？

いや，いや，こんな問を出してサロンを騒がせる前に，もうひとつ計算をしておこう．微粒子の位置座標とランダム力の相関の計算である．それには速度 (28) を積分して位置座標 $x(t,\omega)$ の表式を出しておくのがよい．その計算に出てくる二重積分

$$\int_0^t du\int_0^u e^{-(u-s)/(M/\zeta)}dW(s,\omega)$$

は，順序を交換して

$$\int_0^t e^{s/(M/\zeta)}dW(s,\omega)\int_s^t due^{-u/(M/\zeta)}$$

の形にすれば，1 段は実行することができる．そして，(4) という初期条件のもとでは

$$x(t,\omega) = \frac{Mv(0)}{\zeta}(e^{-t/(M/\zeta)}-1)+\frac{\sqrt{\gamma}}{\zeta}\int_0^t(e^{-(t-s)/(M/\zeta)}-1)\,dW(s,\omega) \tag{33}$$

が得られる．

ランダム力積との相関は，こんどは “未来へ突出” のものについて

$$\langle x(t,\cdot\,)\,dW(t,\cdot\,)\rangle = 0 \tag{34}$$

となるのみでなく，“過去へひっこみ” についても

$$\langle x(t,\cdot\,)d_-W(t,\cdot\,)\rangle = 0 \tag{35}$$

となる．それは，(33) の被積分関数が $s=t$ で 0 になるためで，つまりは，ランダム力積が押しても微粒子の位置座標はただちには反応しないということである．力積は微粒子に速度を与えるが，速度は時間で積分されて初めて変位として現れるのだ．(34) と (35) は 0 なのだから，両辺を dt でわってランダム力の言葉になおしてもよいだろう．

ランダム力との相関ということにおいて，微粒子の位置座標と速度とでは画然とした差のあることがわかった．このことをランジュバンは見とおしていて $\langle x(t)^2\rangle$ の計算は行ない，$\langle v(t)^2\rangle$ の計算は避けた，ということだろうか？

ところで，(28) を書いた以上，その $\{v(t,\cdot\,)\}$ がガウス分布をして，その平均が

$$\langle v(t,\cdot\,)\rangle = v(0)e^{-t/(M/\zeta)} \tag{36}$$

であり，分散が

$$\langle v(t,\cdot\,)^2\rangle - \langle v(t,\cdot\,)\rangle^2 = \frac{\gamma}{2M\zeta}(1-e^{-2t/(M/\zeta)}) \tag{37}$$

であることを注意しておきたい．これらを (28) からもとめる方法は，もう説明する必要もないだろう．$\{v(t,\cdot\,)\}$ の分布がガウス型であることは，これが (28) の形で，つまり，ウィーナー過程の本性③としてガウス分布をする dW の和になっていることから知られる．

すべての微粒子があたえられた速度 $v(0)$ をもっていたときから時間がたつと，速度の平均は 0 に近づき，分散は $\gamma/M\zeta$ に近づく．速度の分布は，だから，平均運動エネルギー

$$\frac{M}{2}\cdot\frac{\gamma}{2M\zeta} = \frac{k_{\mathrm{B}}T}{2}$$

できまる温度 T のマクスウェル分布に近づくのである．γ と温度のこの関係は，以前に (27) で見たものと一致している．そのときには，しかし微粒子の運動エネルギーの平均を計算しただけで，その分布については何もいえなかったのだ．

もうひとつ欲ばっていうと，(28) から速度の自己相関関数も得られる：

$$\begin{aligned}\langle v(t,\cdot\,)\,v(t',\cdot\,)\rangle &= v(0)^2e^{-(t+t')/(M/\zeta)}\\ &\quad+\frac{\gamma}{2M\zeta}(e^{-|t-t'|/(M/\zeta)}-e^{-(t+t')/(M/\zeta)}).\end{aligned}$$

すべての微粒子が与えられた速度 $v(0)$ をもっていた時刻から十分に時間がたつと $(t, t' \gg M/\zeta)$

$$\langle v(t,\cdot\,)\,v(t',\cdot\,)\rangle = \frac{k_{\mathrm{B}}T}{M}e^{-|t-t'|/(M/\zeta)} \tag{38}$$

となり，これは $t-t'$ のみの関数である (確率過程 $\{v(t,\omega)\}$ の漸近的定常性).

(38) から，$t>0$ に対して

$$\frac{d}{dt}\langle v(t_0,\cdot\,)\,v(t_0+t,\cdot\,)\rangle = \frac{Tk_{\mathrm{B}}\zeta}{M^2}e^{-t/(M/\zeta)} \tag{39}$$

が得られ，また定常性の結果として

$$\frac{d}{dt_0}\langle v(t_0,\cdot\,)\,v(t_0+t,\cdot\,)\rangle = 0$$

も得られる．$t\downarrow 0$ において，後者は

$$\langle \dot{v}(t_0-0,\cdot\,)\,v(t_0,\cdot\,)\rangle + \langle v(t_0,\cdot\,)\,\dot{v}(t_0+0,\cdot\,)\rangle = 0$$

をあたえ ($\dot{}$ は d/dt_0 を表わす)，これが一見

$$\langle v(t_0,\cdot\,)\,\dot{v}(t_0,\cdot\,)\rangle = 0$$

に見えるところから，前者 (39) の $t\downarrow 0$ の極限との矛盾がいわれることもあるが，それはあたらない.

もうひとつ，ついでにつけ加えれば，(39) の $t\downarrow 0$ の極限は $v(t_0,\cdot\,)$ と “未来に突出している” $dv(t_0,\cdot\,)$ との相関が 0 でないことを示すが，(3) に比べると，ちょっと謎めいて見えないだろうか？

速度の相関関数の導関数が上で見たとおり不連続になるのは，物理の常識には衝突することである．これも，何度もくりかえした “理想化” に根ざすこと．それを緩める理論 [7] もある．その数学的な枠組もつくられているので，ここでは原論文でなく解説 [8] をあげておこう.

補注　式 (20) の証明の概略．時間間隔 $[0,t]$ を細分し $0=t_0<t_1<\cdots<t_N=t$ とし，$\eta_k=\{W(t_{k+1},\omega)-W(t_k,\omega)\}^2$，$J=\sum_{k=0}^{N}\eta_k$ とおく．p.287 の ③ による平均を $\langle\ \rangle$ と書けば $\langle J\rangle = t$ である．J の標準偏差 $\sigma(J)$ は

$$\left\langle\left(\sum_{k=0}^{N}\eta_k\right)^2\right\rangle - \left\langle\sum_{k=0}^{N}\eta_k\right\rangle^2 = \sum_{k=0}^{N}\langle\eta_k^2\rangle + \sum_{j\neq k}\langle\eta_j\rangle\langle\eta_k\rangle - \sum_{k=0}^{N}\langle\eta_k\rangle^2 - \sum_{j\neq k}\langle\eta_j\rangle\langle\eta_k\rangle$$

となり，$\sum_{k=0}^{N}\{\langle\eta_k^2\rangle-\langle\eta_k\rangle^2\}$ に等しい．ここに $\alpha_k=1/\{2(t_{k+1}-t_k)\}$ とおいて

$$\langle\eta_k\rangle=\sqrt{\frac{\pi}{\alpha_k}}\int_{-\infty}^{\infty}y^2e^{-\alpha_k y^2}dy=t_{k+1}-t_k,$$

$$\langle\eta_k^2\rangle=\sqrt{\frac{\pi}{\alpha_k}}\int_{-\infty}^{\infty}y^4e^{-\alpha_k y^2}dy=3(t_{j+1}-t_k)^2$$

から $\sigma(J)=2\sum_{k=0}^{N}(t_{k+1}-t_k)^2\leq 2t\cdot\mathrm{Max}\,(t_{k+1}-t_k)$ は時間の細分の極限で 0．よってチェビシェフの定理：

$$A=\{\omega\,|\,|J-\langle J\rangle|>\varepsilon\}\quad\text{に対し}$$

$$\sigma(J)=\int(J-\langle J\rangle)^2dP(\omega)\geq\varepsilon^2\int_A dP(\omega)\Rightarrow\int_A dP(\omega)\leq\sigma(J)/\varepsilon^2$$

において最右辺の $\sigma(J)$ が細分の極限で 0 となる．故に $\left|\int_0^t[\{dW(t,\omega)\}^2-dt]\right|$ が任意の $\varepsilon>0$ より大きい確率 $\int_A dP(\omega)$ は 0 となる (確率収束)．

参考文献

[1] 江沢 洋：原子物理入門 (第 5 回)，連載初等演習講座，「固体物理」vol. 5, no. 7 (1969).

[2] P. Langevin : Sur la théorie du mouvement brownien, *Compte rendus* **146** (1908), 533–539.

[3] A. Einstein : Die von der molekularkinetischen Theorie der Wärme geforderte Bewegung von in ruhenden Flüssigkeiten suspendierten Teilchen, *Ann. d. Physik* **17** (1905), 549–560.

[4] 江沢 洋：ブラウン運動 (その 3)，誌上セミナー，「固体物理」vol. 14, no. 1 (1979).

[5] 江沢 洋：同上 (その 5)，「固体物理」vol. 14, no. 5 (1979).

[6] 伊藤 清『確率論』，岩波基礎数学選書 (1991), p.349.

[7] R. Kubo : The fluctuation-dissipation theorem, *Rept. on Prog. in Phys.* **1** (1966), 255–284.

[8] 岡部靖憲『時系列解析における揺動散逸定理と実験数学』，日本評論社 (2002)；『実験数学』，朝倉書店 (2005).

●エッセイ

「時間をかけて！」

田崎晴明

理論物理学・数理物理学の分野での江沢先生の後輩として，まず，先生の業績と著作について最低限のことを書こう．もっと砕けたエッセイは少し先のコーヒーのイラストの後から始まる．

江沢先生の研究についてまず言及すべきは，1957 年の江沢，友沢，梅沢の論文 “Quantum Statistics of Fields and Multiple Production of Mesons” だろう．素粒子論から出発し，統計力学・物性論にまで波及する歴史的な業績である．先生が二十代半ばの時のお仕事だ．江沢先生らは中間子の多重発生の問題を研究するなかで「温度グリーン関数における摂動論」と呼ばれる手法を世界に先駆けて開拓した．これは，その数年前に松原が提唱した着想をさらに押し進め，相対論的な場の量子論で開発された摂動論の手法を有限温度の量子系の問題に適用することを可能にする方法だった．平たく言えば，「素粒子論の計算方法を使って（有限温度の）物質の性質を計算する方法」を発見したのだ．少し遅れてソ連のグループが開発した同様の手法が広く普及したため，この研究の知名度はそれほど高まらなかった．しかし，今日では，江沢先生らがこの手法の先駆者であることは広く知られている．

場の量子論の数理物理学に興味を持ってきた私としては，さらに，江沢，Swieca の 1967 年の論文 “Spontaneous Breakdown of Symmetries and Zero-Mass States” を挙げたい．公理的場の理論という数学的な枠組のなかで「場の量子論の真空の対称性が自発的に破れると必然的に質量ゼロの粒子が現れる」という「南部・ゴールドストーンの定理」の証明を与えた業績である．これは，2008 年のノーベル物理学賞を受賞した南部陽一郎の物理的な洞察をもっとも厳密に表現した研究であり，「物理学的に重要な結果を数学的に厳密に示す」という数理物理学の姿勢を体現した（私にとっては憧れの）論文である．

江沢先生の著作について書き出せばきりがないが，統計物理学を学ぶ立場からは（定番だが）『だれが原子をみたか』に，量子物理学を学ぶ立場からは岩波講座「現代物理学の基礎」の『量子力学 III』に言及したい．

『だれが原子をみたか』についてはこの文章の最後に少し詳しく書くが，ここでは，中高生向けと謳われるこの本が統計物理学の基礎について日々考える専門家にとっても学ぶところの多い重要な文献であることだけを強調しておきたい．

『量子力学 III』は，湯川秀樹が監修した岩波の講座の一冊として 1972 年に出版された．1982 年に大学院に入学した私にとってもこれは「古い本」だったが，それでも，私たちの世代で数理的な立場から量子力学を学ぶ学生にとって，江沢先生の手になる三つの章は唯一無比の貴重な文献だった．最初の二つの章は数学者が整備した量子力学の数理的な体系を物理学的に自然に動機付けながら明快かつ簡潔に展開する素晴らしい解説．最後の章は世界的にみても例のない無限自由度の量子系の数理への見事な入門と解説である．いささか驚くべきことだが，私の知る限りこれに比肩する文献は未だに見当たらず，今日でも少なからぬ学生・研究者が江沢先生の三つの章を学んでいる．本書は長いあいだ古本以外では入手できなかったが，今日では『現代物理学の基礎 4・量子力学 II』として岩波オンデマンドブックスから購入できる（江沢先生が書かれたのは 16～18 章）．

さて，ここからは少し密度を落として，江沢先生について思うことのごく一部を書いてみたい．

私よりも少し上の世代から今日の若者まで，日本に育って物理学を本気で学んだ人はほぼ全員が人生のどこかで江沢先生の著作や解説に接していると思う．私もある時期から江沢先生の書かれたものを読んでいたのだが，残念ながら，何が最初だったかしっかりした記憶はない．それより，大学院に進み数理物理学の道を志したとき江沢先生の存在が私にとって大きな意味を持つようになったことをはっきりと覚えている．当時（そして，今でも），日本では「物理学に主たる軸足を置き数学的に厳密な研究を進める」という意味での数理物理学は決して盛んではなく，学生時代の私の周辺にもこの分野に通じた教員はいなかった．そんな中で，江沢先生は日本の物理学科でも数理物理学に真正面から取り組めるという事実を体現する象徴的な存在だった.

いや，単に象徴だっただけではない．実際にお世話にもなった．当時からの共同研究者であり同級生であり親友でもある原隆さんと二人で，学習院大学の江沢先生主催のセミナーに何度か参加し，生きた現代の数理物理学の現場に接することができた．そこで重要な論文のプレプリントを見せてもらい，また，後々まで交流することになる海外の数理物理学の研究者たちとも出会ったのだった.

その後，プリンストン大学でのポスドクを終えた私は，幸いにも，江沢先生と同じ学習院大学の物理学科に職を得た．1988年の夏に着任してから江沢先生が定年を迎えて大学を去った2003年の春までの十四年半，ずっと江沢先生と隣どうしの居室で過ごすことができた．その間の思い出を語り出すときりがないし，私が接した江沢先生の様々な側面を分析し始めたら一冊の本が書けるだろう．たとえば，江沢先生が日本語の文章の達人であるだけでなく，西洋人も感服する立派な英語の文章を書かれること，発音は日本流だが淀みなくジョークも混ぜた完璧な英語を話されること，さらには，英語だけでなくフランス語とドイツ語も自在に読み書きできる（らしい）ことには，近くにいて，ただただ驚嘆したものだ.

ただ，ここでは敢えてテーマを絞ろう．以下では，江沢先生が「時間をかけることを惜しまない」ということについて書いてみたい.

実際，江沢先生は色々なところで「時間をかける」ことを強調されていた．たとえば，若い頃のセミナーの思い出話になると，セミナーが延々と続いて深夜に及びすべての門が閉まって柵を乗り越えて大学の外に出たというような話が出てくる．そういう話を楽しそうにされるのだ.

江沢先生は東大の助手時代には学部生の演習を担当されていたそうだ．江沢先生や当時の学生だった年配の人たちの話によると，これも徹底的に時間をかける演習だったらしい．若き江沢先生の手になる問題は一つ一つが時間のかかる難問だったに違いない．学部を卒業してから文字通り何十年も経っているのに江沢先生の演習が如何に延々と続いて大変だったかという思い出話をしてくれた人もいる.

同じ研究室で過ごす間にも，もちろん，様々な場面で江沢先生の「時間を惜しまない」様子を目にしてきた.

たとえば，学部生が江沢先生のところに講義の内容について質問に来る．多くの場合は初歩的な質問である．江沢先生が理学部長を務められていた時期だ．新しい研究所の設立に奔走しもともと短い睡眠時間を削って激務をこなしていらっしゃった日々，なんとかして江沢先生と話そうと出版社の担当編集者が先生の居室の前でずっと待っているという光景が珍しくない時期だった．それでも，江沢先生は学生を追い返すことはしない．素早く問題点を指摘して答えを教えたりもしない．学生と一緒に，居室のすぐ向かいの「お茶べや」に行くのだ．

「お茶べや」の正式名称は「理論物理学研究室書庫」である．当時の広めの教授室を四つか五つ合わせたくらいの広い部屋だ．書庫というだけあり，部屋の半分は作り付けの金属製の立派な本棚で占められ，天井までいっぱい物理学や数学の専門書(もちろん，ほとんどが洋書)がびっしりと並んでいる．これは学習院大学の理学部図書館の分室で，私たちの理論物理学研究室で主に使う文献が収められているのだ．私が着任した 1988 年にはすでに古く風格のある書庫だった．定評のある古典的な専門書は網羅されており，さらに，物理学者個人の選集や伝記も充実していた．アインシュタインの論文集など普通の大学では図書室の奥に閲覧に行く文献も気軽に「お茶べや」で読めた．もちろん，江沢先生はこの充実した書庫を育て維持した主要な立役者なのだと思う．いい書庫を作るには時間がかかるはずだ．

「お茶べや」の残り半分には，言うまでもなく，冷蔵庫，ガス台，コーヒーメーカー，電子レンジ，コピー機など，大学の共同部屋にありそうなものが一通り揃っていて，中央に大きな机が据えてある．分厚い木を使った立派な机で，どうも，かつては実験用の机だったようだ．昔は(いや，「大昔は」と言うべきか)大学の物理の実験室では職人の手作りのがっしりとした木製の机を実験台として使っていたのだ．おそらく，どこかの研究室でお払い箱になった実験机を理論物理の研究室で貰い受けてそれ以来ずっと使っていたのだろう(ちなみに，理論物理学研究室は当時とは別の建物に引っ越したのだが，その際「お茶べや」の雰囲気はできる限り温存した．机も，新しいものを購入しようという大学の提案を断って，この古い実験机を 2018 年の今も使っている)．この由緒ある机に向かって，コーヒーを飲んでお茶菓子を食べながら議論し，紙を広げて計算し，論文や本を読むことができる．そして，部屋の入り口に近い側の壁にはもちろん大きな黒板が据え付けられている．「黒板，文献，そして，コーヒー．理論物理学に必要なものが全て揃っている」というのがこの「お茶べや」の売り文句である．

さて，学部生の質問の話だった．「お茶べや」に入ると江沢先生はもちろん木の机に向かって椅子に座り，学生には黒板の前に行くように促す．「何がわからないんだい？」どうやって○○から△△が得られるのかわからないという.「なんだ. それなら導けるよ. まず○○だろ. それを書いてみよう. あとは, やってみればいいんだ. 君ならできるよ.」

どこの研究室でもそうだろうが, 誰かが議論している時にも他のメンバーは「お茶べや」に自由に出入りする. 文献を探しに行くこともあるが, 多くの場合はコーヒーや紅茶などの飲み物のためだ. そして議論の様子を聞き, 時には, そのまま議論に参加する（そうして生まれた研究もある）. その日も, 私はコーヒーを飲もうと「お茶べや」に入って行き, コーヒー豆を挽きながら江沢先生と学生の様子を見ていた. なるほど, ○○から△△を導くのか. 簡単ではないけれどやればできる. 最短距離はこうやってああすることかな. しかし, よく見ると, 学生は最短の道に向かうどころか, それとはまさに正反対の方向に進んでいる. こっちに行けば太い道が通っているけれど, そっちに行けば街外れだ. 道のないところをずっと遠回りしないと△△には行けないぞ. しかし, 江沢先生には学生をメインの道に引き戻そうとする様子などない.

学生が大いなる遠回りの途上にあることに江沢先生が気付いていないはずはない. というより, 江沢先生の頭の中にはすでに複数の導出がそろっているはずで, 実は私が思いついたのよりもエレガントな導出にも気づかれているかもしれない. それでも江沢先生は学生の一歩一歩を見ている.「そうだね, それであってるね.」学生は街外れに向かって行く.

ところで, 舞台が「お茶べや」なので, この部屋にあるコピー機のことを書いておこう. コピー機が安く設置できるようになった頃, 我々の研究室にも一台置こうという話が持ち上がった. これだけの蔵書があるのだから手元でコピーできれば便利だし, 手書きノートやメモのコピーがすぐに取れるのもうれしい. しかし, 研究室のメンバーの中で, 江沢先生だけはコピー機導入に反対された. 便利かもしれないがそうやって時間を節約する必要はない, 一階の図書室に行けばコピーが取れる, その時に化学科の教員と出会って立ち話をして学ぶことがあるかもしれないではないか――というのが江沢先生の論旨だった. 先生の「時間を惜しまない」やり方を讃える文章の途中ではあるが, さすがにこれには賛成できなかったのを覚えている. 結局コピー機は導入されたのだが, 江沢先生はご自分の哲学を守ってあくまで一階の図書室のコピー機を使っていた.

さて, コーヒーを持って自分の居室に戻った私はしばし江沢先生と学生のことを忘れて自分の仕事に集中する. 三十分経ったか, 一時間経ったか, 仕事が一段落したところで「お茶べや」を覗いてみると，二人はまだそこにいた．今や大きな黒板は学生の書いた計算でびっしりと埋まっている．思った通りの遠回りをしている．それでも，○○から出発して着実なステップをずっとつないで△△がまさに導かれるところだった．江沢先生は彼が道を踏みはずさないようにずっと見守りながら——ただし決して誘導はせず——ずっと長い道のりを付き合っていたのだ．

「ほら，言った通り．できただろ．今度は家で一人で導いてごらん．」

なるほど．

一人でもう一度やってみれば，彼はまた別の少し短い導出を発見するかもしれない．そういう体験は大切だ．そうしているうちに，この○○と△△を結ぶ世界の風景を自分なりに「みる」ことを学んでいくだろう．

これが江沢流だ．

同じようなシーンは多い．これも「お茶べや」だが，もっと後，江沢先生がすでに定年で大学を去った後のことだったと思う．海外からのお客さんの公開のセミナーが終わり，参加したメンバーが「お茶べや」に集っていた．学外からセミナーを聞きにやってきた大学院生がいて，江沢先生が研究テーマについて尋ねたのだろう，黒板の前に立って解説を始めていた．ぼくは別の用事で出たり入ったりしていたのだが，少し様子を見ていると，彼女は研究の背景になる予備知識のところから解説しているようだ．きちんと式を書き，「これを代入して足しあげると，こうなります．いいですか？」，「では，この積分を評価してみましょう．」と後輩の大学院生に教えるような丁寧なレクチャーだ．しかし，これは量子力学の話題であり，江沢先生は絶対にご存知のはずだ！

いや，先生の本か演習書のどこかにこの話題が解説されていなかったか？

しかし，江沢先生は「そんなことはわかってるから先に行こう」とは決して言わない．「はい，そうですね．わかります」と彼女のロジックにしっかりと付き合う．そして，少しずつ，着実に，本題に向かっていく．

江沢流なのだ．

ご自分の時間を惜しまない先生が，一方で，他の人たちの時間は尊重する様子も目にした．上でも触れたように，江沢先生が執筆した岩波講座の『量子力学 III』は随分と長い間，絶版になっていた．それでも，量子物理学を専門的かつ数理的に学びたいという物理学徒にとって，これは必須の本だった．実際，知り合いの東大などの理論物理学の大学院生と話すと，驚くほどの多くの若者が大学の蔵書をコピーしたり古本を入手したりして『量子力学 III』を読んでいることがわかった．

そのことを江沢先生に告げ，先生の手になる部分だけでも復刊できないだろうかとお願いしてみた．すると，該当部分の原稿を TeX（組版のための標準的なプログラム）の形式で用意すれば，出版社が復刊してくれるかもしれないという話になった．そのことを先ほどの大学院生たちに話すと，それなら仲間内でボランティアを募って分担して TeX に入力すればすぐに終わるだろう，ぜひやってみようと話が一気に盛り上がった．実際，声をかけるとたちまち十分な数の希望者が集まったようだった．

しかし，若者たちによる江沢先生の本の再入力の計画は結局は実現しなかった．出版社側の対応が明確でなかったこともあるのかもしれないが，なんと言っても，ご自分の本のために若者たちが時間を使うことを江沢先生が望まれなかったということが大きかった．その時の江沢先生からのメールには，大学院生たちへの丁寧なお礼の言葉に続いて，「若い人は自分の勉強に時間を使うべきです．」とあった．

言うまでもなく，江沢先生の著作でもいたるところで「時間を惜しまない江沢流」に出会える．この選集第 I 巻の冒頭の「パリティの問題」も，多くの読者が知っているだろう電磁気学についての話題を歴史に沿って丁寧に述べるところから始まる．早くニュートリノの話が読みたいと思う読者も多いだろうが，それはずっと後までおあずけなのだ（しかし，最後に電磁気学についての問題が出題されている！）．第 2 部「古典力学の世界像」が，ニュートンの短い伝記，そしてニュートンが微分法を着想した経緯についての詳しく丁寧な推理から始まるのも，まさに江沢先生ならではだ．

「時間を惜しまない江沢流」が堪能できる江沢先生の著作といえば，やはり，単行本『だれが原子をみたか』だろう．この選集の読者に説明する必要はないだろうが，1976 年に「岩波科学の本」の一冊として出版された中学生や高校生に向けた江沢先生の単著だ．中高生向けといっても，もちろん「子供だまし」の本などではない．「科学者はなぜ目に見えない『原子』を扱うのか？」という一見素朴なようで現代の自然科学の根幹に関わる深い問いに，江沢先生が「時間を惜しまずに」じっくりと答えてくれる本だ．教育者，専門家も含めて，科学に関心を持っている誰にとっても価値のある不朽の名著である．

原子は実在するのかという問いに答えるため，江沢先生は，原子論の起源をたどり，気体の法則が見出されていく歴史を語りながら，気体分子運動論の本質に迫っていく．本のクライマックスは，アインシュタインのブラウン運動の理論の中学生にもわかる解説と，ペランによる実験の紹介だ．これだけでも十分に魅力的だが，この本がさらに素晴らしいのは，江沢先生がお仲間たちと実際に手がけた実験が生き生きと紹介されているところだ．本の冒頭はブラウンによるブラウン運動の発見の解説だが，それに続いて，江沢先生たちも顕微鏡を覗いてブラウン運動を観察する．ブラウンが最初に観察した花粉から出た微粒子に始まり，牛乳，チョークの粉，誰かのポケットから出てきた埃まで．「見ていておもしろい」という煙の微粒子のブラウン運動の観察では「たばこを吸う人に，煙を吹き込み口から吹き込んで」もらっているのは時代を感じる．さらに素晴らしいのは「トリチェリの真空」を実際に作り出す実験だ．水銀を惜しげなく使った定番の水銀柱の実験（といっても，これだけの量の水銀を使った実験は今日では難しいだろう）だけでなく，なんと，水銀ではなく普通の水を使った実験までしている！

10 メートルほどの高さの「水柱」を作り出すため，江沢先生らは，渓谷に赴き，橋の上からビニールの管を吊り上げようというのだ．この実験の描写は大好きだ．実験の手順とその場で起きたことを読み進めていくと，机上の理屈だけでは実際のことはわからないものだと深く納得する．いや，それ以上に，江沢先生も，実験を一緒に計画して実行したお仲間たちも，（飛び入りで？）実験を手伝った子供たちも，みんな本当に楽しそうにしている様子が素晴らしいのだ．

そう．一言で言えば，楽しい本だ．今は岩波現代文庫の一冊として刊行されているから簡単に手に入る．未読の方は是非ともこの機会に（時間を惜しまずに）読むことをおすすめしたい．

ある時，『だれが原子をみたか』が話題になり，私は上に書いたような感想を素直に話し，素晴らしい本だと思うと言った．それを聞いた江沢先生が「あの頃は，時間があったんだよ」としみじみとおっしゃった様子は今でもよく覚えている．

この文を仕上げながらもう一度『だれが原子をみたか』を見ておこうと書架から引っ張り出して眺めていた．すると，本題に入る前の 10 ページに「時間をかけて！」という注意書きがあったことに気がついた．読んでみると，どうも，私がこれまで延々と書いてきたことは，この簡潔な注意書きに尽くされているようにも思えてきた．結局，江沢先生の手の内からは出られないようだ．江沢先生にはお世話になってばかりだったが，この文章の締めくくりも，先生の文章の引用のお世話になることにしよう．

> 科学というものは，実にさまざまの考えにもまれながら時間をかけてつくられてきた．そのことを，君たちがこの本から感じとってくれたら，と思う．（中略）あわただしい世の中ですが，どうか科学の勉強には，たっぷりと時間をかけてください．この本も，いそがずに読んでください．
>
> （『だれが原子をみたか』p.vi「時間をかけて！」より）

第I巻解説

上條隆志

● 教室の標語

「わからないことは宝だ．大切にしよう　江沢 洋」というコピーが，筆者の勤める中等教育学校（中学・高校）の物理教室入口に掲げられている．貼ったのは若い同僚だ．

「わからないこと」があるのは，世界を成り立たせる法則を理解したいということ，なぜと問うこと．そして，大切にしようというところが肝心だ．問題を，すぐ分からないからといってあきらめず，抱えながら，時間をかけて納得がいくまで学び，想像力を駆使しながら論理を組み立てようとすること．それこそが本当に面白いことだというのがこの言葉だろう．

● 江沢さんの仕事

初期の研究生活は『物理の歴史』（朝永振一郎編，ちくま学芸文庫，2010）の解説にご自身によって述べられているが，江沢さんは中間子の多重発生に関連して統計力学の「Feynman – Dyson 形式の摂動論」を完成させ，また後の対称性の自発的破れにつながる「場の演算子の正準交換関係の非同値な表現の存在」などの場の量子論の基礎的研究をされ，さらにひとつの専門にとどまらず，物理のさまざまな分野で業績を上げられている．

「物理のどんな分野のことについてもすぐ教科書の書ける人」（亀淵迪さんの書評における同僚のことばの引用．『数理科学』1977 年 3 月号）という評価にあるように，江沢さんの書かれた教科書たちは，力学，電磁気学，量子力学，相対性理論など物理の主要分野，また微積分，フーリエ級数，漸近展開など自然科学に必要な道具である数学の分野にわたり，それぞれが現在も多くの学生に愛され学ばれている．狭く専門化しつつある傾向の現代では驚くべきことで，数少ない貴重なオールラウンダーである．

いかにもそのような江沢さんらしい一冊が『現代物理学』(朝倉書店, 1996. 現在ではオンデマンドで入手可能)である. これは物理学全般にわたり, 今は数少なくなったいわゆる一般物理学の本だが, 中高生との放課後の輪講に使うテキストを探していた私たちにとって, 最良のものであった. 微分積分の意味から始まるので, 中学生から読み始めることができ, 科学者がいかに取り組んできたかを歴史的に学びながら, 素粒子物理までの基本概念まで学べる.

このときの輪講があまりにも面白くて, 今は立派な研究者になっているKさんは, 大学受験直前の3月まで予備校には行かず参加していたくらいだ. 物理を志す学生には, とにかく読んで損はないと話している.

● 社会へのスタンス

江沢さんはまた, 物理学の社会への普及, 科学史の研究, 特に日本の物理学者の仕事の再評価, 日本のみならずアジアの若い物理学者の養成に力を尽くされている.

教育の分野でも, 中学・高校生を物理のおもしろさに導いた多くの本を執筆されただけでなく, 教育制度・指導要領などの教育内容にも積極的に発言されてきた.

物理学会会長を務められたときには, 高校生の物理オリンピックと国際論文コンテストを創始されたポーランドのゴルショフスキさんと交流を深められ, 今の日本の高校生の活躍に道を開いた.

科学を取り巻く社会の諸問題にも, 平和と民主主義を願う市民として, 事実の分析に基づく知性に裏付けされた科学者としての発言を積極的にされている. 例えばインドとパキスタンの核実験に際し, 江沢さんを含む日本の自然科学者18名が1998年に出した「核拡散の新たな危機的状況の中で, 科学者自身のモラルと責任を問い, 日本の科学者は世界の科学者に訴える」声明. その中の「科学者は一時的で独善的な, 自国・自民族の利害の奴隷になることは許されない. 理性的で普遍的な立場に立ち, 人類全体の利益をつねに考えて研究し, 行動しなければならない. 自らの内にこの人類としてのモラルを形作らなければならない. 自分の行った研究, 開発の成果について, 科学者は人類の一員として, また地域社会に生きる市民の一員として, 責任を負わなければならない. それこそ人類の英知の担い手にふさわしい途である」「日本の科学者も近代科学の体系的導入以来, 積極的に軍事科学技術に携わってきたという苦い過去をもっている. 私たちもこの歴史に対する反省を決して忘れてはいない. 科学技術は国境を越えた人類共同体の幸福のためにこそ，奉仕しなければならない」という部分は江沢さんのスタンスと重なるだろう．（声明全文は，例えば高木仁三郎『市民科学者として生きる』（岩波新書，1999）などに収録されている．）

● この選集について

先に述べた教科書，また現在も単行本で入手可能な論考以外の，江沢さんが長い間いろいろな雑誌の求めに応じて発表された論文・エッセイ，座談会，講演などを集めて構成したのが本選集である．今では入手が難しくなっているものも多く，貴重だと思う．掲載誌は，主として「日本物理学会誌」「科学」「数理科学」「数学セミナー」「自然」など．「婦人公論」や同窓会誌，学生会誌なども含む．

この広くかつ深いオリジナルな仕事を，「対称性と古典力学」，「相対論と電磁場」，「量子力学」，「物理数学」の4巻と，さらに「歴史」「教育」の2巻を合わせて6巻に編集した．ほんとうは，主なものを入れようとするだけでこの倍以上のページ数が必要になるのだが．

各巻は，年代順ではなく，読者が読みやすいよう分野ごとに章を置き，基礎的なものから発展的なものへと配列した．エッセイの性格上ひとつひとつは完結して書かれているので，寄せ集めのように思われるかもしれないが，元々物理は自由にあちこち羽ばたきながら世界の全体像を織っていくものなので，自由かつ想像力をかき立てる体系的な教科書になっていると思うがどうだろうか．さらに編集にあたって，江沢さんご自身があらためてすべてに目を通して，よりわかりやすい表現に書き直したり，加筆してくださって，さらにお得になっている．

● この選集は誰でも読めるか

少しページを繰ってごらんになればお分かりのように，この本は「短時間ですぐ分かる楽しい物理」ではないし，「数式なしの入門」でもない．数式も避けず，物理をじっくり楽しんでもらうための本である（もちろんV巻，VI巻は数式なし）．しかしどの論考もあらかじめの知識を前提することなく，最も基本的なところから展開するので，はじめから分からないということはない．本質を納得理解するために必要な数式は出てくるが，微分積分を始めとしてどれも第一歩から丁寧に導入されていく．江沢さんの書かれるものは途中を飛ばさないで段階をはっきり踏んでいくので（限られた字数でこれをするのは，普通は至難だ．そこが技のさえというものだろう），じっくり進んでいけば新しい世界の見え方に感動されると思う．分からなくなったら，戻ったり，さらに本やネットで調べるのは，まあ楽しみとしていただけたらと思う．

あえていえば，高校生のレベルなら十分に読み進められるだろう．さらに私たちが授業や輪講で試みた経験でいえば，この本の中のかなりの部分は，中学生さらに小学校高学年でも読むことが可能である．結局のところ，物理を楽しもうとすれば誰でも可能といえると思う．未来のことを考えると，若い人に読んでほしいのはもちろんだが，しかし，物理を楽しむのに年だからということもあるまい．

私たちはすべての人に本選集を手に取って読んでいただきたいと強く願うし，読めますよといいたい．一人では大変なときは仲間と一緒に，自分は文科系だからと断固拒否する方も，どうぞ，数式のない最後の2巻から読みはじめていただけば，物理のおもしろさを感じていただけるのではないだろうか．

● なぜわかりやすいか —— 物理学の社会的歴史的背景が書かれている

江沢さんの書かれたものが誰にとっても分かりやすい理由のひとつは，その法則の認識がどのように歴史的な議論と挫折からできあがってきたかが示されているからである．それも，よくある科学史の本のように，歴史的事実をそのまま並べるのでなく，科学者の考えたことを原典に基づいて徹底的に理解し，今の読者に理解できるような形に換骨奪胎して示してあるので，読者はあたかも当時の科学者と討論しているかのように感じられる．私たちも，講義を聴くとき，天下りで説明されるより，なぜ人間がそれに至ったのかを話してもらえると分かりやすいし忘れられないという経験を積み重ねてきているのではないか．

江沢さんは若い頃から物理学の理論が歴史的にどのようにできてきたかに興味があったようだ．大学院に進んだ頃から図書館にある古いドイツの雑誌「ツァイトシュリフト」で量子力学初期の論文，つまり原典，を読み耽ったエピソード（前掲『物理の歴史』解説）がある．

● 誰もが対等な物理の研究者？

さて，高校の木っ端（こっぱ）教師である私が，なぜ編集に参加し，解説を書いているのかといぶかしがられる向きもあるかもしれない．内輪になって申し訳ないが，私たちと江沢さんがなぜ知り合うようになったか，その後なぜおつきあいを楽しんできたかを少し書かせていただきたい．

教師・研究者・学生・市井の物理愛好家でつくる私たちの自主的な研究会である「東京物理サークル」が，恒例の夏の合宿に江沢さんに講演をお願いしたのが最初である．私たちは講演を教科指導に役立てようなどとの色気は出さず，みんなで純粋に知的好奇心に従って物理を楽しむものと考えていて，講師も参加者も，誰も対等平等に，遠慮なく，自分の意見を闘わせる．愚問であっても遠慮なし．江沢さんはそんな私たちにぴったりだった．そこからおつきあいしていただくようになった．

以来，私たちが江沢さんとのおつきあいを大切にしている一番大きな理由を改めて考えてみると，江沢さんが，教師も中学・高校生もいわば対等な一人前の研究仲間としてつきあってくださっているということだと感じている．

たとえばこんな様子．

私たちは全国の教師や生徒の疑問を集め解明する本（江沢 洋・東京物理サークル編著『物理なぜなぜ事典』日本評論社，2000．増補版 2011）を作ったが，その編集会議で「空はなぜ青く見えるか」が取り上げられたことがある．

通常の入門書には，空気の分子による太陽光の散乱において青が強く散乱されるからと書かれており，私たちもそのときまでそれに疑問をもっていなかった．すると，江沢さんが「それはどうだろうか」．場が色めき立つと，「空気の密度の揺らぎじゃないかな」．そういうとき江沢さんは決して上の立場から答えを押しつけず，こんなものがあるので読んでみたらどうかと文献を紹介される．手に入れにくいものはすぐにコピーを送ってくださる（どうしてこんなにすぐ必要な論文を取り出せるのかは七不思議のひとつ）．私たちはそれを読み解き，他の文献も調べ，自ら考え計算し直して体系化する．その間，江沢さんは対等に討論してくださる．

「教師自身が研究者たれ」というのが江沢さんの持論だということは，「高校で物理を教えるその裏付けにやはり研究活動が行われていなければならない」（本選集第 VI 巻『教育の場における物理』「物理学にも思想があることを理解させる」参照）と書かれていることで，後から知った．ここでいう研究は最先端の物理に取り組むプロの研究者のものとはもちろん違うので，江沢さんは「科学研究におけるゲリラ戦」と呼んでいる．だがしかし，「断っておかなければならないが，高等学校での研究をゲリラ活動に局限するつもりは毛頭ない」とも書いてある！

● 学生もまた

私たちは，自分が教える中学・高校生と，放課後に授業以外の自主的輪講を行い，また物理オリンピックやポーランド主催の国際物理学コンテストに，江沢さんの示唆で参加し，何度か賞を得ることもできた．

そういう自主的研究に学生が長期間取り組むとき，誰でも知っていることだが，「もうこれはだめだ」と思える困難に何度もぶつかる．そういうとき江沢さんにつきあっていただくことがあった．実績にもお金にもならない私たちのお願いに喜んで応じてくださって，学校にスタスタと歩いて来られる．まず「じゃちょっと黒板で説明してみて」と言われ，説明を黙って聞かれる．学生の困難には直接答えず，「こう考えてみたらどうだろうか」と提案されて相手の考えを待つ．ときにはそのまま宿題に．横から見ていてもあたかも研究室の討論のようだ．一人前に扱われて奮い立たない若者はいない．江沢さんにつきあってもらったあと，難しくて自分には無理だとあきらめる学生は一人もいない．ほとんどの学生がその後物理への道を歩んでいる．

私たちの学校での授業もそうだが，ただ上から教えられるのでなく，対等に議論したことは決して忘れられず，その人の中に新しい世界を開く．江沢さんの文章を読むということは，今そのことを詳しく論証する余裕はないが，実はそのような知的経験を読者に生み出すということだと思っている．

また，同じテーマで書かれた文章でも，ひとつとして繰り返しはなく，新たに，オリジナルな推論や計算が加えられているというのも，読む喜びである．それをできるだけ多くの人に広めたいと願っていたので，編集のお誘いがあったとき，非才を顧みず飛びついたわけである．私のために価値を損じないかと恐れながら．解説がやや高校生向けに傾いているとしたら職業柄で，そこはご容赦願いたい．

*

● 第I巻は古典物理学編

ニュートン力学を中心とする古典物理学は，目に見える世界の物理学でもあるし，いろいろな分野の基礎となる．

第1部　次元と対称性

電流はそのまわりに右回りの磁場を作ることは，最近は小学校でも習う．でも読者は，なぜ電流の下に置かれた磁針の北極が電流の向きでなく，右でもなく左を指すのか，と疑問に思われたことがあるのではないか．そこから最初の3編の「対称性」の議論が始まる．鏡に映したら？　磁力線が反対回りだからそれは違う世界になるのか．でも，そもそも磁力線の向きはどのように決めるのか？　と楽しく想像できる．

物理で対称性というのは，対象にある変換を施しても，法則（方程式）が不変なものという意味である．変換とは，たとえば観測者の座標軸の取り方を変える，観測者の運動状態や尺度（単位）を変える，鏡に映す，時間を逆回しにする，などである．鏡の中の世界と実在の世界は同じ法則になるのか，どのようにしてもそれはできないのか．数学的で抽象的な話に思われるかもしれないが，そこには物理的考察と想像力が必要だ．そして対称性の考察だけから，磁場から電流に働く力や，物どうしの相互作用のあり方や性質が決まっていくという驚き．互いに運動する観測者から見て法則が同じであることから相対性原理につながり，空間の各場所での対称性からゲージ不変性につながる．

この対称性こそ数学や物理学の本質を表しているとも考えられている．本巻p.20では，数学者F.クライン(1849–1925)の「幾何学とは何か」についての「エルランゲン・プログラム」の言葉が引用されている．物理でもP.A.M.ディラックの有名な教科書『量子力学』（朝永振一郎他訳，岩波書店，第4版，改訂版，2017）の第1版のまえがきに，「これらの法則を式にまとめるには数学の変換の理論を用いなければならない．この世界の重要な事柄はそういう変換に対して不変な量（あるいはもっと一般にはほとんど不変な量，すなわち簡単な変換の性質をもった量）として現われる」「変換の理論はまず相対論に，そして後に量子論に適用され，盛んに用いられるようになったが，これが理論物理学の新しい方法の本質である．そして理論の進歩してゆく方向は，方程式をますます広い変換に対して不変なものにすることに向っている」とある．筆者は学生時代にこれを読んだときの感激をよく覚えている．

対称性は具体的な問題にも使える．本巻には収録できなかったが，国際物理オリンピックの具体的な磁場を求める問題に江沢さんは対称性を使った見事な解答を与えたことがある（江沢 洋・上條隆志・東京物理サークル編『教室からとびだせ物理――物理オリンピックの問題と解答』数学書房，2011）．

「物理量ノート」以下は単位と次元の話になる．単位というのは，たとえばm, kg, sなど．このほかに自然単位もある．方程式の両辺の単位の組み合わせが一致していなくてはならないということから，未知の世界の法則を推理しようとするのがここでいう次元解析．ラザフォードと長岡の模型で用いられる原子の世界に関わるふたつの定数，電子の電荷と質量の単位をどう組み合わせても長さの単位が出せない，すなわち原子の大きさを決める何かが欠けているはずという朝永振一郎

『量子力学』I（みすず書房，1969）に出てくる議論を紹介し，そこにプランクの作用量子が必要なことを分かりやすく説明する．

このように新たな発展を開くのに役立つ次元解析にも困難があることを，（あまり知られていない）レイリー卿にはじまる論争の歴史でさらに示す．物理とはこのように常にいろいろな立場から批判的検討をする．そこが面白い．

次元にはもうひとつの面がある．いわゆる空間の次元である．「$1, 2, 3.99\cdots, \infty$ 次元」での，波の伝わり方が偶数次元と奇数次元で異なる話は目から鱗である．ホイヘンスの原理は奇数次元でなりたつ？　3.99 次元や無限次元の話などは，誰かと話さずにはいられないだろう．

『理科年表』を見てみると，光の速さに測定の誤差がついていない？　いや，これは「光の速さは定義になった」から．「いまや時間はミクロである」と合わせて，現代の単位の決め方を正確に，具体的に分かりやすく書かれている．実は私たちが学校教科書でなじんできた kg 原器ももうじきなくなる．

第2部　古典力学の世界像

物理に興味をもって初めて学ぼうとする人や中学・高校生は，本書をまずこの章の「高校物理に微積分の思想を」から読みはじめるのがいいと思う．物理に不可欠の微分積分を，具体例を用いてゆっくりと寄り道しながら進む．私の勝手な思いだが，数学で微分積分を学ぶより，物理で具体な運動を考え，無限小って一体どのくらい小さいのかと問いかけながら学んだ方が，ずっと分かりやすいのではないか．運動における瞬間の速度とは何かが明確になるまで歴史的にどれだけの時間と議論がかかったのかを体感することはとても大切だ．さらに今回，物理で先に進むと必要になる三角関数の微積分の部分が新たに書き下ろされたので，教科書として，とりあえずこれをひととおりやればよいというものになった．

ニュートンはライプニッツと並ん微分積分の創始者であるが，力と運動の法則を確立した彼の主著『プリンキピア』では微分積分を使わず，幾何学の言葉で書いている．微積分を理解した上で改めて「ニュートンは何を見たか」にもどって，ニュートンはどのように力学法則を示したのか，どのように微分積分である流率法に至ったのかを読むといいのではないか．幾何で表すのはかなり難解だが，江沢さんは中学生にも理解できる形で咀嚼し示す．ニュートンの考えと向かい合い，ニュートンと対話する気分が味わえる．

運動方程式は力と運動を結びつけている．微分積分で速度・加速度が分かったとしても，力の概念はまた相対的に独立なので，「力とは何か」が必要だ．

力という概念の出発点は押すという筋肉感覚と物体同士の接触だろうが，それははじめから運動との関わりをもっていた．そこから，力のベクトル性，運動を変化させるものということが発見され，さらに遠隔力，場への，力学の発展歴史が整理されている．力とは何かというような問いはなかなか難しい．ひとつの答えはこのように歴史的に概念を検討することだろう．

力と運動の法則を学んだ後，力学の現象への適用へと進む．「自動車を走らせる力は何か」は異色作である．というのは，物理学者は普通こういうことにあまり手を出さないからだ．そしてこういう解析は簡単なようでいて実は難しい．特にこの，自動車は摩擦力で進むというのは正しいか，さらに駆動力とは何かという議論は，教育の現場では自分の言葉で説明しようとすると困難で，このように厳密に議論したものは少ない．江沢さんの幅の広さでもあるし，教師や学生にとって必読だ．

あなたが中学生以上で，自分の頭で考え手を動かして楽しもうと思うなら，次の「世界像を組み上げてゆくために」が向いている．これはもともと岩波ジュニア新書（岩波書店編集部編『科学のすすめ』1998）のために書かれたものだ．光がパラボラ・アンテナで集まるとは何か，光線で表せば焦点で交わる，しかし，波という別の視点で考えれば，本当に焦点で波として重なって強め合っていることになるのか．さらに話は楕円の鏡から，なんと惑星の運動に進み，さらに万有引力が距離の逆二乗に比例することを導く．中学生でも分かる幾何で求め，微分積分の手ほどきまでする．物理を学ぶ目的のひとつは，このように自由にいろいろな視点から物理的世界像を組み上げること．自由な構想力を試してみたくなるだろう．

「海王星大接近の力学」では新聞記事を題材に，社会的な話題の解析に向かう．1989 年に起こったヴォイジャー 2 号の海王星接近についての報道に感じた疑問を新聞のデータを用いてチェックし，その数値が矛盾していることを示す．

本巻には載せていないが，江沢さんは福知山線列車事故，放射線臨界事故などについても，敢えて公表されたデータを元に解析し発表されている．新聞に載ったデータのみでどこまでいえるか．批判的に納得いくまで検証する．日本ではこのように物理学者が社会問題に取り組み発言することがあまりに少ない．勇気が必要だが，科学者の大切なあり方ではないか．アメリカの「 Physics Today」などには，「ミサイル防衛は可能か」とか，政府の科学政策などに積極的発言がよく見られる．

「小谷–朝永のマグネトロン研究」は，力学が電磁気の世界でも必要であること示すと同時に，第二次大戦中の軍事研究と物理学の状況という歴史にも触れる．日本海軍は強力な電波の発信源である磁電管（電子レンジにも使われるマグネトロン）の研究を進めるが，その動作機構について分からないことが多く，仁科芳雄を通じて物理学者に協力を求めた．これを解くには振動する電磁場の中の電子の集団の運動を求める必要がある．基本的な解決は朝永振一郎によってなされたが，それを小谷正雄がより簡単で分かりやすい方法で表現した，その解説である．電子の運動は古典力学によって解かれる．力学が物理のいろいろな分野の基礎であることを示し，軍事と物理の関係の歴史としても貴重な証言である．

力学の部の最後に，運動法則 $f = ma$ の別のいい表し方として「最小作用の原理」が紹介される．微分による運動方程式という形式は，いわばある瞬間とごく近い未来との因果関係を記述するが，変分法に基づく最小作用の原理は積分的に運動全体を見るという，世界の別の見方を提示する．はじめて出てくる偏微分についても説明があるので，「高校物理に微積分の思想を」で微分積分を学習した読者なら読み進められるだろう．物理は同じものをいくつもの違う見方から自由に考える．そしてそれが新たな展望をも開く．その自由さが印象的だ．

第 3 部　ブラウン運動と統計力学

個々の原子は運動の法則に従うとしても，多数の原子や分子の集団はまた別の段階の質をもつ．統計物理学はギブスの理論をもとに展開することが多いが，ここではアインシュタインを軸にした特色あるものになっている．江沢さんの慧眼である．

アインシュタインといえば，ほとんどの人は相対性理論を思い浮かべるが，実は卒論のテーマは「熱伝導の理論」であり，1901 年 の処女論文から 1905 年の第 6 論文「分子の大きさの新しい決定法」まですべて「熱」に関わるものである．原子分子の実在がまだ仮説の時代に，彼が一貫して原子論の立場に立ち，物質が多数の原子でできているとして，統一した世界像を貫こうとした立場を，江沢さんは評価している．アインシュタインは原子分子の力学をもとにした統計的手法で，少数の簡単な仮定から正準分布を導き，エントロピーの定義を導く．なるほどこれは実に鮮やかで，物事の本質を簡潔に見抜く彼の才能は感動的だ．彼の統計力学はその原子論的立場の一貫性ゆえに，平衡状態の統計物理を越えて，揺らぎの導出に至り，原子の存在に決定的な証拠となるペランの実験につながり，輻射の量子論へつながる．このあたりは江沢さんの名著『だれが原子をみたか』（岩波現代文庫，2013）に詳しい．

ただ，江沢さんはアインシュタインは天才だからと済ますことなく，常にそこにどういう個人的，社会的な必然性が流れているかを見いだそうとしている．この態度は本選集第 III 巻の量子力学のボーアの評価にも一貫している．

さらに直観的なアインシュタインの方程式から，微視的なランジュバンの運動方程式へ向かい，確率過程の方程式による数学的な整理とその裏にある物理的分析が行われるが，それぞれの方程式にともなうパラドックスを読者と共にオリジナルな計算で検討しながら進むので，読者にも自然な展開となっている．

ここで一言，付け加えさせていただく．

江沢さんの文章は端正にして明晰で，日本語として模範になる文章だと思う．言葉の隅々まで，助詞まで気を遣っておられる（還暦祝いのパーティーのお返しが『広辞苑』だった）．内容だけでなく文章もまた大いに勉強になる．

しかし，科学として正確な表現をしようとすると多少のきしみは出るものだ．日本語には少ない複数表現のために，たとえば江沢さんは「電子たち」と表現する．これについて「朝永振一郎氏はその言い方は人にしか使わない」と人づてに聞かれて（本巻 p.44），江沢さんでさえも多少気にされているのは，失礼をお許しいただければ，微笑ましい．

このような選集を企画し，その実現に尽力してくださった亀書房の亀井哲治郎さんには（そして入力を手伝ってくださったご家族にも），編著者の江沢さんともども心から感謝したい．

なお，本書第 1 刷発行後，読者の石川幸一さん（元岐阜県立高校教諭・富山 YMCA フリー・スクール講師）から，「惑星の運動」の部分での誤植と証明の誤りのご指摘に加えエレガントな修正案をいただき，第 2 刷に反映させることができた（詳細は日本評論社ホームページ掲載の正誤表を参照）．深く感謝したい．

初出一覧

1. パリティの問題

　「数理科学」1976年4月号，特集／右と左，サイエンス社．のちに坪井忠二他『右と左』サイエンス社（1980）に収録．

2. 対称でないものは基本法則でない——ベクトルの変換を例として

　「数理科学」1989年4月号，特集／物理と数学—自然を「みる目」と「語る言葉」，サイエンス社．のちに『続・物理学の視点』培風館（1991），別冊・数理科学『「力」とは何か』サイエンス社（1995）に収録．

3. なぜローレンツの力は速度に垂直か？

　別冊・数理科学『「力」とは何か』サイエンス社（1995）．書き下ろし．

4. 物理量ノート

　「数学セミナー」1979年7月号，10月号，1980年2月号，日本評論社．

5. $1, 2, 3.99\cdots, \infty$ 次元の物理

　「数理科学」1973年12月号，特集／次元，ダイヤモンド社．のちに，前半は「空間次元の偶奇と波の伝播」として『量子と場—物理量ノート』ダイヤモンド社 (1976) に，後半は別冊・数理科学『場の物理と数理——素粒子から物性まで』サイエンス社 (1991) に，それぞれ収録．

6. 光速 c——光の速さは定義になった

　「数理科学」1988年5月号，サイエンス社．

7. いまや時間はミクロである

　「数理科学」1977年9月号，サイエンス社．

8. ニュートンは何を見たか

　「数理科学」2010年5月号，サイエンス社．

9. 高校物理に微積分の思想を

　「速度と加速度」は『物理学の視点』培風館 (1983) にて書き下ろし．「拡がる世界」は本選集にて書き下ろし．

10. 力とは何か——その歴史と原理

　「数理科学」1989年11月号，サイエンス社．のちに『続・物理学の視点』培風館 (1991) に収録．

11. 自動車を走らせる力は何か

　「数学セミナー」1989年5月号，日本評論社．

12. 世界像を組み上げてゆくために

　岩波書店編集部編『科学のすすめ』岩波ジュニア新書，岩波書店 (1998).

13. 海王星大接近の力学
「数学セミナー」1989 年 12 月号，日本評論社.
14. 小谷–朝永のマグネトロン研究
「日本物理学会誌」1994 年 12 月号，日本物理学会.
15. 最小作用の原理
「数理科学」1990 年 5 月号，サイエンス社.

16. 統計力学へのアインシュタインの寄与
P.C. アイヘルブルク–R.U. ゼクスル編『アインシュタイン ── 物理学・哲学・政治への影響』江沢 洋・亀井 理・林 憲二訳，岩波現代選書，岩波書店 (1979)，新版 2005.
17. ブラウン運動と統計力学
「自然」1979 年 4 月号，中央公論社．のちに『物理学の視点』培風館 (1983) に収録.
18. ブラウン運動とアインシュタイン
「大学の物理教育」2006 年 3 月号，日本物理学会.
19. ランジュバン方程式のパラドクス
「固体物理」1982 年 4 月号，アグネ技術センター．のちに『物理学の視点』培風館 (1983) に収録.

人名一覧

アインシュタイン	Albert Einstein	1879–1955
アヴォガドロ	Amedeo Avogadro	1776–1856
アリストテレス	Aristotelēs	384–322B.C.
アルキメデス	Archimedes	287–212B.C.
アンペール	André–Marie Ampère	1775–1836
伊藤 清		1915–2008
伊藤庸二		1901–1955
ヴァリニョン	Pierre Varignon	1654–1722
ウィーナー	Norbert Wiener	1894–1964
ウィルソン	Kenneth Geddes Wilson	1936–2013
ウェーバー	Joseph Weber	1919–2000
ウェルトン	Theodore Allen Welton	1918–2010
ヴォルタ	Alessandro Volta	1745–1827
ウーレンベック	George Eugene Uhlenbeck	1900–1988
エアトン	William Edward Ayrton	1847–1908
エクスナー	Franz Serafin Exner	1849–1926
エールステッド	Hans Christian Oersted	1777-1851
エーレンフェスト	Paul Ehrenfest	1880–1933
(エーレンフェスト夫人)	Tatyana Ehrenfest-Afanassjewa	1876–1964
岡部金次郎		1896–1984
オストヴァルト	Friedrich Wilhelm Ostwald	1853–1932
小田 稔		1923–2001
ガウス	Carl Friedrich Gauss	1777–1855
カダノフ	Leo Philip Kadanoff	1937–2015
ガリレオ	Galileo Galilei	1564–1642
カレン	Herbert Bernard Callen	1919–1993
菊池正士		1902–1974
木原太郎		1917–2001
ギブス	Josiah Willard Gibbs	1839–1903

キャヴェンディッシュ	Henry Cavendish	1731–1810
キュリー	Pierre Curie	1859–1906
グーイ	Louis Georges Gouy	1854–1926
クーパー	Leon Neil Cooper	1930–
久保亮五		1920–1995
クライン	Felix Christian Klein	1849–1925
クラウジウス	Rudolf Julius Emmanuel Clausius	1822-1888
クーロン	Charles-Augustin de Coulomb	1736–1806
クーン	Thomas Samuel Kuhn	1922–1996
ケプラー	Johannes Kepler	1571–1630
ケルヴィン卿	Lord Kelvin, William Thomson	1824–1907
コーシー	Augustin-Louis Cauchy	1789–1857
小谷正雄		1906–1993
コーツ	Roger Cotes	1682–1716
コリオリ	Gaspard-Gustave de Coriolis	1792–1843
ジグモンディ	Richard Adolf Zsigmondy	1865–1929
ジーデントップ	Henry Friedrich Wilhelm Siedentopf	1872–1940
シュテファン	Joseph Stefan	1835–1893
ジュール	James Prescott Joule	1818–1889
シュレーディンガー	Erwin Rudolf Josef Alexander Schrödinger	1887–1961
ジーンズ	James Hopwood Jeans	1877–1946
スウェドベリ	Theodor Svedberg	1884–1971
ステヴィン	Simon Stevin	1548–1620
ストークス	George Gabriel Stokes	1819–1903
スモールコフスキー	Marian (von) Smoluchowski	1872–1917
ゾンマーフェルト	Arnold Johannes Sommerfeld	1868–1951
ダイソン	Freeman John Dyson	1923–
高橋秀俊		1915–1985
ダランベール	Jean Le Rond d'Alembert	1717–1783
チェビシェフ	Pafnuty Lvovich Chebyshev	1821–1894
ディラック	Paul Adrien Maurice Dirac	1902–1984
デカルト	René Descartes	1596–1650
デュロン	Pierre Louis Dulong	1785–1838

ド・ブロイ	Louis-Victor de Broglie	1892–1987
朝永振一郎		1906–1979
ナイキスト	Harry Nyquist	1889–1976
長岡半太郎		1865–1950
ニュートン	Isaac Newton	1643–1727
ネルンスト	Walther Hermann Nernst	1864–1941
萩原雄祐		1897–1979
バークリ大僧正	George Berkeley	1685–1753
ハミルトン	William Rowan Hamilton	1805–1865
ハレー	Edmond Halley	1656–1742
ビュリダン	Jean Buridan	ca.1295–ca.1358
ファインマン	Richard Phillips Feynman	1918–1988
ファラデー	Michael Faraday	1791–1867
フィッシャー	Michael Ellis Fisher	1931–
フェルミ	Enrico Fermi	1901–1954
藤岡由夫		1903–1976
フック	Robert Hooke	1635–1703
プチ	Alexis Thérèse Petit	1791–1820
ブラウン	Robert Brown	1773–1858
プランク	Max Karl Ernst Ludwig Planck	1858–1947
ブリッジマン	Percy Williams Bridgman	1882–1961
ベラヴィティス	Giusto Bellavitis	1803–1880
ペラン	Jean Baptiste Perrin	1870–1942
ヘルツ	Heinrich Rudolf Hertz	1857–1894
ベルヌーイ	Daniel Bernoulli	1700–1782
ペンバートン	Henry Pemberton	1694–1771
ボーア	Niels Henrik David Bohr	1885–1962
ホイヘンス	Christiaan Huygens	1629–1695
ボース	Satyendra Nath Bose	1894–1974
ホプキンソン	John Hopkinson	1849–1898
ボルツマン	Ludwig Eduard Boltzmann	1844–1906
ボルン	Max Born	1882–1970
マイケルソン	Albert Abraham Michelson	1852–1931
マクスウェル	James Clerk Maxwell	1831–1879

マッハ	Ernst Waldfried Josef Wenzel Mach	1838–1916
水間正一郎		1912–1981
宮島龍興		1916-2007
モーペルチュイ	Pierre Louis Moreau de Maupertuis	1698–1759
ヤン	楊振寧 (Yang Chen Ning)	1922–
吉田耕作		1909–1990
ライプニッツ	Gottefried Wilhelm von Leibniz	1646–1716
ラザフォード	Ernest Rutherford	1871–1937
ラムゼイ	Norman Foster Ramsey	1915–2011
ラーモア	Joseph Larmor	1857–1942
ランジュバン	Paul Langevin	1812–1946
リー	李政道 (Lee Tsung Dao)	1926–
リウヴィル	Joseph Liouville	1809–1882
リャブチンスキー	Dimitri Pavlovitch Riabouchinsky	1882–1961
レイリー卿	Lord Rayleigh, John William Strutt	1842–1919
レヴィ	Paul Lévy	1886–1971
レンツ	Heinrich Friedrich Emil Lenz	1804–1865
ローシュミット	Johann Josef Loschmidt	1821–1895
ローレンツ	Hendrik Antoon Lorentz	1853–1928
ロンドン	Fritz Wolfgang London	1900–1954

索引

α 粒子　261
B - K 管　197
cgs 単位系　45
CODATA　83
Ito calculus　275
MKS 単位系　36, 38
push-pull 型　203
SI 単位系　36

アインシュタイン　100, 224, 249, 267
　——の学位論文　250
　——の関係式　268
アヴォガドロ数　233, 252, 259, 274
　——の精密決定　260
アリストテレス　148
アルキメデス　150
アンテナ　199
アンペア
　——の定義　31
アンペール　5

異常次元　75
イジング　75
　——的　67
位相空間　226, 262
位置エネルギー
　重力場の——　191
位置ベクトル　23
伊藤 清　261, 294
伊藤庸二　196, 197
因果律　244
　力学的——　19
インペートゥス　155

ヴァリニョン　155
ウィーナー　261, 273
　——過程　275, 289
ウィルソン　66
ウィーンの変位則　231
ヴォイジャー 2 号　190
宇宙
　——の構造　157
　——の年齢　225
　2 次元——における対称性　15
ウーレンベック　75
運動の法則　24
運動の量　156
運動法則
　ニュートンの——　185
運動方程式　209, 220, 253
　——の形が不変　20
　——の鏡映　16
　回転の——　171
　自動車の——　172

エアトン　86
　——のピアノ　87
衛星放送　174
エクスナー　258
エネルギー
　——準位　37, 99
　　——の超微細構造　94
　——の等分配の法則　232, 237, 257, 281
　——保存の法則　251
エールステッド　2, 4
エルランゲン・プログラム　20
エーレンフェスト　50, 240
　——夫人　50
遠隔作用　160
エントロピー
　——増大の法則　229, 250
　——と確率の関係　230, 265
　——の力学的表式　229, 265
　混合の——　241

岡部金次郎　198
大きさのオーダー　49

オストヴァルト　251, 260
小田 稔　197, 207
音　57
小野忠五郎　87
温度　228, 264

海王星　190
解析幾何学　181
回転するバケツ　111
ガウス分布　258, 292
鏡
　点状の——　22
可逆的熱伝導　243
拡散　252, 253
　——係数　269
　——方程式　269
確率論　244, 249, 258
カジョリ　165
カスパーソン　33
加速度　24
カダノフ　69
カノニカル分布
　= 正準集団　265
雷　2
ガリレオ　156
カルノー　267
干渉　177
　——縞　177
慣性能率　170
観測　96

菊池正士　197
軌跡　179
気体
　——の拡散　253
　——の比熱　253
　——分子運動論　225, 252
　——分子の速度分布　227, 252
　——論　267
軌道
　——の形　212
機動力　112
木原太郎　205
ギブス　224, 254
擬ベクトル (=ギ・ベクトル)　17, 23
基本単位　36
キャヴェンディッシュ (キャベンディッシュ)
　　39, 55
キュリー，ピエール　75
鏡映
　位置ベクトルの——　23
　運動方程式の——　16
　磁束密度の場の——　27
　速度の——　24
　力の場の——　24
　電場の——　25
境界条件　200
共鳴
　——吸収　96
　——曲線　99
　——空洞　203
　——子　236
　——条件　202
　——振動数　203
近接作用　160

グーイ　267
駆動力　167
クーパー・ペア　243
クライン　20
くりこみ
　——群　72
　——変換　72
クーロン
　——の法則　26, 40
　——場　26
クーン　237

結晶　67
ケルヴィン (=W. トムソン)　84
限外顕微鏡　257
原子
　——の実在　225, 252, 257
　——スペクトル　36
　——時計　79, 90, 95, 100
　　——の世界一周　100
　——模型
　　J.J. トムソンの——　46
　　長岡半太郎の——　45
　　ボーアの——　49
　　ラザフォードの——　45
　——論　252

構造定数　44, 47

光速　43
光量子　235
国際
　—— 学術連合会議 (ICSU)　79
　—— キログラム原器　37
　—— 度量衡委員会　78, 89
　—— 度量衡総会　37
小谷正雄　197
　—— の定理　206
古典熱力学　257
コリオリ　158
コロイド粒子　233
ころがりマサツ　169
近藤洋逸　147
コンプレクシオン　230
　ボースの ——　241

最小作用の原理
　ハミルトンの ——　210
　モーペルチュイの ——　211
最短時間の原理
　フェルマーの ——　213
座標軸
　—— は勝手に選べる　10
作用点　168
作用と反作用の法則　25
散逸　269

ジオイド　37, 78
磁化　66
時間
　—— の単位　36
　—— 反転　18, 28, 29, 253
　　加速度の ——　29
　　磁束密度の ——　30
　　速度の ——　29
　　力の ——　29
　　電場の ——　29
　　ローレンツの力の ——　30
磁気双極子　206
磁気能率　90
ジグモンディ　257
次元　57
　—— の偶奇　57
　磁束密度の ——　31
次元解析　49, 50, 74
磁石　2
磁針　2
磁性体　66
自然単位　43
『自然哲学の数学的諸原理』　111
自然法則　16, 18
　未来向きの ——　18
磁束密度
　—— が電荷におよぼす力　28, 30, 33
　—— が電流におよぼす力　32
　—— の場の鏡映　26
　円形電流のつくる ——　26
　直線電流のまわりの ——　27
志田林三郎　86
質量
　—— の単位　37, 42
磁電管　197
ジーデントップ　257
自動車
　—— の運動方程式　172
自発磁化　68
自発放射　239
島田実験所　197
下村寅太郎　147
自由エネルギー　69, 71
集団平均　281
周転円　201
重力加速度　169
シュテファン　253
ジュール　252
シュレーディンガー　50, 240, 242
　—— の方程式　96
状態空間
　無限次元の ——　69
状態和　68
焦点　177, 179
初期条件　46
真空
　—— の透磁率　31, 81
　—— の誘電率　81
ジーンズ　235

水晶
　—— 時計の精度　90, 94
　—— 振動子　90
スヴェドベリ　233
スカラー積　188
スタンレイ　67

ステヴィン　152
ストークス　273
　——の法則　273
ストラットン　33
スピン　66, 94
　——の島　70
　超——　71
スモールコフスキー　261, 270

正準集団　226, 243
　微視的——　226
静水圧　168
静電単位　45, 85
セシウム原子
　——の共鳴曲線　92
絶縁体　160
絶対
　——空間　111
　——電気計　84
遷移　98
遷移確率　239

相関
　——関数　272
　——距離　71
相剋　5
相互作用　94
　——定数　71
　分子の——　249
相似性　54
相対性理論
　——的効果　78, 101
双対定理　206
　電磁波の回折に関する——　205
相反定理　206
速度　19, 24
　——分布　227
ソルヴェイ会議　233

対称　15
　自然法則は——　24
　——性
　　2次元宇宙における——　15
ダイソン　76
第二次世界大戦　197
代表点　264
楕円
　——を描く　180
ダランベール　159

チェビシェフ
　——の定理　294
力
　——の能率　171
　——の場　15
　速度に依存する——　19
地球
　——の自転　88
秩序度　66
中心極限定理　258, 286
中心力　16
超短波　206
超微細準位　36, 88
超流動　243
直角座標系　174

月
　——の公転　89

定数変化法　201
適用限界　254
デュドネ　21
デュロン－プティの法則　237
電荷
　——が磁束密度から受ける力　33
電気双極子　206
電気力線　160
電気量
　——の単位　41
電磁単位　85
電磁波　82
点電荷　25
電場　25
電流
　——が磁束密度から受ける力　32
　——の単位　36

東京天文台　100
統計
　フェルミ－ディラックの——　238
　ボース－アインシュタインの——　238
統計力学
　——の基礎　249, 254
　——の基本原理　224

『統計力学の基本原理』
　ギブスの——　244, 267
等重率の原理　263
特性行列　199
ド・ブロイ　50, 242
J.J. トムソン　86
朝永振一郎　44, 196
ドルーデ　237

長岡半太郎　197
長さ
　——の単位　37

仁科芳雄　198
2 乗平均の平方根　93
入射光線　176
ニュートリノ　6
　左ネジ——　8
ニュートン
　——の運動 (の) 法則　158, 185
ニュートン (単位)　38

捩れ秤　39
熱
　——伝導率　253
　——の物理　250
　——の分子運動論　267
熱平衡　225, 249, 261, 267
熱浴　227, 231
熱力学　224
　——の基礎　224, 228
　——の第一法則，主則　251
　——の第三法則，主則　238
　——の第二法則，主則　229, 249
　——の適用限界　254, 257
　——の分子論的な基礎　254
『熱力学』　254
熱溜　254, 262, 264
ネルンスト　238
粘性　252
　——係数　281
　——抵抗　253, 290

場
　渦なしの——　161
　渦のある——　161
　回転対称な——　15
　重力の——　161
　力の——　15, 161
媒質　106, 159
萩原雄祐　196, 197
発振　201
波動関数　96
波動方程式
　シュレーディンガーの——　163
波動力学
　——の曙光　242
パラドックス　283
　ギブスの——　241
　ランジュバン方程式の——　284
パラボラ・アンテナ　174
パリティ　6
　——の対称性　6
　——の対称性の破れ　7
ハル　198
反作用　112
万有引力
　——の逆 2 乗法則　185
　球対称な物体の——　40

非可逆性　253
光の速さ　77
比熱　234, 237
　——の量子論　237, 244
ビュリダン　155
秒
　——の定義　89
標準偏差　258
ヒルベルト　21

ファインマン　189, 222
ファラデー　160
フィッシャー　66
不確定性原理　93
輻射
　シュテファン－ボルツマンの法則　231
　——のプランク理論　234
　熱——の公式　259
　プランクの——式　234
輻射公式
　ウィーンの——　235
　プランクの——　224, 233, 235
　レイリー－ジーンズの——　235
藤岡由夫　198
物理懇談会　197

物理的直観　54
物理量
　単位の変換による——の変換　20
ブラウン　255
ブラウン運動　224, 232, 255, 276
ブラウン粒子
　——の高度分布　274
　——の速度　258, 288, 292
　——の速度とランダム力の相関　290
　——の 2 乗平均変位　281
フラクション　110
プランク　254
　——のコンプレクシオン　234
　——の熱輻射の公式　224, 235, 259
　——の輻射論　237
　——理論の基礎　236
プランクの定数　43
ブリッジマン　54
『プリンキピア』　110
分子
　——の実在　260
　　——の証明　233

平均自由行程　252
平均太陽日　37, 89
平行四辺形の法則　155
ベクトル　154
　——成分の変換　12
　——の定義　13
　——の矢印による表現　11
　擬——　17, 23
ペラン　233, 259, 274
ペリー　86
ヘルツ　83, 266
ベルヌーイ　158

ボーア　49
　——半径　49
ポアンカレ　267
放物線　174
放物面鏡　174
包絡線　182
ボゴリウボフ　202
ボース–アインシュタイン (の) 統計　241, 266
ボース–アインシュタイン凝縮　243
発作　106
ポテンシャル・エネルギー　162
ホドグラフ　183
ボルタの電堆　2
ボルツマン　224, 225, 252, 261, 267
　——因子　68
　——定数　68, 256
ボルン　200, 224

マイケルソン　87
マクスウェル　224, 225, 252, 261
　——方程式　26, 83, 203
　——理論　81
マグネトロン　198, 199
マサツ力　159, 166
マッハ　151, 164, 251, 261, 267

ミクロカノニカル集団
　＝微視的正準集団　263
水間正一郎　197
未知の法則を推理　49
宮島龍興　197

メートル原器　37, 77
メートル法　37
面積速度　112, 185

ヤン　7

唯物論
　科学的——　251
誘導単位　38, 42
揺らぎ　224, 244, 254
　位置の——　269
　エネルギーの——　231

揺動散逸定理　268, 274, 290
揺動力　270, 275
吉田耕作　57

ライデン瓶　2
ラビ　90
ラプラスの方程式　200
ラムゼイ　92
ラムゼイ・パターン　93
ランジュバン　261, 270, 281
　——(の) 方程式　275, 280
J. ラーマー　53

リー　7

リウヴィル
　——の定理　227, 264
『力学の批判的発展史』　112
力線　160
立体回路　199
リャブチンスキー　50
粒子と波動の二重性　239
流体
　粘性のない——　51
　非圧縮性——　51
流率　110
流率法　107
流量　110
量子　234
　——相互の不思議な影響　239
　力学的な領域における——　237
量子条件
　ゾンマーフェルトの——　242
　ボーアの——　242
量子統計力学　224
量子力学　96, 163
臨界現象
　——の普遍性　67
　磁性の——　75
臨界指数　66
臨界点　72
　——近傍　73

レイリー　50, 235
レヴィ　261
レーザー
　——の振動数の安定化　79

ローシュミット　253
ロバート・ブラウン　232
ローレンツ　273
ローレンツ力　33
ロンドン　243

惑星
　——の公転　89
渡辺 寧　197
渡辺 譲　197

●プロフィール

江沢 洋（えざわ・ひろし）

1932年　東京に生まれる．
旧制中学1年から新制高校（群馬県立太田高校）第2学年まで，群馬県の今でいう邑楽郡大泉町で過ごし，高校3年の春，東京都立両国高校に転校．
1951年　東京大学理科一類に入学．
1955年　東京大学理学部物理学科を卒業．
1960年　東京大学大学院数物系研究科物理学課程を修了．「超高エネルギー核子衝突による中間子多重発生の理論」により理学博士．4月より東京大学理学部助手．
1963年9月より1967年2月まで，アメリカのメリーランド大学，イリノイ大学，ウィスコンシン大学，ドイツのハンブルク大学理論物理学研究所などで，研究生活を送る．
帰国後，東京大学理学部講師．
1967年4月より学習院大学助教授，1970年4月より学習院大学教授を務める．
1998年3月　学習院大学を定年退職．名誉教授．
1995年9月より1年間，日本物理学会会長．
1997年7月より2005年9月まで（第17期～第19期），日本学術会議会員．

主な著書：
『だれが原子をみたか』，岩波科学の本，のちに岩波現代文庫，岩波書店．
『量子と場 ── 物理学ノート』，ダイヤモンド社．
『物理学の視点 ── 力学・確率・量子』『続・物理学の視点 ── 時空・量子飛躍・ゲージ場』，培風館．
『理科を歩む ── 歴史に学ぶ』『理科が危ない ── 明日のために』，新曜社．
『物理法則はいかにして発見されたか』，ファインマン著，江沢 洋訳，岩波現代文庫，岩波書店．
『現代物理学』，朝倉書店．
『物理は自由だ1 (力学)』『物理は自由だ2 (静電磁場の物理)』，日本評論社．
『力学 ── 高校生・大学生のために』，日本評論社．
『解析力学』，新物理学シリーズ，培風館．
『量子力学 I, II』，湯川秀樹監修，豊田利幸らと共著，岩波講座・現代物理学の基礎，岩波書店．
『量子力学（I），（II）』，裳華房．
『相対性理論とは？』，日本評論社．
『相対性理論』，基礎物理学選書，裳華房．
『場の量子論と統計力学』，新井朝雄と共著，日本評論社．
『場の量子論の数学的基礎』，ボゴリューボフ他，亀井 理らと共訳，東京図書．
『フーリエ解析』，朝倉書店．
『漸近解析入門』，岩波書店．
ほか多数．

上條隆志（かみじょう・たかし）

1947年　群馬県に生まれる.
1971年　東京教育大学理学部物理科を卒業.
1973年　同大学大学院理学研究科修士課程を修了.
その後，東京都立高校の教諭を務め，
2008年3月　定年退職．現在はフリーター.
1973年より東京物理サークルにて活動を続けている．また全国高校生活指導研究協議会 (高生研) の代表を務めた.

主な編著書：
『物理なぜなぜ事典［増補版]』上・下，江沢 洋・東京物理サークル編著，日本評論社.
『たのしくわかる物理100時間』上・下，東京物理サークル編著，日本評論社.
『益川さん，むじな沢で物理を語り合う ── 素粒子と対称性』，益川敏英・東京物理サークル共著，日本評論社.
『教室からとびだせ 物理 ── 物理オリンピックの問題と解答』，江沢 洋・上條隆志・東京物理サークル編著，数学書房.
『《ノーベル賞への第一歩》物理論文国際コンテスト ── 日本の高校生たちの挑戦』，江沢 洋監修，上條隆志・松本節夫・吉埜和雄編，亀書房発行，日本評論社発売.
『考える武器を与える授業』，高生研編，明治図書.
ほか.

田崎晴明（たざき・はるあき）

1959年　東京に生まれる.
1982年　東京大学理学部物理学科を卒業.
1986年　東京大学大学院理学系研究科博士課程を修了.
その後，プリンストン大学講師，学習院大学理学部助教授を経て，
1999年より学習院大学理学部教授.
専門は理論物理学，数理物理学，統計物理学．理学博士.
1997年「量子多体系の数理物理学的研究，特にハルデン・ギャップ問題，ハバード・モデルにおける強磁性の解明」で第1回久保亮五記念賞を受賞.

主な著書：
『熱力学 ── 現代的な視点から』，新物理学シリーズ，培風館.
『統計力学 I, II』，新物理学シリーズ，培風館.
『やっかいな放射線と向き合って暮らしていくための基礎知識』，朝日出版社.
『くりこみ群の方法』，江沢 洋・鈴木増雄・渡辺敬二と共著，現代物理学叢書，岩波書店.
『相転移と臨界現象の数理』，原隆と共著，共立叢書・現代数学の潮流，共立出版.
ほか.

江沢 洋 選集　第I巻　物理の見方・考え方

2018年11月25日　第1版第1刷発行
2020年 3 月30日　第1版第2刷発行

編　者……江沢 洋・上條隆志 ©
著　者……江沢 洋・上條隆志・田崎晴明 ©
発行所……株式会社 日本評論社
〒170–8474 東京都豊島区南大塚 3–12–4
TEL：03–3987–8621［営業部］ https://www.nippyo.co.jp/
企画・制作……亀書房［代表：亀井哲治郎］
〒 264–0032 千葉市若葉区みつわ台 5–3–13–2
TEL & FAX：043–255–5676 E-mail: kame-shobo@nifty.com
印刷所……三美印刷株式会社
製本所……株式会社難波製本
装　訂……銀山宏子（スタジオ・シープ）
組版・図版……亀書房編集室

ISBN 978–4–535–60357–8　Printed in Japan